大数据与人工智能技术丛书

PyTorch

计算机视觉与深度学习

任毅龙 刘衍琦 陈敬龙 主编

代丰 贾泽豪 谢丹木 王乐宁 高超 董雪 副主编

U0360461

清华大学出版社

北京

内 容 简 介

本书将基础理论和算法实现相结合,循序渐进地介绍了人工智能领域中的常见算法,全面、系统地介绍了使用 Python 实现人工智能算法,并通过 PyTorch 框架实现人工智能算法中的深度学习内容。全书分为两篇,共 12 章,分别介绍了人工智能基础、深度学习基础、卷积神经网络的基本构建、PyTorch 的基本应用、分类识别技术与应用、目标检测技术与应用、基于视觉大数据检索的图搜图应用、验证码 AI 识别、基于生成式对抗网络的图像生成应用、肺炎感染影像智能识别、基于深度学习的人脸二维码识别、污损遮挡号牌识别与违法行为检测等内容,并对所涉及的每个知识点都配有相应的实现代码和实例。

本书主要面向广大从事数据分析、机器学习、数据挖掘或深度学习的专业人员,从事高等教育的专任教师,全国高等学校的在读学生及相关领域的广大科研人员。

图书在版编目(CIP)数据

PyTorch 计算机视觉与深度学习/任毅龙,刘衍琦,陈敬龙主编. -- 北京:清华大学出版社,2025.3.
(大数据与人工智能技术丛书). -- ISBN 978-7-302-68615-6

Ⅰ. TP302.7

中国国家版本馆 CIP 数据核字第 20254JN402 号

责任编辑:陈景辉
封面设计:刘 键
责任校对:刘惠林
责任印制:刘海龙

出版发行:清华大学出版社
  网 址:https://www.tup.com.cn,https://www.wqxuetang.com
  地 址:北京清华大学学研大厦 A 座 邮 编:100084
  社 总 机:010-83470000 邮 购:010-62786544
  投稿与读者服务:010-62776969,c-service@tup.tsinghua.edu.cn
  质量反馈:010-62772015,zhiliang@tup.tsinghua.edu.cn
  课件下载:https://www.tup.com.cn,010-83470236
印 装 者:北京同文印刷有限责任公司
经 销:全国新华书店
开 本:185mm×260mm 印 张:17 字 数:396 千字
版 次:2025 年 5 月第 1 版 印 次:2025 年 5 月第 1 次印刷
印 数:1~1500
定 价:59.90 元

产品编号:104499-01

前　言

党的二十大报告强调"必须坚持科技是第一生产力、人才是第一资源、创新是第一动力,深入实施科教兴国战略、人才强国战略、创新驱动发展战略,开辟发展新领域新赛道,不断塑造发展新动能新优势。"

在人工智能蓬勃发展的今天,深度学习已成为推动技术变革的重要力量,尤其在计算机视觉领域,深度学习技术引领着一波又一波的创新浪潮。从图像分类到目标检测,从图像分割到风格迁移,深度学习让计算机具备了前所未有的视觉理解能力。而在众多深度学习框架中,PyTorch 以其灵活性和易用性,成为广大研究者和开发者的首选工具。

本书主要内容

本书旨在为读者提供一条从基础到实战的学习路径,帮助读者深入理解计算机视觉中的核心概念和技术,掌握使用 PyTorch 构建和优化深度学习模型的实战技巧。本书内容结构清晰,案例丰富,既适合初学者入门,也适合有一定基础的读者进一步提升技能。

全书共分为两部分,共 12 章。

第 1 部分基础篇,主要介绍了深度学习理论知识,包括第 1~4 章。第 1 章人工智能基础,包括人工智能概述、计算机视觉基础、深度学习在实际中的应用;第 2 章深度学习的基本原理,包括神经网络的实现方法、梯度与自动微分、参数优化与更新策略;第 3 章卷积神经网络的基本构建,包括卷积层的多种操作、可变形卷积技术、反卷积与目标分割、池化层的多重特性、全连接层的作用与影响、数据标准化和正则化;第 4 章 PyTorch 的基本应用,包括 PyTorch 简介与环境搭建、PyTorch 基本语法与操作、PyTorch 中的自动微分、模型的保存与加载、跨设备模型加载、权重的修改与调整。

第 2 部分应用篇,主要列举了部分深度学习项目的实践案例,包括第 5~12 章。第 5 章分类识别技术与应用,包括应用背景、卷积神经网络的设计与构建、卷积神经网络的训练与评测、应用集成开发与界面设计;第 6 章目标检测技术与应用,包括应用背景、目标检测的候选框生成策略、神经网络在目标检测中的应用、主干神经网络的选择与应用、单阶段目标检测模型、双阶段目标检测模型;第 7 章基于视觉大数据检索的图搜图应用,包括应用背景、视觉特征提取、视觉特征索引、视觉搜索引擎、集成应用开发;第 8 章验证码 AI 识别,包括应用背景、验证码图像生成、验证码识别模型、集成应用开发;第 9 章基于生成式对抗网络的图像生成应用,包括应用背景、生成式对抗网络模型、集成应用开发;第 10 章肺炎感染影像智能识别,包括应用背景、肺炎感染影像识别、集成应用开发;第 11 章基于深度学习的人脸二维码识别,包括应用背景、QR 编译码、人脸压缩、CNN 分类识别、集成应用开发;第 12 章污损遮挡号牌识别与违法行为检测,包括应用背景、理论基础、功能设计、功能实现。

本书特色

（1）问题驱动，由浅入深。

在解决实际问题的过程中，逐步深入探究深度学习和计算机视觉的核心概念和原理，帮助读者建立系统的知识体系。

（2）突出重点，强化理解。

通过精选的重点内容和深入分析，帮助读者深刻理解关键技术，并在应用中加深对知识的掌握。

（3）注重理论，联系实际。

以 PyTorch 为工具，结合典型案例对理论进行讲解和演示，提升读者的动手能力和实践经验。

（4）风格简洁，使用方便。

本书采用简洁明快的风格，提供实用的代码示例和丰富的项目案例，便于读者理解和实践操作。

配套资源

为便于教与学，本书配有微课视频、源代码、数据集、教学课件、教学大纲、教案、教学日历、教学进度表、案例素材、软件安装包、期末试卷及答案。

（1）获取微课视频方式：先刮开本书封底的文泉云盘防盗码并用手机版微信 App 扫描，授权后再扫描书中相应的视频二维码，观看教学视频。

（2）获取源代码等方式：先刮开本书封底的文泉云盘防盗码并用手机版微信 App 扫描，授权后再扫描下方二维码，即可获取。

源代码　　　　数据集　　　　案例素材　　　　软件安装包　　　　全书网址

（3）其他配套资源可以扫描本书封底的"书圈"二维码，关注后回复本书书号，即可下载。

读者对象

本书主要针对广泛的读者群体，面向从事图像处理、人工智能、深度学习、计算机视觉等领域的专业人士，深度学习学科专任教师，人工智能、图像处理等专业的高校在读学生及相关领域的研究人员。

在本书的编写过程中，马振书、刘灵珊、兰征兴、张秦帆、康乐天、魏轩、赵艺萱、史玉琪等同学为书稿的完善作出了重要贡献，在此谨致谢忱。同时，作者在编著过程中，参阅了相关领域的文献资料，特向这些学术成果的创作者们致以诚挚的感谢。

限于个人水平和时间仓促，书中难免存在疏漏之处，欢迎广大读者批评指正。

作　者

2025 年 1 月

目 录

第 2 部分 应 用 篇

第1部分 基 础 篇

第 1 章

视频讲解

人工智能基础

本章主要介绍人工智能的发展历程与现状。首先介绍人工智能、机器学习和深度学习的概念及三者之间的联系,并通过列举重大事件和会议,描述人工智能的发展历程;在过程化地介绍一部分计算机视觉的基本技术之后,还列举深度学习在图像分类识别、目标检测、生成创作等领域的应用情况。

1.1 人工智能概述

1.1.1 什么是人工智能

人工智能是一门以计算机科学为基础,融合了数学、神经学、心理学、控制学等多个科目的交叉学科。人工智能这个词,最早提出于 1956 年的达特茅斯会议,指的是让机器模拟人类的学习思考过程,即模拟人的智能。之所以提出人工智能这个概念,是为了解决一些传统计算机语言无法描述的问题,如判断一只动物是狗还是猫、通过计算机断层成像(Computed Tomography,CT)检测患者的病情等。这些问题不能用传统的编程方法解决,因为没有一个确定的公式,或者说没有一个确定的算法能准确描述这些问题。但是我们人类就很容易解决这些问题,因为人类大脑不是根据固定的算法来推导的,而是根据以往的认知或者经验来推理的。

人工智能不会给计算机编写固定的算法,而是让它自己形成一套模型,然后利用这套模型帮助人们解决问题。这里的模型,可以看作计算机的“经验”或者“认知”。因为此时计算机的思维方式和人类非常相似,所以才被称为人工智能。

在人工智能领域内,常常也会听到一些和人工智能相关的其他名词,包括机器学习、深度学习、人工神经网络等。在介绍人工智能的工作原理之前,首先需要梳理一下这些概念之间的关系。人工智能、机器学习与深度学习三者之间的关系如图 1-1 所示。

人工智能是一个很大的范畴:用于模拟有经验的人类,给予建议的专家系统可以称为人工智能;研究生物界个体社会行为的群体智能系统可以称为人工智能;用于模仿人类识别物体的计算机系统同样可以称为人工智能。这些模型都体现了区别于智能,因此

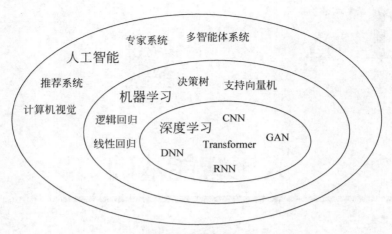

图1-1　人工智能、机器学习与深度学习三者关系

都可以称为人工智能。

　　实现智能的方式包括随机模拟、演绎、归纳等，在人工智能的众多分支中，机器学习强调归纳性地实现智能。机器学习的思路是使用算法来解析海量数据，从中找出规律，并完成学习，通过学习出来的思维模型对真实事件做出决策和预测。这种归纳性实现智能的方法通常称为"训练"。常见的机器学习算法有决策树、支持向量机等。图1-2所示为一个典型的神经网络结构，其中 input layer 表示输入层，hidden layer 表示隐藏层，output layer 表示输出层。

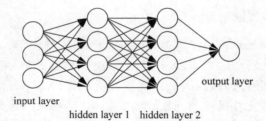

图1-2　一个典型的神经网络结构

　　深度学习是机器学习的一种高级实现方式，其遵循仿生学，利用神经元构成的人工神经网络，如图1-2所示。神经网络可以模拟人类大脑中神经网络接收信号、处理信号、得出结论、存储信息的过程，达到学习人类思考方式的效果。在现代计算机技术中，科学家利用深度神经网络处理大规模数据并提取复杂的特征。业内常用的卷积神经网络（Convolutional Neural Network，CNN）、图神经网络（Graphic Neural Network，GNN）都是深度学习网络。

　　在熟练掌握了人类的"思维"之后，人工智能极大地改变了传统计算机领域。以图像识别为例，在几十年前，计算机识别物体的方法是将目标对象与存储的样本图像做模板相似度匹配，计算模板图像与原始图像对应区域灰度值差的度量值。在引入深度学习之后，如卷积神经网络，模型能够自主学习图像特征，并且通过大量的验证和实践发现，深度学习模型识别的精确度和鲁棒性相较于传统识别模型都有较大幅度的提高。因此，卷积神经网络被广泛应用于人脸识别、自动驾驶、工业检测、安全监控等领域。

1.1.2 人工智能的发展历程

　　和其他学科一样，人工智能的发展也是循序渐进的，但是和其他学科不同的是，人工智能的迭代更新频率更快，并且每一次的大规模更新往往会在很大程度上颠覆上一代的智能模型，创造极大的社会价值。笔者梳理了一条时间线，展示了人工智能自 20 世纪 50 年代以来的发展历程。21 世纪前人工智能重大事件年表如图 1-3 所示。

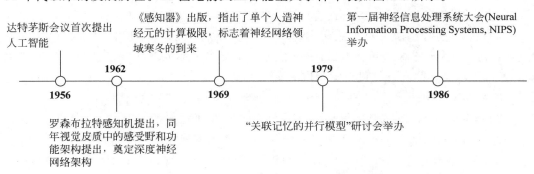

图 1-3　21 世纪前人工智能重大事件年表

　　1956 年，达特茅斯人工智能夏季研讨会（The Dartmouth Artificial Intelligence Summer Research Project）开启了人工智能领域的研究，并鼓舞了一代科学家探寻可以媲美人类智慧的信息技术的潜力。

　　1962 年，弗兰克·罗森布拉特（Frank Rosenblatt）出版了《神经动力学原理：感知器和大脑机制的理论》（*Principles of Neurodynamics：Perceptrons and the Theory of Brain Mechanisms*），该书介绍了一种应用于具有单层可变权重的神经网络模型的学习算法，该算法是今天深度神经网络模型学习算法的前身。

　　同年，大卫·休伯尔（David Hubel）和托斯坦·威泽尔（Torsten Wiesel）发表了《猫的视觉皮质中的感受野、双目互动和功能架构》（*Receptive Fields，Binocular Interaction and Functional Architecture in the Cat's Visual Cortex*）一文，第一次报道了由微电极记录的单个神经元的响应特性。深度学习网络的架构类似视觉皮质的层次结构。

　　1969 年，马文·明斯基（Marvin Minsky）和西摩尔·帕普特（Seymour Papert）出版了《感知器》（*Perceptrons*），指出了人造神经元的计算极限，标志着神经网络领域寒冬的到来。

　　1979 年，杰弗里·辛顿（Geoffrey Hinton）和詹姆斯·安德森（James Anderson）在加州拉荷亚市（LaJolla）举办了关联记忆的并行模型（Parallel Odels of Associative Memory）研讨会，把新一代的神经网络先驱们聚集到了一起，同时也推动辛顿和安德森在 1981 年发表了同名系列研究著作。

　　1986 年，第一届神经信息处理系统大会（Neural Information Processing Systems，NIPS）及研讨会在美国丹佛科技中心举办，该会议吸引了很多不同领域的研究人员。

　　进入 21 世纪后，人工智能的发展更加迅速，随着智能模型的不断更新迭代，人工智

能技术开始进入赛跑阶段,许多不断优化进步的人工智能模型开始涌现,相应的产品也开始发布,在各自领域大放异彩:

1997 年,深蓝(Deep Blue)战胜国际象棋世界冠军加里·卡斯帕罗夫(Garry Kasparov),标志着人工智能在国际象棋领域取得了重大突破。

1998 年,杨立昆(Yann LeCun)提出了 LeNet-5 模型,这是第一个用于识别的卷积神经网络(CNN)。

2006 年,杰弗里·辛顿等提出了深度学习的概念,推动了人工智能的飞速发展。

2011 年,苹果公司发布 Siri 语音助手,成为智能语音助手的代表产品。

2012 年,亚历克斯·克里兹赫夫斯基(Alex Krizhevsky)、伊利亚·苏茨克维(Ilya Sutskever)和杰弗里·辛顿在 ImageNet 挑战赛中提出了 AlexNet 深度卷积神经网络模型,推动了深度学习在计算机视觉领域的发展。

2014 年,Facebook 推出 DeepFace 算法,实现了高精度的人脸识别。

2016 年,AlphaGo 战胜围棋世界冠军李世石,引发了世界范围内对人工智能的关注。

2016 年,微软推出 Azure 认知服务,提供了一系列智能化的人工智能服务。

2017 年,Google 推出 Transformer 架构,为自然语言处理领域带来了重大突破。

2022 年,OpenAI 发布 GPT-3.5 大语言模型,颠覆了传统搜索引擎。

2024 年,OpenAI 发布最新 GPT-4o,支持多模态输入与毫秒级输出。

1.2　计算机视觉基础

1.2.1　机器对图像的感知

要想让机器拥有和人类一样的智能,第一步是让机器获取这个世界的信息,即让机器感知世界,机器感知这个概念也就应运而生。机器感知是一种让计算机系统具备类似人类感知能力的技术,使得计算机可以感知和理解来自外部环境的信息。这些信息可以通过各种传感器获取,如摄像头、麦克风、温度传感器等。机器感知的目标是使计算机能够感知和理解周围世界,从而做出更为智能、准确的决策和行为。

人类作为地球上智慧程度最高的生物,其在环境中获取的感官信息中有 83% 是视觉信息。因此,通过机器模拟人类的视觉感知是一个意义非凡且极其复杂的工程。首先,机器需要获取原始图像数据,这通常通过摄像头、扫描仪或其他图像输入设备实现。获取的图像数据以数字形式存储在计算机中,以便后续处理和分析。获取图像的质量与拍摄角度、光照、输入设备的精度有关。接下来,机器对图像进行预处理,来纠正和提高图像质量。预处理的步骤通常包括灰度化(归一化)、噪声抑制、对比度增强等。通过这些处理,图像的细节和特征变得更加清晰,有助于提高后续处理的准确性。

完成预处理之后,机器开始进行特征提取。这一步骤是图像识别中最为关键的环节。图像的边缘、角点、纹理等特征是图像的重要信息,是机器对图像进行分类和识别的依据。机器通过使用各种算法和计算机视觉技术,如滤波器、边缘检测、形态学处理等,从图像中提取出这些特征。

提取出的特征随后被输入分类器或识别算法中,这些算法利用预先训练好的模型对特征进行分类和匹配。这个过程通常涉及机器学习或深度学习技术,其中模型通过大量标注的数据进行训练,学会如何区分不同的图像类别或对象。根据问题的不同,机器可以采用不同的分类算法,如支持向量机、神经网络、决策树等。

1.2.2　传统图像处理方法的探索

在工业机器视觉系统中,图像由机器的 RGB 摄像头捕获并传入。由于原始图像可能受到光照不均、噪声、模糊等因素的影响,导致图像质量不佳,因此图像在传入系统后首先需要对其进行预处理。通过图像处理,可以提高图像的亮度、对比度、色彩平衡等,从而提高图像的整体质量,使其更适于后续的图像识别处理。

传统的图像处理方法包括图像滤波、图像锐化、图像阈值分割等。

1. 图像滤波

图像滤波是一种经典图像处理技术,其原理是利用特定的滤波器(常为矩阵形式)对图像像素进行卷积运算,从而消除噪声、平滑图像内容或凸显特定频带特征。滤波器通常分为低通滤波器和高通滤波器。低通滤波器,如均值滤波和高斯滤波,可以减少随机噪声和图像平滑。例如,在医疗影像处理中,如 CT 扫描图像,低通滤波技术被用来平滑组织区域,减少杂乱的细节,以便医生能更集中地分析病灶区域。另外,边缘检测前常常使用拉普拉斯算子等高通滤波器来增强图像边缘,这对于自动化质量控制中的瑕疵检测有着重要价值。

高通滤波器,如拉普拉斯滤波器,常被用来强调图像的高频细节。例如,在天文摄影中,高斯滤波用于减少长时间曝光带来的噪点,帮助科学家们更清晰地观察遥远星系的结构。

2. 图像锐化

图像锐化技术专注于增强图像中像素间对比度,对图像的边缘和细节区域进行锐化处理,可以极大地实现图像整体视觉清晰度的提升。图像锐化技术通常依托于高通滤波原理,通过利用特定算子,如拉普拉斯算子、非锐化掩模等,增强图像高频分量,使得原本模糊的边界变得鲜明,从而恢复低质量图像中的细节,提升其视觉效果,满足特定的分析需求。图像锐化技术的一个典型应用场景是在数字摄影中,摄影师经常使用图像锐化算法来提升风景照片的细节表现力,使得山川轮廓、树叶纹理更加清晰,提升整体视觉效果。在监控视频处理领域,通过应用非锐化掩模技术,可以有效增强夜间或低光照条件下拍摄的画面细节,帮助识别关键目标,提高安全监控系统的效能。

3. 图像阈值分割

图像阈值分割是图像分割的一种基本方法。根据像素强度,图像被划分为前景与背景两个类别,实现目标物体与背景的有效分离。其实现机制围绕选定一个或多个阈值,依据像素灰度或色彩与阈值的关系进行分类。这种方法简便高效,尤其适用于对比分明的二值化处理,广泛应用于对象识别、特征提取及预处理阶段,为后续的高级图像分析任务提供清晰界定的区域信息。图像阈值分割技术在工业检测中非常常见。例如,在半导体芯片的缺陷检测过程中,通过对芯片表面图像应用适当的阈值分割技术,可以迅速区分出芯片上的杂质或裂纹,与干净的背景形成鲜明对比,从而实现自动化的质量控制。

1.2.3　特征表达与提取技术

图像的特征包括几何特征、形状特征、幅值特征、局部二值模式等。图像特征提取的意义在于对图像内容进行表征,从而进行计算机视觉和图像处理中的相关任务。通过对图像特征的提取,可以将图像中的信息转换为计算机可以处理和分析的数字信号。这样可以实现许多自动识别和智能处理的应用,如人脸识别、物体检测、场景分析等。常用的特征提取技术有方向梯度直方图(Histogram of Oriented Gradient,HOG)方法和局部二值模式(Local Binary Pattern,LBP)方法。

1. HOG 方法

方向梯度直方图特征是一种在计算机视觉和图像处理中用来进行物体检测的特征描述子。用一句话概括 HOG 方法的核心思想,即为局部物体的形状和外观可以通过局部梯度或者边缘的密度分布所表示。它通过计算和统计图像局部区域的梯度方向直方图来构成特征。HOG 特征结合支持向量机(Support Vector Machine,SVM)分类器已经被广泛应用于图像识别中,尤其在行人检测中获得了极大的成功。需要提醒的是,"HOG+SVM"进行行人检测的方法是 Navneet Dalal 和 Bill Triggs 在 2005 年的国际计算机视觉与模式识别会议(Conference on Computer Vision and Pattem Recoguition,CVPR)上提出的,而如今虽然有很多行人检测算法不断提出,但基本都是以 HOG 与 SVM 结合的思路为主。HOG 特征提取的主要步骤(以行人检测为例)如图 1-4 所示。

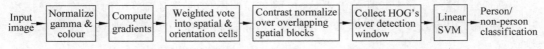

图 1-4　HOG 特征提取的主要步骤(以行人检测为例)

图 1-4 从左往右依次是输入图像,归一化伽马和颜色,计算梯度,按空间和方向细胞单元进行加权,在重叠空间块上进行对比度归一化,在检测窗口内收集 HOG 特征,线性支持向量机(SVM),人/非人分类。具体解释如下。

(1)图像预处理:将输入图像转换为灰度图像,并进行归一化处理,以消除光照和对比度等因素的影响。

(2)划分图像:将图像划分成小的连通区域,这些区域被称为细胞单元。

(3)计算梯度:对于每个细胞单元内的像素,计算其梯度的幅度和方向。

(4)统计直方图:将每个细胞单元内的像素梯度值统计到直方图中,形成每个细胞单元的特征描述符。

(5)归一化特征:对每个细胞单元的特征描述符进行归一化处理,以进一步增强算法的鲁棒性。

(6)组合特征:将多个细胞单元的特征描述符串联起来,形成一个完整的特征向量,用于后续的分类或识别。

与其他的特征描述方法相比,HOG 的优点比较突出。首先,由于 HOG 是在图像的局部方格单元上操作,所以它对图像几何的和光学的形变都能保持很好的不变性,这两种形变只会出现在更大的空间领域上。其次,在粗的空域抽样、精细的方向抽样以及较强的局部光学归一化等条件下,只要行人大体上能够保持直立的姿势,可以容许行人有一些细微的肢体动作,这些细微的动作可以被忽略而不影响检测效果。因此 HOG 特征尤其适合于图像中的人体检测。

2. LBP 方法

LBP 是一种用来描述图像局部纹理特征的算子,具有旋转不变性和灰度不变性等显著优点。LBP 由 T. Ojala,M. Pietikäinen 和 D. Harwood 在 1994 年提出,用于纹理特征提取。而且,提取的特征是图像的局部的纹理特征。

原始的 LBP 算子定义为在 3×3 的窗口内,以窗口中心像素为阈值,将相邻的 8 像素的灰度值与其进行比较,若周围像素值大于中心像素值,则该像素点的位置被标记为 1,否则为 0。这样,3×3 邻域内的 8 个点经比较可产生 8 位二进制数(通常转换为十进制数即 LBP 码,共 256 种),即得到该窗口中心像素点的 LBP 值,并用这个值来反映该区域的纹理信息。其中,中心像素值为 83 的 LBP 编码计算过程如图 1-5 所示。

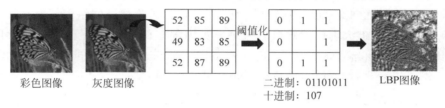

图 1-5　中心像素值为 83 的 LBP 编码计算过程

LBP 的理论扩展方法有很多,主要分为基于阈值的扩展方法、基于尺度大小的扩展方法、基于预处理的扩展方法和基于多特征融合的扩展方法。其中,多特征融合扩展方法是目前的主流方向,这种方法可以将颜色、轮廓、形状、大小等特征融合,更全面地提取图像特征。

1.2.4　深度学习图像识别原理

机器学习图像的过程,也就是机器产生思想的过程。本节以卷积神经网络模型识别应用在小狗图像为例,介绍深度学习算法进行图像感知的详细流程。其中,人工智能算法识别出图像中的小狗如图 1-6 所示。

首先,小狗图像被归一化转换为高维矩阵的形式,作为网络的输入。矩阵的行列维度对应图像的高和宽,矩阵中一个点的值对应图像对应像素点上的颜色强度,即灰度值。随后,一系列卷积层(Convolutional Layer)对输入图像实施卷积操作,每个卷积层包含多个可学习的卷积核(形式为权重矩阵)。这些卷积核在图像上滑动,反复执行输入矩阵和卷积核矩

图 1-6　人工智能算法识别出图像中的小狗

阵中元素的乘积与求和运算,从而检测图像的局部特征,如边缘、纹理和形状等。卷积的过程是一个降维的过程,提取出了图像中的关键结构信息。这些结构信息是否能够作为图像的特征,这些特征有多强,则需要由激活函数(Activation Function)进行判断。特征提取完毕后,池化层(Pooling Layer)紧随其后,通过下采样操作进一步减小特征图尺寸,降低计算复杂度,同时保持重要特征的鲁棒性。

这一系列的卷积—激活—池化循环迭代进行,逐步提炼出更加抽象和高级的图像特征。最后,经过若干全连接层(Fully Connected Layers)处理这些高级特征,网络输出关于图像分类的预测概率分布,其中"小狗"这一类别对应的概率若最高,则网络可以成功识别出图像中的小狗。

当然,深度学习算法的结构不尽相同,但是这些算法有一个共性:不可解释性。对于传统的智能算法,人类能清楚知晓其内部详细的分析过程,在计算机中,这些算法也只是一个大型的复杂的程序而已。而人工神经网络则不同,其内部是一个黑盒,就如同人类的大脑,只能控制算法的输入,观察算法的输出,至于算法是如何处理、学习数据,以及其内部神经元权重是如何变化的,我们不得而知。因此,尽管神经网络能够在许多任务上展现出卓越的性能,但人类仍然难以直观理解其内部运作机制和决策过程。近年来,研究者们致力于发展可解释人工智能(Explainable Artificial Intelligence,EAI)技术,试图揭示神经网络决策背后的逻辑,提高模型的透明度和可信度。

1.3　深度学习在实际中的应用

1.3.1　图像分类与识别

1. 社交媒体与娱乐

图像分类与识别技术被广泛应用于社交媒体平台,如抖音、快手等。深度学习模型能够高效地对用户上传的图片进行自动分类,帮助平台过滤不当内容,同时提供准确的图片标签建议,增强用户体验。例如,通过 ViT(Vision Transformer)模型快速识别出图片中的宠物、风景或人物类型,自动添加相关标签,提高内容检索效率。同时,图像识别技术也被用于虚拟现实和增强现实游戏,提供更真实的游戏体验。

2. 安全与监控

图像分类与识别技术在安全和监控领域中发挥着重要作用。例如,人脸识别技术被用于门禁系统、智能锁等,自动识别并验证通行人员的身份。同时,图像识别技术也被用于监控摄像头,自动检测异常行为或事件。在视频监控场景中,深度学习模型能够实时监测人群行为,及时识别异常事件,如入侵、打架或跌倒。CNN 和 RNN 的组合可以捕捉时空特征,实现高精度的事件检测,相比传统方法,深度学习技术更能适应复杂多变的环境,减少误报率。其中,不同角度下的人脸识别如图 1-7 所示。

3. 医学诊断

在医学领域,图像分类与识别技术被广泛应用于医学影像分析,如 X 光片、CT 图像等。医生可以利用这些技术自动识别病变区域,提高诊断的准确性和效率。在医疗影像

图 1-7 不同角度下的人脸识别

分析中,深度学习模型能够帮助医生识别肿瘤、病灶,进行早期疾病诊断。如 ResNet 在皮肤癌分类、InceptionV3 在眼底病变检测上的应用,都显著提高了诊断的准确性和效率。这些模型能够学习到医学图像中的细微结构特征,辅助医生做出更精准的判断,尤其是在资源有限的地区,能有效缓解专业医生短缺的问题。

1.3.2 图像目标检测

1. 安全检测

目标检测技术可被用于人脸识别、指纹识别等安全检测功能中。例如,在智能门禁系统中,通过目标检测技术识别并验证通行人员的面部或指纹信息,控制门的开关。在安全检测领域,常用的深度学习模型有 YOLO 系列模型、SSD(Single Shot MultiBox Detector)以及 EfficientDet 系列模型。这些模型能够快速而准确地从监控视频中检测出潜在的安全威胁,比如携带危险物品的行为或人群异常聚集。YOLO 模型以其速度和精度平衡著称,适合实时监控场景;SSD 则简化了两阶段检测方法,提高了检测速度;而 EfficientDet 通过模型架构的优化,在保证高精度的同时降低了计算成本,特别适合大规模部署。

2. 军事侦察

在军事侦察和作战中,目标检测技术可用于自动识别特定物体,如飞机、坦克等,进行目标跟踪和打击。借助深度学习模型,如 Faster R-CNN 和 Mask R-CNN,大大增强了对战场态势的理解能力。Faster R-CNN 通过引入区域生成网络,提高了目标检测的效率,适用于快速识别和定位敌方军事装备;Mask R-CNN 在此基础上增加了实例分割功能,能够精确勾勒出目标轮廓,对于识别隐蔽或伪装的军事目标尤为有效。此外,使用自注意力机制的 DETR(DEtection TRansformer)模型也开始崭露头角,它通过端到端学习目标检测,提高了检测的灵活性和准确性,为复杂环境下的军事侦察提供了新的解决方案。

3. 交通领域

在智能交通系统中,目标检测技术用于车辆检测、交通监控和违规自动识别等。例如,通过目标检测技术自动识别违章车辆的车牌号码,或者在交通监控视频中自动跟踪车辆轨迹(见图1-8)。在智慧交通系统中,MobileNet、YOLO系列和CenterNet等模型被用于车辆、行人检测以及交通标志识别。MobileNet因其轻量级特性,在资源受限的边缘设备上也能高效运行,适合大规模部署在城市交通监控中进行实时交通流量管理和违章检测。YOLO系列模型则以其快速响应和高检测精度,被用于自动驾驶车辆的环境感知,提升行驶安全。而CenterNet创新地将对象中心作为预测的基础,简化了检测过程,提高了对复杂交通场景的理解能力,有助于优化路线规划、减少交通拥堵。交通流动态视频中的车辆检测如图1-8所示。

图1-8　交通流动态视频中的车辆检测

1.3.3　图像分割与轮廓提取

1. 医学影像分析

在医学领域,图像分割与轮廓提取技术被广泛应用于医学影像分析,帮助医生辅助识别病变区域,提高诊断的准确性和效率。利用U-Net和Dense-Net进行心肌病灶检测如图1-9所示,图像分割模型可以用于心脏图像中的病灶分割,辅助医生进行心肌病的检测与判断。

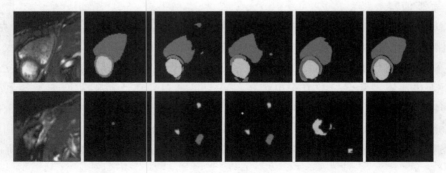

图1-9　利用U-Net和Dense-Net进行心肌病灶检测

2. 工业自动化

工业自动化领域常利用 Mask R-CNN、PSPNet 等模型，辅助产品瑕疵检测与质量控制、零件精准定位与组装。深度学习模型实现了对复杂图像的精细解析，能够高效识别并分割出图像中的微小缺陷或复杂部件，显著增强了生产流程的自动化水平与产品质量控制能力。同时，模型可以提高工业生产的工作效率，减少人为错误，极大地推动了智能制造的进步。

1.3.4 图像描述生成

基于深度学习的图像描述生成模型通常采用编码器-解码器（Encoder-Decoder）架构。编码器将图像转换为向量表示，解码器将该向量转换为自然语言描述。常用的编码器包括 CNN 和 VGG 等，而解码器通常采用循环神经网络（RNN）或长短期记忆网络（LSTM）。具体而言，基于深度学习的图像描述生成原理可以分为以下步骤。

（1）图像特征提取：使用卷积神经网络（CNN）对输入图像进行特征提取，将图像转换为固定维度的向量表示。

（2）文本特征编码：使用循环神经网络（RNN）或长短期记忆网络（LSTM）对输入的文本描述进行编码，将文本转换为固定维度的向量表示。

（3）联合嵌入：将图像向量和文本向量联合嵌入一个共享的语义空间中，以便它们能够进行相似性比较和交互。

（4）生成描述：使用生成模型（如条件随机场 CRF 或束搜索 Beam Search）根据图像向量生成相应的文本描述。

基于深度学习的图像描述生成模型的应用非常广泛：社交媒体和广告平台上，基于深度学习的图像描述生成模型可以帮助用户自动生成吸引人的标题或描述，提高内容的曝光率和点击率。在搜索引擎中，基于深度学习的图像描述生成模型可以帮助用户更好地理解搜索结果中的图片内容，提高搜索质量和用户体验。

1.3.5 图像问答系统

图像问答系统是一种跨模态交互系统，其结合了计算机视觉和自然语言处理技术。图像问答系统的原理主要基于图像识别和自然语言处理技术。首先，系统会通过计算机视觉技术对输入的图像进行识别和分析，提取出图像中的特征信息。然后，系统会将问题与图像特征信息进行关联，通过自然语言处理技术对问题进行理解和分析，最终生成相应的答案。常用的图像问答模型包括 VQA 模型、GAN 模型和 Memory Network 模型等，其应用也非常广泛。

1. 人机交互

图像问答系统可以作为人机交互的一种方式，通过输入图像和问题，系统可以自动回答问题，提供相关的信息和知识。这种交互方式更加直观、自然，可以提高人机交互的效率和用户体验。例如，当用户拍摄一张植物照片并询问这是什么植物时，系统能够识别植物特征，运用预先训练的深度学习模型（如 ResNet 或 InceptionV4），匹配数据库中的信息，提供植物名称、生长习性等详细信息，并根据数据库信息匹配结果回答人类的问题,使机器能够以更加贴近人类认知的方式进行交流。

2．智能助手

图像问答系统可以作为智能助手的一种功能,集成在智能家居、智能车载等系统中。通过识别环境中的物体和场景,系统可以自动回答用户的问题,提供相关的信息和建议。例如,在智能车载系统中,摄像头捕捉到的路况图像可通过图像问答系统分析,即时提醒驾驶员前方的施工区域或交通标志,或者根据识别到的环境变化(如雨雪天气)调整驾驶模式。这类应用常常依托于先进的模型,如用于物体检测的 YOLOv4 模型可以联合 BERT 等模型处理自然语言查询,共同为用户提供更高效的情境感知、个性化服务。典型的输入图像回答问题的处理流程,如图 1-10 所示。

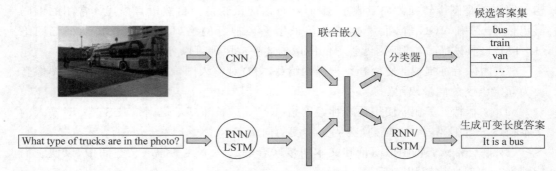

图 1-10　典型的输入图像回答问题的处理流程

3．辅助教育

图像问答系统可以作为辅助教育的一种工具。通过识别图片中的内容,系统可以提供相关的解释和答案,帮助学生更好地掌握知识点。例如,在生物学课程中,学生上传细胞结构图,系统不仅能够识别并标注细胞各部分名称,还能提供相关生理功能的解释,使抽象概念具象化。

1.3.6　图像生成与创作

生成式人工智能(Artificial Intelligence Generated Content,AIGC)是一种基于人工智能技术自动生成内容的新型技术,其核心思想是利用人工智能算法模拟人类语言或图像数据的生成过程,通过训练模型和大量数据的学习,不断优化生成内容的质量。利用 AIGC 技术画出的春山小屋,如图 1-11 所示。

图 1-11　利用 AIGC 技术画出的春山小屋

　　根据给定的主题、关键词、格式、风格等条件,模型可以自动生成各种类型的文本、图像、音频、视频等内容。AIGC 技术具有高效、快速和可扩展性等特点,并且能够生成具有自然语言和创意性的内容,因此广泛应用于媒体、教育、娱乐、营销、科研等领域。

　　图像生成与创作是 AIGC 的一个分支,是指使用人工智能技术自动生成具有艺术和创造性的图像。它涵盖了从简单的图像处理到复杂的艺术创作等多个方面。AIGC 技术可以根据用户输入的数据和指令,自动进行图像生成和编辑,创造出具有独特风格和美感的作品。

　　图像生成技术可以通过多种算法和模型实现,如 GAN、Diffusion Models 等,其应用多集中于艺术创作产业。

1.4　本章小结

　　本章主要介绍了人工智能的历史与现状,从多个角度全面介绍了深度学习的基础理论,最后从深度学习在实际中的应用出发,详细介绍了深度学习在图像分类与识别、图像目标检测、图像分割与轮廓提取、图像描述生成、图像问答系统和图像生成与创作中的实际应用。通过本章内容,读者可以全面了解人工智能和计算机视觉的基础知识及其在不同领域中的具体应用。

第 **2** 章

视频讲解

深度学习的基本原理

本章主要讲解深度学习的基础原理,从数学的角度阐述如何从图像中提取特征,并介绍神经网络中常见的问题,如梯度下降与优化、局部最优与鞍点、梯度消失与爆炸等。在对深度学习的基本问题进行解答之后,本章还对神经网络的训练过程进行详解,如建立损失函数、设置优化目标、选择激活函数等。

2.1 神经网络的实现方法

在学习前向传播算法之前首先需要了解卷积神经网络的基本操作,如神经网络中的卷积、池化、全连接等。本章除了简单介绍卷积神经网络的部分基本操作之外,还将引导读者通过另外一个角度对图像的卷积操作进行了解,并以此为起点,由浅入深地对前向传播算法进行解析。通过图 2-1 所示的神经网络结构思维导图,可以帮助读者更快地了解本节内容,提高学习效率。

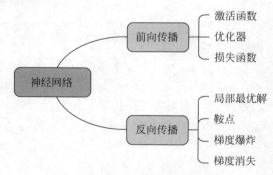

图 2-1 神经网络结构思维导图

2.1.1 前向传播

1. 前向传播算法实现原理

前向传播算法是在神经网络中进行目标预测的主要算法,神经网络算法的前向传播主要可以分为 3 部分。

（1）神经网络的输入：该输入主要是从静态的图像上提取特征信息，即特征向量。这些特征向量为神经网络提供初始信息，便于进行后续的处理和预测。

（2）神经网络的连接结构：深度学习模型的结构由多个神经元组成，单个神经元称为神经节点。这种结构通过前向传播算法在各个节点之间传递和处理信息。

（3）网络节点上的参数和输出：每个神经网络节点上的参数主要包括权重和偏置，这些参数在训练过程中不断更新。节点的输出是通过将输入信号、权重和偏置进行函数运算（如线性组合后通过激活函数处理）后得到的结果，能够良好地调整神经网络的行为。输出通常需要进一步处理，如通过 Softmax 函数来完成分类任务的概率输出。典型的三层神经元结构，如图 2-2 所示。

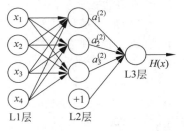

图 2-2 典型的三层神经元结构

其中，计算过程的表达式可总结如下。

$$a_1^{(2)} = f(W_{11}^{(1)} x_1 + W_{12}^{(1)} x_2 + W_{13}^{(1)} x_3 + b_1^{(1)}) \tag{2-1}$$

$$a_2^{(2)} = f(W_{21}^{(1)} x_1 + W_{22}^{(1)} x_2 + W_{23}^{(1)} x_3 + b_2^{(1)}) \tag{2-2}$$

$$a_3^{(2)} = f(W_{31}^{(1)} x_1 + W_{32}^{(1)} x_2 + W_{33}^{(1)} x_3 + b_3^{(1)}) \tag{2-3}$$

$$H_{W,b}(x) = a_1^{(3)} = f(W_{11}^{(2)} x_1^{(2)} + W_{12}^{(2)} x_2^{(2)} + W_{13}^{(2)} x_3^{(2)} + b_1^{(2)}) \tag{2-4}$$

2. 神经网络的卷积操作

在信号处理领域，信号卷积操作是将一个信号旋转后，再在另一个信号上进行移动，从而逐渐得到重叠后的新信号。根据通道数目的不同，图像的卷积操作又可以分为单通道卷积和多通道卷积，以下介绍两种通道方式的实现。

1）单通道卷积

单通道卷积首先选取固定维度的卷积核作为提取特征的矩阵，然后依次在被比对矩阵上按照相同大小的感受野进行对应位置的加权和的计算，计算结果按照顺序依次保存在最终对应的位置中。

图像的卷积除了受到通道数的影响外，还和卷积的方式有关，如卷积移动步长、原图像的像素填充等，卷积移动的步长不同会直接导致生成的特征图的大小及像素等发生变化。对原图像进行填充后在图像上表现为特征提取更加稀疏，图像尺寸增加。

以上介绍了卷积的基本操作，那么在数学公式上应该如何表达或者说如何用数学的形式对卷积进行表达呢？为了方便对公式的理解，在数学公式的计算上分为两种情况，一种是输入的图像为正方形，另一种是输入的图像为矩形。

将上述卷积操作应用于大小为 $W \times W$ 的图像：

$$N = \frac{W - F + 2P}{S} + 1 \tag{2-5}$$

其中，卷积操作中卷积核大小为 $F \times F$，卷积步长为 S，用 0 填充且尺寸为 P，N 为生成的图像长和宽尺寸。

同样地,假设输入图像的大小为 $W \times H$,通过卷积操作可得:

$$W = \frac{W - F + 2P}{S} + 1 \tag{2-6}$$

$$H = \frac{H - F + 2P}{S} + 1 \tag{2-7}$$

2) 多通道卷积

由于图像的通道是由 3 个不同的通道组合而成的,图像上的卷积操作实际上是指对每个单独的通道分别进行卷积的操作,在不考虑激活函数和假设偏移量为 0 的情况下,最终的结果是将各个通道卷积后结果的加和。

无论是单通道图像卷积操作还是多通道图像卷积操作,总的来说均是一种图形特征提取的过程。图像的卷积操作可以理解为不同参数构成不同的核函数,能够对图像的不同特征进行提取。通过对上述图像卷积原理进行解析之后可以了解到,图像的卷积操作本质上是一种互相关函数计算或者说是图像处理中的过滤器。

为了能更加了解卷积神经网络中卷积核的作用,分别选取 3 个典型的卷积核直接对图像进行卷积操作,通过实际效果的演示来了解卷积核的主要作用。卷积核的作用可以分为两种,一种是通过卷积核抽出对象的特征作为图像识别的特征模式;另一种是为了能更好地适应图像处理的要求,通过不同参数的卷积核完成图像数字化的滤波来消除图像的噪声。选取的 3 个卷积核分别实现的目标为:平滑滤波,实现图像的模糊;中值滤波,去除图像的椒盐噪声;高斯滤波,去除图像的高频噪声。

（1）平滑滤波。

平滑滤波是一种算术平均的过滤方法,它是一种低频增强的空间域滤波技术,对于图像中高频的区域会直接产生抑制,导致经过滤波器处理的图像会丢失部分高频信息,从而使图像更加模糊。图像通道分离及平滑滤波示例如代码 2-1 所示。

【代码 2-1】 图像通道分离及平滑滤波示例代码。

```
1   import cv2
2   import os
3   import sys
4   import numpy as np
5
6   class Test:
7     def __init__(self):
8       self.imag_path = "/home/renyilong/Desktop/1.jpeg"
9     def get_image_size(self):
10      """
11      得到图像的尺寸并进行打印
12      """
13      img = cv2.imread(self.imag_path)
14      img_shape = img.shape
15    print(img_shape)
16    def get_image_RGB(self):
17      """
18      分别得到图像的 RGB 三个通道
19      """
```

```
20      img = cv2.imread(self.imag_path)
21      (b,g,r) = cv2.split(img)
22      img_b = np.dstack((b, np.zeros(g.shape), np.zeros(r.shape)))        ＃蓝色通道
23      img_g = np.dstack((np.zeros(b.shape), g, np.zeros(r.shape)))        ＃绿色通道
24      img_r = np.dstack((np.zeros(b.shape), np.zeros (g.shape), r))       ＃红色通道
25
26      cv2.imshow("b",img_b)
27      cv2.imshow("g", img_g)
28      cv2.imshow("r", img_r)
29
30   while True:
31      key = cv2.waitKey(0)
32      if key == 27:
33         break
34   cv2.destroyAllWindows()
35
36   def smooth_filter(self):
37      """
38   对图像进行平滑滤波处理
39      """
40      img = cv2.imread(self.imag_path)
41      kernel = np.ones((3, 3),np.float)/9                    ＃定义平滑滤波卷积核
42      det = cv2.filter2D(img, −1, kernel, (−1, −1))          ＃对图像进行过滤
43      cv2.imshow("smooth_filter", det)
44      cv2.waitKey(0)
45      cv2.destroyWindow()
46   if __name__ == '__main__':
47      Test().smooth_filter()
```

注意：由于使用的 cv2 库和 NumPy 库的版本不同，在运行上述代码的过程中会出现部分警告或者错误。但无论是哪种版本的库，都是在原有库的基础上丰富功能，实现的功能基本相同，因此需要根据代码提示灵活地进行代码的修改，本章中的代码均不再对第三方库的版本进行限制。

平滑滤波的卷积核的尺寸会直接影响最后平滑滤波的效果，图像进行平滑滤波后会变得模糊，模糊程度和平滑滤波的卷积核的尺寸有关，卷积核的尺寸越大，经过平滑滤波之后的图像相对原图就越模糊。在代码 2-1 中采用的卷积核是最小的卷积核，尺寸为 3×3，对图像进行 7×7 的卷积核平滑滤波。平滑滤波操作前后的图像对比，如图 2-3 所示。

从图 2-3 中可以看出，图像中的边缘信息已经通过平滑滤波进行了滤除，卷积核中的参数越大，平滑处理后的图像就越模糊。

（2）中值滤波。

将一串数字按从小到大的顺序进行排序，中间的数值即为这串数字的中值。同样地，中值滤波也是对数字进行排序选择中值之后，对卷积核的中间值进行替换。由于卷积核的构造为奇数，因此肯定会存在一个中间单独的值。卷积核的构造过程，如图 2-4 所示。

图像中值滤波示例如代码 2-2 所示。

(a) 原图   (b) 平滑滤波后的图像

图 2-3　平滑滤波操作前后的图像对比

图 2-4　卷积核的构造过程

【**代码 2-2**】　图像中值滤波示例代码。

```
1   def middle_filter(self):
2       """
3       中值滤波操作
4       """
5       img = cv2.imread(self.imag_path)          #读取图像的路径
6       for i in range(2000):                     #对图像增加噪点
7           x = np.random.randint(0, img.shape[0])
8           y = np.random.randint(0, img.shape[1])
9           img[x][y] = 255
10
11      blur = cv2.medianBlur(img, 5)             #调用OpenCV库中自定义的中值滤波函数
    cv2.imshow("img", img)
12      cv2.imshow("middle_filter", blur)
13      cv2.waitKey(0)
14      cv2.destroyAllWindows()
```

注意：代码中引用的中值滤波函数为 OpenCV 第三方库中的函数，其中参数分别为待处理的图像和需要进行滤波的卷积核的尺寸。卷积核的尺寸必须为奇数，这是由于图像的滤波过程实际上是另外一种特殊的卷积，也就导致了滤波和卷积过程是类似的。

中值滤波就是用滤波器即卷积核范围内的所有像素的中值来替代滤波器中心位置

像素的一种滤波的方法。相比于高斯滤波,中值滤波能更好地消除图像中的噪声信息。由于处理图像的计算方式不同,中值滤波消耗的时间实际上要小于高斯滤波所消耗的时间,同样,中值滤波消耗的时间要大于平滑滤波所消耗的时间。中值滤波操作前后的图像对比,如图 2-5 所示。

(a) 原图   (b) 中值滤波后的图像

图 2-5 中值滤波操作前后的图像对比

由于采用的都是清晰的图像,直接对其进行中值滤波的操作看不到所起到的作用,因此在进行中值滤波之前可对图像增加噪点,在处理后的图像上即可直观地观察到中值滤波的作用。

中值滤波卷积核的卷积尺寸不同,对图像进行滤波的效果也不相同。为了能直观地观察出不同尺寸的卷积核对图像效果造成的影响,可使用卷积核尺寸为 3×3 和卷积核尺寸为 9×9 的两种方式实现图像的效果进行对比。不同卷积核尺寸的图像中值滤波效果对比,如图 2-6 所示。

(a) 椒盐噪声原图   (b) 尺寸为3×3的卷积核   (c) 尺寸为9×9的卷积核

图 2-6 不同卷积核尺寸的图像中值滤波效果对比

在图 2-6(a)中可以观察到存在白色的点附着在图像中,这就是在图像中增加的椒盐噪声,经过尺寸为 3×3 的卷积核的中值滤波之后可以明显观察到图像中的白色点基本已经被消除(见图2-6(b)),而经过尺寸为9×9的卷积核的中值滤波之后图像已经明显出现了失真的情况(见图2-6(c))。中值滤波的卷积核尺寸越大,图像的边缘信息消失得就越厉害,图像就变得越模糊。

(3) 高斯滤波。

实现高斯滤波首先要了解什么是高斯滤波及其卷积核的构造。高斯滤波是通过高斯函数构造相关矩阵中的参数,构造后的矩阵参数也具有正态分布的特点。其中,正态分布如图2-7所示。可以发现,正态分布以均值数为中心,呈左右对称分布,即位于横轴的中心处时均值数最高,越接近中心点取值越大。在实际应用中,正态分布通过高斯函数来实现,图2-7中展示的是一维化的正态分布,但图像中的高斯滤波对应的是三维正态分布,如图2-8所示。

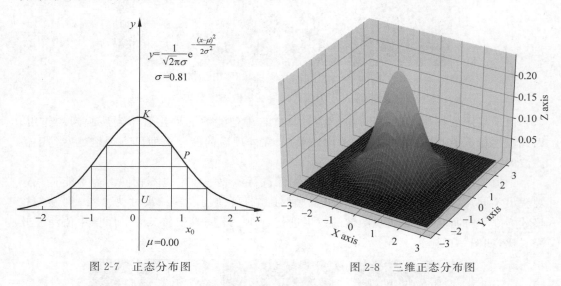

图2-7　正态分布图　　　　　　　　图2-8　三维正态分布图

为了能与中值滤波的效果相互比对,在使用高斯滤波之前同样直接在已经加过噪声的原图上进行处理。高斯滤波的卷积核中所有的参数加权和为1,这么做的好处是可以保持图像原有的亮度不发生变化,高斯滤波卷积核特征可概括为如下3点。

① 滤波器的大小为奇数,不仅是高斯滤波的卷积核,其他卷积核的大小也同样应当为奇数,取奇数是为了方便进行池化操作。奇数卷积核在对图像进行卷积操作后,可以达到不改变原图大小的效果,除此之外,也更容易找到卷积的锚点,如选取的卷积核为3×3、5×5、7×7等。

② 卷积核内参数累和为1,可以保持亮度不发生变化;累和大于1,滤波后的图像亮度增强;累和小于1,滤波后的图像亮度减弱。

③ 滤波操作实际上是对图像中的像素点进行卷积,因此,卷积后的图像中容易出现参数范围超过像素值大小的情况,在这种情况下,将参数大小控制在0~255即可。

图像高斯滤波示例如代码2-3所示。

【**代码 2-3**】 图像高斯滤波示例代码。

```
1   def gaosi_filter(self):
2     img = cv2.imread(self.imag path)
3     for i in range(2000):
4       x = np.random.randint(0, img.shape[0])
5       y = np.random.randint(0, img.shape[1])
6       img[x][y] = 255
7
8     Blur = cv2.GaussianBlur(img, (5,5), 0)
9     cv2.imshow("img", img)
10    cv2.imshow("middle_filter", blur)
11
12    cv2.waitKey(0)
13    cv2.destroyAllWindows()
```

运行后,可得到高斯滤波操作前后的图像对比,如图 2-9 所示。其中,为了能明显观察出高斯滤波的作用,在进行高斯滤波之前,需要在原图上添加一部分噪声,添加噪声后可以明显地观察到其白色噪点的存在(见图 2-9(a))。由于白色噪点在一般的图像中很难被直接观察到,所以在处理高斯噪声之前,可选取颜色对比较为突出的物体作为可识别的目标,在这个基础上通过高斯噪声就可以直观地观察到明显的效果。

(a) 椒盐图   (b) 高斯噪声图

图 2-9 高斯滤波操作前后的图像对比

从图 2-9 中可以看出,高斯滤波在消除图像中噪点的同时将图像上原本包含的图像信息也进行了部分消除。因此,高斯滤波类似低通滤波器,对图像中的高频信息进行了过滤,使展示后的图像更加模糊。

除了上述几种常用的卷积核外,卷积核中的参数不同,同样可以实现一些其他的滤波作用,如空卷积核、图像锐化滤波、图像浮雕和图像轮廓提取等。

不同的核函数对图像进行过滤后生成的图像效果也不尽相同,也正是核函数中不同参数的组合使得图像能够在卷积过程中充分学习到图像的不同特征。了解了卷积操作的基本含义后可自行深入了解神经网络中的其他卷积操作,由于篇幅有限,本章只简单讲述卷积操作的基本原理。图像的前向传播算法中除了采用卷积操作提取图像的特征之外,还采用了池化操作减少提取图像中的冗余信息,简化运算。

3. 神经网络的池化操作

池化是卷积神经网络中常用的对卷积后的特征图进行降维的一种操作,使用池化操作可以简化来自上层网络结构的复杂计算,降低输出的数据维度,除此之外,还能有效降低冗余信息带来的噪声影响。根据操作方式的不同,池化可以分为最大池化、平均池化、随机池化等。不同的池化操作对模型的作用也不尽相同,如平均池化能够有效地学习图像中的边缘和纹理信息,其抗噪能力较强。以下将分别对最大池化、平均池化和随机池化操作进行阐述。

(1) 最大池化。

最大池化是常用的一种池化操作,其采用的池化方式是选取一定区域范围内的最大值作为其需要提取的最终的数据,以此方式将输入的图像划分为若干矩形区域,并得到每个子区域的输出值。最大池化操作如图 2-10 所示。

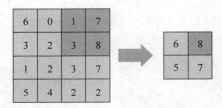

图 2-10 最大池化操作

图 2-10 中使用不同的颜色块来代替划分的若干矩形区域,本次池化的区域采用 2×2 的大小进行替代,操作过程是将每个区域中的最大值挑选出来作为最终值,如左上角的 2×2 子区域中数字 6 是整个区域中的最大值,将其挑选出来作为池化结果中的左上角最终值,以此类推可以实现整个区域的池化操作,而且结果相比于原始图像缩小了 $\frac{1}{4}$,实现了图像的降维操作。

下面直接调用 PyTorch 中的最大池化函数进行展示。为了使结构更加清晰,使用神经网络中类的前向计算框架来构造最大池化函数公式。

图像的最大池化示例如代码 2-4 所示。

【代码 2-4】 图像的最大池化作用示例代码。

```
1   import cv2
2   import numpy as np
3
4   #实现最大池化,池化区域大小为 4×4
5   def max_pooling(img, G=4):
6       out = img.copy()
7       H, W, C = img.shape          #图像的高、宽和通道数目
8       Nh = int(H/G)
9       Nw = int(W/G)
```

```
10
11      #分别对每个子区域取最大值,并重新赋值
12      for y in range(Nh):
13        for x in range(Nw):
14          for c in range(C):
15            out[G * y:G * (y + 1), G * x:G * (x + 1), c] = np.max(out[G * y:G * (y + 1), G * x:G *
(x + 1), c])
16      return out
17  if __name__ == '__main__':
18      #采用 OpenCV 库读取图像
19      img = cv2.imread("/home/renyilong/Desktop/image.jpeg")
20      out = max_pooling(img)
21
22      #保存实现最大池化后的图像
23      cv2.imwritte("out.jpg", out)
24      cv2.imshow("result", out)
25      cv2.waitKey(0)
26      cv2.destroyAllWindows()
```

为了能更加直观地展示最大池化操作带来的效果,代码 2-4 直接在图像上实现图像的最大池化操作并进行输出,由于图像是由三通道构成的,所以最大池化的操作对三个通道均应进行处理。最大池化效果如图 2-11 所示。

(a) 原图   (b) 最大池化效果图

图 2-11   最大池化效果

从图 2-11 可以看出,经最大池化操作后的图像相比于原图像已经丢失了部分信息,虽然仍能识别出图像中的对象,但图像中物体的轮廓已经出现模糊状态。最大池化的作用是能够尽量减少卷积层参数误差所带来的估计均值的偏移误差,从而能更多地保留图像的纹理信息。

（2）平均池化。

平均池化的基本操作与最大池化操作类似,不同的是最终取值的过程。最大池化的取值是对各个子区域中的值进行排序,并取出最大值作为对应位置区域的值,而平均池

化是对划分后的各个子区域中的取值进行加和取平均后作为最终对应区域位置的值。平均池化操作的过程如图 2-12 所示。

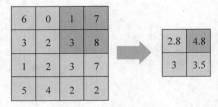

图 2-12　平均池化操作的过程

接下来使用 Python 代码实现对图像的平均池化操作,并将处理后的图像保存下来与原始图像进行比对。与最大池化代码大部分内容类似,不相同的地方在于对子区域的操作。最大池化是调用 np. max()函数取其最大值,平均池化是调用 np. mean()函数取其平均值,为了方便比对,所有池化操作均对同一幅图像进行操作。

图像的平均池化示例如代码 2-5 所示。

【代码 2-5】 图像的平均池化作用示例代码。

```
1   import cv2
2   import numpy as np
3
4   #图像的平均池化操作,池化操作大小为 4×4
5   def average_pooling(img, G = 4):
6     out = img.copy()
7     H, W, C = img.shape
8     Nh = int(H/G)
9     Nw = int(w/G)
10
11    #分别对图像的每个子区域进行平均池化操作
12    for y in range(Nh):
13      for x in range(Nw):
14        for c in range(C):
15          out [G * y:G * (y + 1), G * x:G * (x + 1), c] = np.mean(out[G * y:G * (y + 1),
16    G * x:G * (x + 1), c])
17    return out
18  if __name__ == '__main__':
19    img = cv2. imread("/home/renyilong/Desktop/image.jpeg")
20    #图像的平均池化操作
21    out = average_pooling(img)
22
23    #保存平均池化操作后的图像
24    cv2. imwrite("out1.jpg", out)
25    cv2. imshow("result", out)
26    cv2. waitKey(0)
27    cv2. destroyAllWindows()
```

程序运行后得到的最大池化效果,如图 2-13 所示。

从图 2-13 可以看出,经平均池化操作后的图像与经最大池化操作后的图像相比,平均池化的图像过渡更加平缓,相比最大池化操作后的图像失真要小,平均池化能减少因

(a) 原图　　　　(b) 平均池化效果图　　　(c) 最大池化效果图

图 2-13　平均池化效果与最大池化效果对比

区域大小受限造成的估计值方差增大的误差,而保留更多的图像背景信息。

（3）随机池化。

随机池化的操作相对于上述两种池化方式的数值计算更加复杂,随机池化中数值的确定方式是按照其概率值的大小进行随机选择,由于被选中的数值对应的概率值与其数值呈正比,保证了数值在池化过程中可以均匀取出不同的特征,也使图像经随机池化后的泛化能力更强。下面以随机池化操作为例,将特征图进行随机池化的计算过程进行展示。随机池化过程如图 2-14 所示。

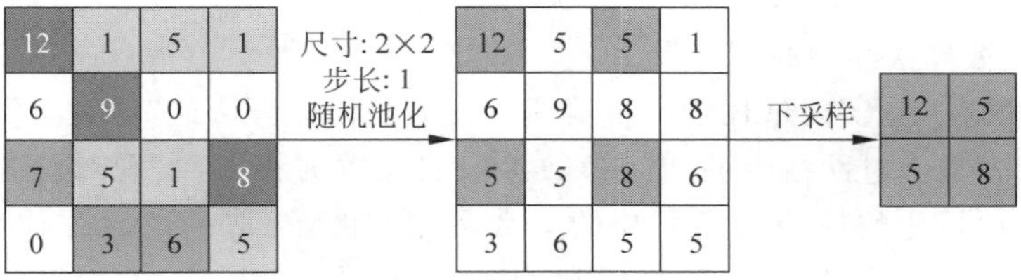

图 2-14　随机池化过程

图 2-14 中所示过程是以大小为 2×2 的卷积核在不对图像进行填充的条件下以步长为 1 对特征图进行池化的操作,其中灰色块是在每个 2×2 大小的感受野中随机选中的特征值。计算过程可概括为如下 3 个步骤。

（1）将划分的各个子区域中的值同时除以它们的和,得到各个子区域的概率矩阵。选择某区域图像的概率计算过程,如图 2-15 所示。首先遍历该子区域并计算元素之和,可得到：$0.3+1.2+2.5+0.8+2.2+0.8+0.2+1.0+1.0=10.0$,然后用该子区域中的各元素除以元素的总和可以得到概率矩阵。

（2）根据得到的概率矩阵,按照概率取其方格中的值,概率越大被选中的概率就越大。其中各个元素值标识对应位置处的概率,如果图像需要按照概率随机选择,可以将其概率值按照 $0\sim1$ 分布,根据不同的概率值划定不同的区间,随机选择 $0\sim1$ 的一个值,落在哪个区间就选择该概率对应的值。

（3）被选中的数值即为方格对应位置的值。例如,某区域的元素对应关系,如图 2-16

图 2-15　某区域的概率计算过程

所示。随机选择的数值为左边对应矩阵中 1 的位置，那么选择的数值应当为右边原始矩阵中 1.0 的值。

图 2-16　元素对应关系

　　根据以上步骤，以此类推即可实现整个矩阵中的随机池化过程。此外，神经网络中的池化操作除了上述介绍的 3 种方法之外，还包括中值池化、组合池化、金字塔池化和双线性池化等，在工程应用中可根据实际情况进行选择。

2.1.2　反向传播

1. 反向传播算法实现原理

　　反向传播算法，从实现过程可以将其理解为前向传播算法的"逆运算"。前向传播算法在模型中首先是通过网络中的初始参数提取图像中的特征，实现对位置、类别等目标的识别。由于初始化的模型中卷积核的参数是相同的，提取的信息往往只是单一的特征，并不能实现对目标的检测和分类功能，因此仍需要一种反向的计算方法对卷积核的参数进行更新，从而使其在重复不断的学习中获得不同的参数，最终实现目标的识别。而反向传播算法的功能则是不断地将每次前向传播算法的结果与实际结果进行比对，并计算两者之间的损失，通过反向传播算法不断地对模型中的网络参数进行更新，最终实现目标特征的提取。

　　通过上述过程的描述，可以将其在网络模型中的作用总结为：前向传播算法是提取图像特征以及预测目标位置、类别等信息的过程；反向传播算法则是对网络模型中的待学习参数进行更新，不断学习和保存特征的过程。

2. 梯度下降法

　　梯度下降法是反向传播算法中最主要的一种核心算法，其作用是更新网络中的参数，包括各层神经元之间的权重以及偏置参量。梯度下降，顾名思义就是在标量场中不断增长最快的地方，这里的标量场指的是预测结果与真实值之间的损失量。利用梯度下降法能够对神经网络中的每个神经元的参数进行更新迭代，更新参数后的神经网络模型能够预测出与实际结果误差较小的结果。梯度下降示意图如图 2-17 所示。

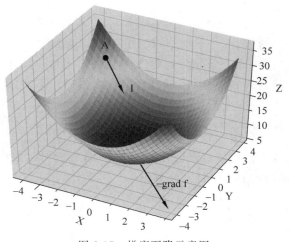

图 2-17 梯度下降示意图

从图 2-17 可以看出,梯度下降法可以理解为以当前所处的位置为基准,向周围进行搜索,并以周围坡度最大的方向作为下降的方向进行下降,如此循环往复即可以最快的速度到达最低处。同理,如果以相反的方向进行上升,即为梯度上升法。梯度下降法的主要目的是通过迭代的方式最快地找到目标函数的最小值或者收敛到最小值。

3. 反向传播算法公式

反向传播算法主要通过梯度下降法实现对网络中的权重参数和偏置量的更新,根据梯度下降法的实现过程可以分为前向计算输出其预测值、求解各层残差值、计算各个对应的偏导数值、根据偏导数求其权重值和偏置参数几个步骤,主要实现过程如下。

根据梯度下降法,得到每次更新权重和偏置的参数时使用的公式如下:

$$W_{ij}^l = W_{ij}^l - \alpha \frac{\partial J(W, b)}{\partial W_{ij}^l} \tag{2-8}$$

$$b_i = b_i^l - \alpha \frac{\partial J(W, b)}{\partial b_i^l} \tag{2-9}$$

其中,α 为学习率;$J(W, b)$ 为模型训练中自定义的损失函数;W 为该神经元的权重参数;b 为神经网络的偏置量;W_{ij}^l 为第 l 层的权值。

本次采用的损失函数为均方差,计算公式为:$J(W, b) = \frac{1}{N} \sum_{i=1}^{N} \| \text{output}_i - y_i \|^2$,output 为前向传播算法的输出,本次测试使用均方差作为损失函数。根据上述公式可知,只需要求导出各个损失函数的权重和偏置量即可实现反向传播算法的参数更新。

在实现算法的过程中定义损失函数的输入偏导数为残差,可用如下公式表示:

$$\delta_i^{(n_t)} = \frac{\partial}{\partial z_i^{n_t}} J(W, b; x, y) = \frac{\partial}{\partial z_i^{n_t}} \frac{1}{2} \| y - h_{W,b}(x) \|^2$$

$$= \frac{\partial}{\partial z_i^{n_t}} \frac{1}{2} \sum_{j=1}^{S_{n_t}} (y_j - a_j^{(n_t)})^2 = \frac{\partial}{\partial z_i^{n_t}} \frac{1}{2} \sum_{j=1}^{S_{n_t}} (y_j - f(z_j^{n_t}))^2$$

$$= -(y_j - f(z_i^{n_t}))f'(z_i^{n_t}) = -(y_i - a_i^{(n_t)})f'(z_i^{n_t}) \qquad (2\text{-}10)$$

式中：$z_i^{n_t}$ 为 n_{t-1} 层的网络针对 n_t 层网络的第 1 个节点的输入；$J(W,b;x,y)$ 表示针对第 1 个节点的权重值为 W，偏置量为 b，当前节点的输入为 x，输出为 y。

得到最后一层网络的残差值之后，可以根据公式推导出之前输入层的残差值，计算公式如下：

$$\delta_i^{(l)} = \left(\sum W_{ij}^l \delta_j^{(l+1)}\right)f'(z_i^{(l)}) \qquad (2\text{-}11)$$

可以将每一层的残差值代入残差值计算的公式中，完成对每层中各个神经元的反向推导，每个样本代价函数的偏导数的结果如下：

$$\frac{\partial}{\partial W_{ij}^{(l)}}J(W,b;x,y) = a_j^{(l)}\delta_i^{(l+1)} \qquad (2\text{-}12)$$

$$\frac{\partial}{\partial b_i^{(l)}}J(W,b;x,y) = \delta_i^{(l+1)} \qquad (2\text{-}13)$$

将计算得到的偏导数代入权重 W 和偏置 b 对应的更新公式中可以得到如下公式：

$$W_{ij}^{(l)} = W_{ij}^{(l)} - \alpha\left[\left(\frac{1}{K}\sum_{i,j=1}^{K}\delta_i^{(l+1)}a_j^{(l)}\right) + \lambda W_{ij}^{(l)}\right] \qquad (2\text{-}14)$$

$$b_i^{(l)} = b_i^{(l)} - \alpha\frac{1}{K}\sum_{i=1}^{K}\delta_i^{(l+1)} \qquad (2\text{-}15)$$

上述过程是完成反向传播算法的主要过程，但在模型的训练过程中，往往不是仅一次的反向传播计算就可以完成模型的训练，需要不断循环迭代逐渐降低损失量，这是由于反向传播算法中每次更新参数的变化量由学习率来控制，而每次学习率的更新则需要根据梯度进行。因此，训练一个算法往往需要很长的时间，迭代成千上万次的训练才能达到一个比较好的识别效果。

2.2 梯度与自动微分

2.2.1 梯度下降与优化

机器学习的核心内容就是把数据喂给一个人工设计的模型，然后让模型自动地"学习"，从而优化模型自身的各种参数，最终使得在某一组参数下该模型能够最佳地匹配该学习任务。那么这个"学习"的过程就是机器学习算法的关键。梯度下降法就是实现该"学习"过程的一种最常见的方式，尤其是在深度学习（神经网络）模型中，反向传播算法的核心就是对每层的权重参数不断使用梯度下降法来进行优化。

梯度下降法（Gradient Descent）是一种常用的一阶（First-order）优化方法，是求解无约束优化问题最简单、最经典的方法之一。我们来考虑一个无约束优化问题，其中 $\min_x f(x)$ 为连续可微函数，如果我们能够构造一个序列 $x^0, x^1, x^2, \cdots$，并能够满足：

$$f(x^{t+1}) < f(x^t), \quad t = 0,1,2,\cdots \qquad (2\text{-}16)$$

不断执行该过程即可收敛到局部极小点,寻找最小点过程如图 2-18 所示。

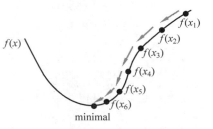

图 2-18　寻找最小点过程

那么问题就是如何找到下一个点 x^{t+1},并保证 $f(x^{t+1}) < f(x^t)$ 呢?假设当前的函数 $f(x)$ 的形式是图 2-18 的形状,现在随机找了一个初始点 x_1,对于一元函数来说,函数值只会随着 x 的变化而变化,那么就可以设计下一个 x^{t+1} 是从上一个 x^t 沿着某一方向走一小步 Δx 得到的。此处的关键问题就是:这一小步的方向是朝向哪里?

对于一元函数来说,x 存在两个方向:要么是正方向($\Delta x > 0$),要么是负方向($\Delta x < 0$),如何选择每一步的方向,就需要用到大名鼎鼎的泰勒公式,先看一下下面这个泰勒展式:

$$f(x + \Delta x) \simeq f(x) + \Delta x \, \nabla f(x) \tag{2-17}$$

左边就是当前的 x 移动一小步 Δx 之后的下一个点位,它近似等于右边。前面已经指出关键问题是找到一个方向,使得 $f(x + \Delta x) < f(x)$,那么根据式(2-17)的泰勒展开式,显然需要保证:

$$\Delta x \, \nabla f(x) < 0 \tag{2-18}$$

可选择令:

$$\Delta x = -\alpha \, \nabla f(x), \quad \alpha > 0 \tag{2-19}$$

其中步长 α 是一个较小的正数,从而有

$$\Delta x \, \nabla f(x) = -\alpha (\nabla f(x))^2 \tag{2-20}$$

由于任何不为 0 的数的平方均大于 0,因此保证了 $\Delta x \nabla f(x) < 0$,从而设定 $f(x + \Delta x) = f(x - \alpha \, \nabla f(x))$,则可保证:

$$f(x + \Delta x) < f(x) \tag{2-21}$$

那么更新 x 的计算方式就很简单了,可按式(2-22)更新 x:

$$x' \leftarrow x - \alpha \, \nabla f(x) \tag{2-22}$$

这就是所谓的"沿负梯度方向走一小步"。梯度下降法的设计过程,如图 2-19 所示。

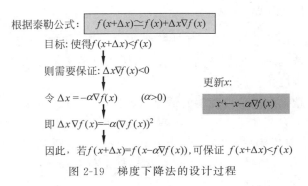

图 2-19　梯度下降法的设计过程

使用梯度下降法找到函数极小值点示例如代码 2-6 所示。

【代码 2-6】 使用梯度下降法找到函数极小值点示例代码。

```
1  # coding = utf - 8
2
3  import numpy as np
4  import matplotlib.pyplot as plt
5
6  def f(x):
7      return np.power(x, 2)
8
9  def d_f_1(x):
10     return 2.0 * x
11
12 def d_f_2(f, x, delta = 1e - 4):
13     return (f(x + delta) - f(x - delta)) / (2 * delta)
14
15 # plot the function
16 xs = np.arange( - 10, 11)
17 plt.plot(xs, f(xs))
18 plt.show()
19
20 learning_rate = 0.1
21 max_loop = 30
22
23 x_init = 10.0
24 x = x_init
25 lr = 0.1
26 for i in range(max_loop):
27     # d_f_x = d_f_1(x)
28     d_f_x = d_f_2(f, x)
29     x = x - learning_rate * d_f_x
30     print(x)
31
32 print('initial x = ', x_init)
33 print('arg min f(x) of x = ', x)
34 print('f(x) = ', f(x))
```

2.2.2 局部最优与鞍点

在深度学习模型的训练过程中，有时模型会陷入算法的局部最优解中不能跳出，从而导致算法不能收敛到一个更加合适的点以达到效果最优。本节将详细介绍局部最优解和深度学习模型中的优化问题。

为了更加详细地描述局部最优解的情况，这里以马鞍图为例对其实现的过程逐步进行讲解。马鞍图的示意图如图 2-20 所示，其中凹凸面代表损失函数的上下起伏，凸起表示损失较大，深度学习模型的训练过程就是不断在损失函数平面上寻找最低凹点的过程。我们知道，损失函数的平面中存在着众多局部最优的情况，搜索最低点的方法有梯度下降法和牛顿下降法，但算法均会发生存在一个局部最优而不是全局最优的情况。总之,局部最优解是一个在高维度空间中任何方向上梯度均为0的凹函数或凸函数。

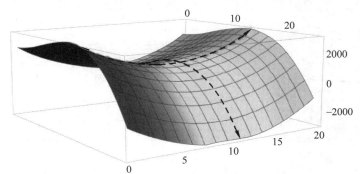

图 2-20　马鞍图

了解完局部最优解,那么什么是鞍点呢? 鞍点与局部最优解类似,不同的是局部最优解在任何方向上梯度均为0,而鞍点则是在某一方向上的曲线向上弯曲或者向下弯曲的情况。从概率的角度来说,实际在神经网络模型的训练过程中,大概率碰到的是鞍点而非局部最优解。

对于鞍点来讲,平稳段会降低学习的速率,由于坡度更小,导致损失函数的梯度长时间处于无限接近0的状态,因此在神经网络的学习过程中如果碰到平稳的鞍点,模型会需要更长的时间去达到鞍点并走出平稳段。

2.2.3　梯度消失与爆炸问题

梯度消失也称为梯度弥散,在深度学习领域中梯度爆炸和梯度消失是两个很重要的概念,下面详细介绍。

梯度消失即深度神经网络在不断地学习中,由于网络层次不断加深,导致激活函数的激活逐渐消失,从而导致深层的网络不能再学习到足够的图像特征。例如常用的 Sigmoid 激活函数,其特征是 Sigmoid 函数的定义域为整个实数区域,包括全部正数和负数,其值域则只在0~1,由此可见,经过 Sigmoid 函数的特征值会被拉回到0~1区间内,实现特征值的归一化。由于网络的层数众多,在不断地经过网络层后,激活的图像的特征值会被逐渐降低趋于平缓,从而导致网络越深,激活的特征越少,神经网络的模型能得到的特征就越少,最终使得梯度消失。为了方便理解,可通过在神经网络训练过程中不断增加隐藏层导致的学习率的变化进行学习。不同层数神经网络的学习速度,如图 2-21 所示。

图 2-21 分别是隐藏层为两层、三层和四层时图像表达的学习率大小情况,梯度消失最明显的现象是浅层网络的学习率要低于深层网络的学习率,带来的直接结果是分类准确率的下降。

梯度爆炸与梯度消失相对立,实际上同样是由梯度的累积而导致的,不过是与梯度消失截然不同的另一个极端现象。梯度爆炸可以表述为在高度非线性的深度神经网络中或者循环网络中,由目标函数导致的梯度参数累乘使得梯度迅速增大造成的梯度爆炸。在深度学习模型中的明显现象是学习率居高不下、损失函数出现振荡,并且很难达

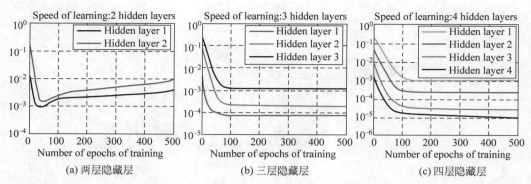

图 2-21　不同层数神经网络的学习速度

到最优解。

　　了解了梯度消失和梯度爆炸的基本原理之后,下面将通过实例从数学的角度讲解梯度消失和梯度爆炸两种现象产生的具体原因。整个模型的计算过程,首先是将每层的神经元向量进行前向计算,得到预测值之后,计算出预测值与实际目标之间的损失,并根据损失进行反向传播计算,对每层神经元的梯度和偏移量进行更新,由此完成一次神经网络的整个计算过程。假设每层只有一个神经元,则单层神经元关联关系,如图 2-22所示。

$$x \xrightarrow{w_1} \boxed{f_1} \xrightarrow{w_2} \boxed{f_2} \xrightarrow{w_3} \boxed{f_3} \xrightarrow{y}$$

图 2-22　单层神经元关联关系

　　图 2-22 中,x 是网络输入层的输入信号;w_1、w_2 和 w_3 是权重参数;f_1、f_2 和 f_3 是每个神经元的激活函数,可以用 $a = f(z)$ 表示;y 是神经网络最后的输出结果。其中偏置量 z 没有被标识出来,本次采用的网络每层只由一个神经元组成,三层单神经元结构可表达如下:

$$f(w_1) = f_3(w_3 f_2(w_2 f_1(w_1))) \tag{2-23}$$

　　式(2-23)中并未增加函数的偏置量,可在每个神经元的节点处增加偏置量,公式中在激活函数外增加一个偏置量 b,变形后的公式如下:

$$f(w_1) = f_3(w_3 f_2(w_2 f_1(b_1) + b_2) + b_3) \tag{2-24}$$

　　以上述的微型网络作为示例,展示了梯度消失和梯度爆炸的详细数学过程。神经网络的反向传播过程在 2.1.2 节中已经详细讲过,根据链式求导法得到函数对权重值和偏置的导数如下:

$$\frac{\partial f}{\partial w_1} = \frac{\partial f_3}{\partial f_2} w_3 \times \frac{\partial f_2}{\partial f_1} w_2 \times \frac{\partial f_1}{\partial w_1} \tag{2-25}$$

$$\frac{\partial f}{\partial b_1} = \frac{\partial f_3}{\partial f_2} w_3 \times \frac{\partial f_2}{\partial f_1} w_2 \times \frac{\partial f_1}{\partial b_1} \tag{2-26}$$

　　以常用的 Sigmoid 函数作为该神经网络的激活函数,激活函数的导数图像呈现钟形分布。Sigmoid 函数的导数图像,如图 2-23 所示。

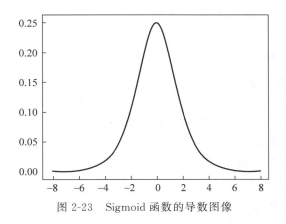

图 2-23　Sigmoid 函数的导数图像

从图 2-23 中可以看出,Sigmoid 函数的导数在横轴的 0 处,得到最大值为 $\frac{1}{4}$。假设数据在训练的过程中呈现比较稳定的状态,为 0～1 的高斯分布,那么根据上述对权重的求导公式可以推断出,所有权重参数的绝对值都分布于 0～1,即每层的值与权重的乘积小于 $\frac{1}{4}$。随着网络深度的不断增加,反向传播计算公式中导数项越多,乘积后的值下降得就越快,最终导致梯度消失现象的发生。

梯度爆炸出现的原因与梯度消失的情况正好相反,若训练数据不符合初始化权重参数的 0～1 分布,初始化参数的绝对值 abs(w)＞4,那么得到的权重值与导数的乘积会大于 1,经过多层累积,梯度会迅速增长,造成梯度爆炸。

梯度消失和梯度爆炸是在模型训练过程中容易出现的两种极端情况,为了防止这两种情况的发生,一般采用的方式包括替换激活函数,如使用 ReLU 函数替换常用的 Sigmoid 函数;在模型结构中增加批标准化(Batch Normalization,BN)层,用于加速模型的收敛;通过降低网络对初始化权重的不敏感程度以减少过拟合情况的发生;或者使用梯度截断或长短期记忆网络结构(LSTM)以减少梯度消失情况的产生。

2.3　参数优化与更新策略

2.3.1　损失函数与优化目标

损失函数是用来评价模型输出的真实值与预测值之间的损失量的一种函数。通常一个模型的性能越好,模型中用来衡量损失的指标就越好,不同的模型使用的损失函数也不相同。在神经网络模型中使用损失函数可以根据损失量直观地了解到模型的训练程度,需要对使用损失函数计算出的损失量进行反向传播的计算。常见的损失函数包括 0-1 损失函数、Log 对数损失函数、交叉熵损失函数、绝对值损失函数、平方损失函数、指数损失函数等。

1. 0-1 损失函数

当模型输出的预测值和真实值不相同时,则 0-1 损失函数为 1,相同时则为 0,具体计

算公式如下:

$$L(Y, f(X)) = \begin{cases} 1, & Y \neq f(X) \\ 0, & Y = f(X) \end{cases}$$　　　(2-27)

式中: $f(X)$的值为预测值; Y表示真实值。

因为0-1损失函数可直接判断真实值与预测值是否相同,所以这种方式也可以用来表示对应类别判断错误的个数。0-1损失函数是最简单的损失函数。

2. Log 对数损失函数

Log对数损失函数是通过计算似然损失在概率上对损失进行定义的一种量化方式。为了计算对数损失,分类器必须提供输入所属的每个类别的概率值,不只是最可能的类别。对数损失函数的计算公式如下:

$$L(Y, P(Y|X)) = -\log P(Y|X)$$　　　(2-28)

式中: $P(Y|X)$为在 X 事件发生情况下 Y 事件发生的概率值; Y 为输出的真实值。

损失函数的计算能很好地表征概率分布,通过损失函数的计算可以知道每个结果或每个类别的置信度,最常见的应用场景是逻辑回归中的损失计算。

3. 交叉熵损失函数

交叉熵是在信息论中用于衡量两个不同概率分布之间的差异。在了解交叉熵的定义之前首先需要了解信息是如何进行衡量的,在信息论中信息量的大小是通过判断信息中不确定性大小来衡量的。信息量的大小与信息发生的概率呈反比,即发生事件的不确定性越大,信息量越大,概率就越小;相反,信息量越小,概率就越大,事件发生的不确定性就越小。二分类问题中的交叉熵损失函数的计算公式如下:

$$C = -\frac{1}{n}\sum_{i=1}^{N}\left[y\ln a + (1 - y_i)\ln(1 - a_i)\right]$$　　　(2-29)

式中: N 为样本总数; a_i 为预测值; y_i 为实际值; n 为样本的数量。

交叉熵损失函数的值实际上表述的是真实值发生的概率与预测值分布的概率之间的关系。

优化目标指的是整个训练过程的最终目的,就是我们希望模型达到的性能指标或状态。通常,优化目标是通过最小化损失函数来实现的。优化目标不仅包括损失函数的最小化,还包括正则化项、模型复杂性的控制、对抗性样本的鲁棒性等多方面。

2.3.2　优化器与激活函数

深度学习中训练网络模型主要的关键要素包括训练数据集、网络模型结构、损失函数和优化器。本节单独介绍优化器,是因为优化器是直接决定损失函数最小化、影响训练时长和效率的一种关键算法。为了能更加了解优化器的作用,本节首先使用 MNIST 数据集构造的一个小型分类神经网络。

基于 PyTorch 实现小型分类神经网络示例如代码 2-7 所示。

【代码 2-7】　基于 PyTorch 实现小型分类神经网络示例代码。

```
1  # coding = utf - 8
2  import torch
```

```
3   from torchvision import datasets, transforms
4   import torch.nn as nn
5   from torch import optim
6   from torch.utils.data.dataloader import default_collate
7
8   #构造三层的小型卷积神经网络
9   class Models(torch.nn.Module):
10
11     #对模型中的网络节点进行初始化构造
12     def __init__(self):
13       super(Models, self).__init__()
14       self.connect1 = nn.Linear(784, 256)
15       self.connect2 = nn.Linear(256, 64)
16       self.connect3 = nn.Linear(64,10)
17       self.softmax = nn.LogSoftmax(dim = 1)
18       self.relu = nn.relu()
19     #对网络结构顺序进行构造
20     def forward(self, x):
21       x = self.connect1(x)
22       x = self.relu(x)
23       x = self.connect2(x)
24       x = self.relu(x)
25       x = self.connect3(x)
26       x = self.softmax(x)
27       return x
28
29  class Test:
30
31     #初始化训练网络需要的参数
32     def __init__(self):
33       self.epoch = 5
34       self.batch_size = 6
35       self.learning_rate = 0.005
36       self.models = Models()
37
38     #对数据进行处理,归一化
39     def transdata(self):
40       transform = transforms.Compose(
41       [transforms.ToTensor(), transforms.Normalize((0.5,),(0.5,))])
42       return transform
43
44     #按照批次读取数据集
45     def loaddata(self):
46       dataset = datasets.MNIST(
47       "mnist_data", download = True, transform = self.transdata())
48       dataset = torch.utils.data.DataLoader(
49       dataset, batch_size = self.batch_size)
50       return dataset
51
52     #定义损失函数/目标函数
53     def lossfunction(self):
```

```
54    criterion = nn.CrossEntropyLoss()
55    return criterion
56
57  def main(datahandle, models):
58    dataset = datahandle().loaddata()
59    model = models()                              #定义模型的对象
60    criterion = datahandle().lossfunction()       #定义目标函数(损失函数)
61    optimizer = optim.SGD(model.parameters(),
62    datahandle().learning_rate)                   #定义优化器
63    epoch = datahandle().epoch                    #读取自定义的批次
64
65    for single_epoch in range(epoch):             #按照规定的批次进行训练
66      running_loss = 0
67      for image, lable in dataset:
68          image = image.view(image.shape[0], -1)  #对数据进行一维化
69
70    optimizer.zero_grad()                         #对初始化梯度进行归零
71    output = model(image)                         #模型对输入图像进行预测
72    loss = criterion(output, lable)               #计算损失
73    loss.backward()                               #进行反向传播
74    optimize.step()
75
76    running_loss += loss.item()                   #对损失进行统计
77    print(f"第{single_epoch}代,训练损失:{running__loss/len(dataset)}")
78
79  if __name__ == '__main__':
80    main(Test, Models)
```

该小型分类神经网络使用的优化器是 SGD 函数,SGD 优化器也可称为随机梯度下降法。优化器对每个批次进行训练时都会对梯度进行一次清零,这是因为每个批次得到的损失都是关于权重导数的累加和,对每个批次的图像进行梯度清零后才能重新计算梯度并进行更新。

优化器可以分为两种类型:一种是学习率固定的优化器,如 SGD、BGD、Mini-Batch SGD 等;另一种是改变学习率的优化器,如 AdaGrad SGD、RMSProp SGD 等。接下来将分别介绍这两类优化器中典型的 SGD 优化器和 Adam 优化器。

1. SGD 优化器

SGD 优化器也被称为随机梯度下降法,SGD 的实现方式是沿着梯度的方向,将学习率作为 SGD 优化器权重参数的改变量,用数学公式表达如下:

$$W = W - \eta \frac{\partial J}{\partial W} \tag{2-30}$$

式中:W 为需要更新的权重参数;η 为固定学习率,表示增长或下降的幅度;导数表示损失函数在梯度上的方向。SGD 优化器 Python 代码实现如代码 2-8 所示。

【代码 2-8】 SGD 优化器 Python 代码。

```
1  class SGD:
2    def __init__(self, 1r = 0.01)
```

```
3        self.lr = lr
4
5    def update(self, params, grades):
6      for key in params.keys():
7        params[key] -= self.lr * grades[key]
```

　　SGD 优化器的特点是在每一个训练样本的前向传播和反向传播的过程中都更新一次参数,这样带来的直接好处是模型的收敛速度快。但由于学习率是固定值,因此很难能达到模型中的最小值,导致算法在极小值附近会产生振荡,不易收敛。

2. Adam 优化器

　　Adam 优化器是 SGD 优化器的扩展,相比于 SGD 优化器,Adam 优化器具有计算效率高、内存小、对稀疏矩阵具有很好的优化作用等优点。Adam 优化器直接使用动量和自适应学习率的方式加快收敛速度。所谓的使用动量,是指采用动量梯度下降的方法解决训练过程中梯度下降导致的振荡现象。动量下降与普通的下降方式不同,普通的梯度下降方式是沿着当前点的导数方向进行下降,这种下降方式容易产生振荡现象,而动量下降是在某一个方向上不断地积累动量,下降的方向由之前积累的动量大小来决定。自适应学习率是在训练过程中动态地调节学习率的大小,从而减少训练模型的时间,提高效率。

　　Adam 优化器的更新方式可以分为梯度动量的参数更新、梯度平方的指数参数更新、动量和梯度参数的初始化三部分。

　　梯度动量的计算公式如下:

$$m_t = \beta_1 m_{t-1} + (1 - \beta_1) g_t \tag{2-31}$$

式中: β_1 系数为指数的衰减率,用于控制权重参数的分配。通常情况下分配给上一时刻的权重要更大, β_1 系数取值默认为 0.9。

　　梯度平方的指数参数更新公式如下:

$$v_t = \beta_2 v_{t-1} + (1 - \beta_2) g_t^2 \tag{2-32}$$

式中: v_t 速度的初始化为 0, β_2 指数衰减率用于控制上一时刻速度的平方的情况, β_2 的默认值为 0.999。

　　对动量和梯度参数进行初始化,初始化的实现公式如下:

$$\hat{m}_t = m_t / (1 - \beta_1^t) \tag{2-33}$$

$$\hat{v}_t = v_t / (1 - \beta_2^t) \tag{2-34}$$

　　参数初始化是为了解决梯度和动量对训练初期的影响,并分别对两者进行偏差的纠正。最后部分是更新参数,计算公式如下:

$$\Delta\theta = -\frac{\alpha}{\sqrt{\hat{v}_t} + \varepsilon} \hat{m}_t \tag{2-35}$$

式中: α 为默认学习率, $\alpha = 0.001$; $\varepsilon = 10^{-8}$ 。

　　从上述参数的更新计算来看,对梯度的更新分别是从梯度的均值和平方两个方向进行自适应的梯度调节,实现代码如代码 2-9 所示。

【代码 2-9】 实现 Adam 优化器示例代码。

```
1   class Adam:
2     def __init__(self, loss, weights, lr = 0.001, beta1 = 0.9, beta2 = 0.999, epislon =
1e-8):
3       self.loss = loss
4       self.theta = weights
5       self.lr = lr
6       self.beta1 = beta1
7       self.beta2 = beta2
8       self.epislon = epislon
9       self.get_gradient = grad(loss)
10      self.m = 0
11      self.v = 0
12      self.t = 0
13
14    def minimize_raw(self):
15      self.t += 1
16      g = self.get_gradient(self.theta)
17      self.m = self.beta1 * self.m + (1 - self.beta1) * g
18      self.v = self.beta2 * self.v + (1 - self.beta2) * (g * g)
19      self.m_hat = self.m / (1 - self.beta1 ** self.t)
20      self.v_hat = self.v / (1 - self.beta2 ** self.t)
21      self.theta -= self.lr * self.m_hat / (self.v_hat ** 0.5 + self.epislon)
22
23    def minimize(self):
24      self.t += 1
25      g = self.get_gradient(theta)
26      lr = self.lr * (1 - self.beta2 ** self.t) ** 5 / (1 - self.betbeta1 ** self.t)
27      self.m = self.beta1 * self.m + (1 - self.beta1) *g
28      self.v = self.beta2 * self.v + (1 - self.beta2)* (g * g)
29      self.theta -= lr * self.m(self.v ** 0.5 + self.epislon)
```

在前向传播算法中,无论是卷积操作还是池化的基本操作,都是为了提取图像中的某一个或多个特征信息。除了完成特征信息的提取外,还需要进一步对提取的特征进行激活操作,这就是激活函数的作用和意义。神经网络中的激活函数根据其特性可以分为两类:一类是饱和激活函数,如 Sigmoid、Tanh 函数等;另一类是非饱和激活函数,如 ReLU、ELU 等。下面将通过函数的计算公式和函数曲线详细介绍激活函数。

1. Sigmoid 函数

Sigmoid 函数是一个非线性平滑变化的激活函数,它的数学表达形式如下:

$$f(z) = \frac{1}{1 + e^{-z}} \tag{2-36}$$

为了能更加清晰地了解激活函数的使用方法,本节中使用 Python 语言对 Sigmoid 函数进行复现,在 PyTorch、TensorFlow 或其他框架下存在各种数学函数库,可直接调用。实现 Sigmoid 激活函数的示例代码如代码 2-10 所示。

【代码 2-10】 Sigmoid 激活函数示例代码。

```
1   from matplotlib import pyplot as plt
2   import numpy as np
3   import mpl_toolkits.axisartist as axisartist
4
5   def sigmoid1(x):
6       y = 1/(1 + np.exp(-x))
7       #dy = y * (1-y)
8       return y
9
10  def plot_sigmoid1():
11      #param:起点,终点,间距
12      x = np.arange(-8, 8, 0.2)
13      y = sigmoid1(x)
14      fig = plt.figure()
15      ax = fig.add_subplot(111)
16      ax.spines['top'].set_color('none')
17      ax.spines['right'].set_color('none')
18      #ax.spines['bottom'.set_color('none')
19      #ax.spines['left'].set_color('none')
20      ax.spines['left'].set_position(('data', 0))
21      ax.spines['bottom'].set_position(('data', 0))
22      ax.plot(x, y)
23      plt.tight_layout()
24      plt.savefig("prelu.png")
25      plt.show()
26
27  if __name__ == '__main__':
28      plot_sigmoid1()
```

　　Sigmoid 函数中输入的数据类型均为数组,为了实现激活函数的作用,在实现 Sigmoid 函数的过程中使权重和输入两者相乘,在这个基础上增加一个偏置量,以此实现函数的激活。由于输入的数据为浮点型数据,输出后仍旧为浮点型数据。使用 Python 代码不仅能够实现 Sigmoid 函数的功能,同时也可以在代码中调用第三方包实现图像的展示,如图 2-24 所示。

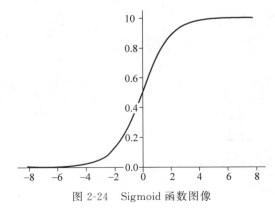

图 2-24　Sigmoid 函数图像

　　从图 2-24 所示的 Sigmoid 函数的图像可以看出，其纵轴区域输出为 0～1 区域的连续值，如果 x 的输入是特别大的负数，那么 Sigmoid 函数的输出值接近 0；相反地，如果 x 是非常大的正数，那么输出值接近 1。由于 Sigmoid 函数的图像旋转对称，因此横轴在 0 的位置时，纵轴可以取到 0.5。但 Sigmoid 函数也有一些缺点，其在负值区域存在较大的数值，因此在神经网络的反向传播过程中会导致梯度爆炸和梯度消失，其中梯度爆炸发生的概率较小，梯度消失发生的概率要大于梯度爆炸。

2．Tanh 函数

　　Tanh 函数与 Sigmoid 函数在图像上具有一定的相似性，但横轴的负值区域趋近于 −1，横轴的正值区域趋近于 1。

$$\text{Tanh}(x) = \frac{e^x - e^{-x}}{e^x + e^{-x}} \tag{2-37}$$

　　Tanh 函数由 4 个指数函数组合而成，但在图像上和 Sigmoid 函数具有一定的相似性。采用 Python 语言实现 Tanh 函数的示例代码如代码 2-11 所示。

【代码 2-11】　Tanh 函数示例代码。

```
1    from matplotlib import pyplot as plt
2    import numpy as np
3    import mpl_toolkits.axisartist as axisartist
4
5    def tanh(x):
6        return(np.exp(x) - np.exp(-x))/(np.exp(x) + np.exp(-x))
7
8    def plot_tanh():
9        x = np.arange(-10, 10, 0.1)
10       y = tanh(x)
11       fig = plt.figure()
12       ax = fig.add_subplot(111)
13       ax.spines['top'].set_color('none')
14       ax.spines['right'].set_color('none')
15       #ax.spines['bottom'].set_color('none')
16       #ax.spines['left'].set_color('none')
17       ax.spines['left'].set_position(('data', 0))
18       ax.spines['bottom'].set_position(('data', 0))
19       ax.plot(x, y)
20       plt.xlim([-10.05, 10.05])
21       plt.ylim([-1.02, 1.02])
22       ax.set_yticks([-1.0, -0.5, 0.5, 1.0])
23       ax.set_xticks([-10, -5, 5, 10])
24       plt.tight_layout()
25       plt.savefig("tanh.png")
26       plt.show()
27
28   if __name__ == "__main__":
29       plot_tanh()
```

　　运行代码 2-11 前要安装基本的第三方数学库 Matplotlib 和 NumPy，生成的 Tanh 函数图像如图 2-25 所示。

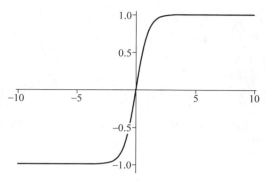

图 2-25 Tanh 函数图像

从图 2-25 所示的 Tanh 函数的图像中可以看出,相比 Sigmoid 函数,Tanh 函数本身将数据点拉至原点附近,使得神经网络在进行反向传播的过程中能更快地使函数进行收敛,但与 Sigmoid 函数存在的缺点类似,即并没有解决在反向传播中出现梯度消失现象的问题。

3. ReLU 函数

ReLU 函数与上述 Sigmoid 函数和 Tanh 函数两种非线性函数不同,ReLU 函数属于线性函数,实现 ReLU 函数的公式如下:

$$\text{ReLU} = \max(0, x) \tag{2-38}$$

从实现 ReLU 函数的公式上来看,可以将其拆解为两种函数:一种是 x 的取值范围为 0 到正无穷大,对应 y 值的范围同样为 0 到正无穷大,用数学公式可以表达为 $y = x$;另一种的定义则更加简单,x 的取值范围为负无穷大到 0,y 的取值范围则保持不变一直为 0。使用 Python 语言实现 ReLU 函数的示例代码如代码 2-12 所示。

【代码 2-12】 ReLU 函数示例代码。

```
1   from matplotlib import pyplot as plt
2   import numpy as np
3   import mpl_toolkits.axisartist as axisartist
4
5   def relu(x):
6       return np.where(x < 0, 0, x)
7       def plot_relu():
8       x = np.arange(-10, 10, 0.1)
9       y = relu(x)
10      fig = plt.figure()
11      ax = fig.add_subplot(111)
12      ax.spines['top'].set_color('none')
13      ax.spines['right'].set_color('none')
14      #ax.spines['bottom'].set_color('none')
15      #ax.spines['left'].set_color('none')
16      ax.spines['left'].set_position(('data', 0))
17      ax.plot(x, y)
18      plt.xlim([-10.05, 10.05])
19      plt.ylim([0, 10.02])
20      ax.set_yticks([2, 4, 6, 8, 10])
```

```
21    plt.tight_layout()
22    plt.savefig("relu.png")
23    plt.show()
24
25 if __name__ == "__main__":
26    plot_relu()
```

运行代码 2-12 可以生成对应的 ReLU 函数的图像,如图 2-26 所示。

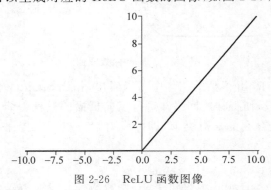

图 2-26　ReLU 函数图像

将 ReLU 函数图像与 Sigmoid 函数图像、Tanh 函数图像相比可以看出,除了在正半轴函数不再采用曲线而是直接使用直线外,在负半轴上更是直接去掉了相应的函数采用一条直线进行代替。这样做的好处是,在进行函数的反向计算时计算速度更快,带来的直接效果则是可以使整个模型快速达到收敛状态。但由于负半轴区域并没有任何函数的角度信息,也会导致神经网络中的某些神经元永远不能被激活,造成网络结构的参数不能进一步被更新。为了解决这个问题,可以尽量在训练模型前将模型的初始学习率设置得更高或使用自动梯度下降的办法在训练模型的过程中自动调节学习率。

2.3.3　学习率的自适应调整

在凸优化中,使用梯度下降算法时,通常期望学习率在一开始要保持大些以便提高收敛速度,但到最优点附近时为避免来回振荡,学习率应该小一些。也就是说,期望学习率以一定的规则由大变小。

1. 学习率衰减

常见的学习率衰减如下所示。

(1)指数衰减

$$\gamma_t = \gamma\beta^t \tag{2-39}$$

(2)自然指数衰减

$$\gamma_t = \gamma_0\exp(-\beta \times t) \tag{2-40}$$

(3)分段衰减:按照一定的阶梯设置不同阶段的学习率。

2. 学习率预热

考虑到一般神经网络的训练都是随机初始化网络参数,刚开始梯度较大,如果一开始就设置较大的学习率然后再慢慢衰减,会使刚开始训练极其不稳定,导致收敛效果不好。为此,可以想象在最初的训练时,使用较小的学习率,减轻梯度的大幅变化,等梯度下降到一定程度后,再恢复原有的学习率衰减策略,如自然指数衰减。这一过程被称为学习率预热。实践中,常见的方法有

$$\gamma_t = \frac{t}{T}\gamma_0 \tag{2-41}$$

其中,T 为预热的迭代次数。学习率预热可以认为这个阶段并不是训练过程,而是参数的特殊初始化方式。

以上方法导致学习率的调整和优化算法本身分离开来,由此产生了疑问:学习率调整本身能否根据优化过程自动地调整。

自动调整学习率有两个目标:

(1) 当遇到损失平面更陡的区域,学习率变小一点;当遇到损失平面更平缓的区域,学习率更大一点。

(2) 此外,考虑到每个维度的参数的收敛情况不同,应该为参数的收敛情况配置不同的学习率而不是原 SGD 中配置相同的学习率。

3. AdaGrad

AdaGrad(Adaptive Gradient)每次迭代时自适应地调整每个参数的学习率,当然,在工程上,这意味着需要额外的内存或显存来保持这些学习率参数。

AdaGrad 的递推式如下:

$$g_t(\theta) = \nabla_\theta L_{t-1}(\theta_{t-1}) \tag{2-42}$$

其中,$g_t(\theta)$ 表示在第 t 次迭代时,关于参数 θ 的损失函数 L 的梯度;L_{t-1} 是在第 $t-1$ 次迭代的损失函数;∇_θ 表示对参数 θ 的梯度;θ_{t-1} 是在第 $t-1$ 次迭代时的参数值。

$$G_t = \sum_{\tau=1}^{t} g_\tau \odot g_\tau \tag{2-43}$$

其中,G_t 是到当前迭代为止(从 1 到 t)的所有梯度的平方和;$g_\tau \odot g_\tau$ 是梯度 g_t 的元素逐个平方(逐元素乘积);这个累积梯度的平方和用于自适应地调整每个参数的学习速度。

$$\theta_t = \theta_{t-1} - \gamma_0 \frac{1}{\sqrt{G_t + \varepsilon}} \odot g_t \tag{2-44}$$

其中,θ_t 是第 t 次迭代时更新后的参数;θ_{t-1} 是第 $t-1$ 次迭代时的参数;γ_0 是初始学习率,表示学习速率的初始设定值;G_t 是上面提到的累积梯度平方和,用于调整学习速率;ε 是一个小的正值,防止分母为零;$\odot$ 表示逐元素相乘。

容易看到,如果某个维度的参数其梯度较大,那么其当前学习率 $\gamma_0 \frac{1}{\sqrt{G_t + \varepsilon}}$ 就会较小,这样会达到我们想要的目标。

根据式(2-43)和式(2-44)很容易看出 AdaGrad 的问题,由于 G_t 在迭代过程中不断累积梯度,导致学习率逐步减小。如果在一定的迭代次数后训练还没有收敛,学习率已经相当小了,后续的收敛就更不可能了。这个问题通过下面所述的 RMSProp 可以解决。

4. RMSProp

RMSProp(Root Mean Square Propagation)认为 AdaGrad 计算 G_t 的方式太暴力了,前者用指数移动平均的方式平滑梯度累积结果,公式如下所示:

$$G_t = \beta G_{t-1} + (1-\beta)g_t \odot g_t \tag{2-45}$$

其中,β 为衰减系数,表示过去 G_{t-1} 占当前时刻的 G_t 的比重,$0<\beta<1$。其实使用这种平滑方法在时间序列处理中可谓相当常规的。有趣的是,学习率在每次迭代中累积下来的数值可以看作是多维时间序列,因此在学习率调整上,并不妨碍我们使用更多时间序列中的平滑技术。

RMSProp 梯度更新并没有改变,公式如下所示:

$$\theta_t = \theta_{t-1} - \gamma_0 \frac{1}{\sqrt{G_t + \varepsilon}} \odot g_t \tag{2-46}$$

RMSProp 采用指数移动平均的方式平滑梯度累积可以解决 AdaGrad 中学习率呈现单调递减的问题,因为指数移动平均后的值可能比前一时刻的值小。如果认为不够直观,可以考虑特殊情况,那么 $g_t = 0$,G_t 比前一时刻要小。

RMSProp 对 AdaGrad 的改进不复杂,在时间序列技术中是相当普遍的方法,但能够直接解决 AdaGrad 的问题,可谓大道至简。

5. Adadelta

Adadelta 也是对 AdaGrad 的改进,前者通过梯度平方的指数移动平均来调整学习率,具体计算如下:

$$\psi_{t-1}^2 = \alpha\psi_{t-2}^2 + (1-\alpha)\Delta\theta_{t-1} \odot \Delta\theta_{t-1} \tag{2-47}$$

其中,$\Delta\theta_{t-1}$ 为第 $t-1$ 时刻的参数更新差,计算方法如下:

$$\Delta\theta_t = -\frac{\sqrt{\psi_{t-1}^2 + \varepsilon}}{\sqrt{G_t + \varepsilon}}g_t \tag{2-48}$$

其中,ψ_{t-1}^2 为参数更新差 $\Delta\theta_{t-1}$ 的平方的指数移动平均。G_t 的计算方法和 RMSProp 一致。形式上,可以认为 Adadelta 把 RMSProp 的 γ_0 替换为动态的 $\sqrt{\psi_{t-1}^2 + \varepsilon}$,这样显得更智能,平衡学习率波动。

2.4 本章小结

本章首先详细讲述了神经网络的基本实现方法,由浅入深地引导读者了解神经网络模型在训练过程中经常出现的问题,如算法中为了达到最优点而在搜索过程中产生的局部最优解和鞍点问题。伴随着网络深度的不断增加,导致在计算损失函数累积损失的过程中梯度的增加或减少,进而导致梯度爆炸和梯度消失。

第 3 章

卷积神经网络的基本构建

本章将首先深入探讨卷积神经网络的核心构建模块,基于卷积运算的基本原理介绍卷积核的作用、不同类型卷积操作的特点,以及如何进行图像特征的提取,然后将详细阐述可变形卷积技术,以及反卷积和目标分割的概念。最后,本章将讨论卷积神经网络中池化层的多重特性、全连接层的作用与影响,以及数据的标准化与正则化。通过本章的学习,读者将获得构建和优化 CNN 模型的实战技巧,为进一步的深度学习项目开发奠定基础。

3.1 卷积层的多种操作

3.1.1 卷积运算的基本原理

卷积神经网络(Convolutional Neural Networks,CNN),又称为卷积网络,是一种专门设计用于处理具有类似网格结构的数据的神经网络。这类数据包括时间序列微观数据(可视为在时间轴上有规律地采样形成的一维网格)和图像数据(可视为二维的像素网格)。卷积网络在多个应用领域都表现出色。术语“卷积神经网络”指的是该网络采用卷积(Convolution)这种数学运算。卷积是一种特殊的线性运算,最初应用于信号处理。在信号处理中,卷积的实现方式是通过对输入信号进行卷积计算,输入信号通过信号处理系统并输出信号。卷积的核心概念是通过一个函数在另一个函数上进行滑动重叠计算,这个函数可以通过对另一个函数的翻转得到。

实际上卷积操作并不涉及“积”的运算,而是一个滑动叠加的值。以信号卷积为例,卷积与时间和当前时刻的信号值大小相关。卷积过程中的“卷”是指函数之间的滑动操作。卷积操作的输出是当前时刻信号与之前输入信号的叠加值,这反映了卷积操作的物理意义。卷积操作可用于连续点的实际信号,也可通过对实际点进行离散化后进行信号卷积。在连续或离散情况下,卷积操作的实际过程相同。

通常情况下卷积是两个实变函数的数学运算,通过局部感知和参数共享,卷积实现了对输入数据的特征提取和表示学习。图像由各个像素点组成,每个像素点包含 R、G、B

三个通道值。这些通道值的范围是 0～255，数值越大表示颜色越深。RGB 通道的不同值大小形成不同颜色，因此图像上的各种颜色点可通过 RGB 像素值直接展现。典型的卷积过程，如图 3-1 所示。

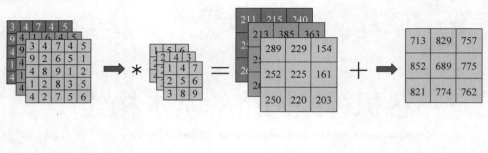

图 3-1　典型的卷积过程

在卷积运算中，有三个重要概念需要理解：卷积核（或滤波器）、填充（Padding）和步长（Stride）。以下是对这些概念及卷积运算基本原理的详细介绍。

1. 卷积核（Kernel）

卷积核是卷积运算的关键组成部分，通常为一个小矩阵，包含可学习的权重参数。常见大小如 3×3、5×5 等，每个元素代表卷积核在输入数据中的权重。卷积核的作用类似图像中的滤波器，通过不同参数配置从像素和频率两个角度分析图像信息。在反向传播的过程中，卷积核参数不断更新，以逐渐提取和识别目标的特征。

2. 填充（Padding）

在卷积运算中，填充是一项重要考虑因素，其目的是在输入数据周围添加额外值，以防止卷积核越过边缘而导致信息损失。填充的存在能够影响输出特征图的大小，从而调整网络的感受野。通过调整填充参数，可以在卷积运算中更好地控制信息的流动。

3. 步长（Stride）

步长是卷积核在输入数据上滑动的距离，也是影响输出特征图大小的关键因素。调整步长可以控制输出特征图的尺寸，影响信息的采样密度。不同步长值的选择会在卷积运算中产生不同的感受野，进而影响网络对输入数据的理解和学习。

4. 卷积的基本公式

在卷积网络中，卷积的基本公式如下，卷积运算通常用星号表示：

$$s(t) = (x * w)(t) \tag{3-1}$$

其中，$s(t)$ 是输出，x 是输入，w 是核函数。输出有时被称为特征映射（Feature Map）。随着卷积层的增加，卷积核的数量也在增加。通过滑动方式提取图像特征的原因是图像通常很大，有助于减少参数数量。增加网络层数和卷积核数量，或者使用多个卷积核进行权值共享,都是提高特征提取效果的方式。

图像中的像素值以矩阵的方式进行处理,如图 3-1 所示,其中每个像素的位置用 R、G、B 像素值表示为三元组。这种矩阵形式使得图像能够参与数学上的卷积操作,类似图像离散信号中的卷积操作。卷积操作对图像进行处理,提供了一种专门的卷积技术,其卷积核的功能可类比信号中的系统响应函数,用于处理图像并提取特征。在反向传播的过程中,卷积核中的值会不断更新,从而使其能够更好地提取和识别目标的特征。

值得注意的是,图像中卷积核的值在反向传播过程中不断地进行修改和更新,以逐渐提取其特征。因此,卷积核是否进行与信号的卷积模式相似的翻转操作,对图像来说并没有太大的作用和影响。图像的卷积过程可以概括为以下 3 部分。

1. 卷积核的初始化

对图像的卷积核的大小及其中的值进行初始化,为后续的卷积操作做准备。

2. 局部卷积操作

卷积核对图像中的每一部分进行卷积操作,乘积和得到卷积过程,即图像中对应的像素点与卷积核中的点的乘积和。这一步是图像特征提取的关键。

3. 滑动卷积核

卷积核按照一定的规则进行滑动,并同样进行卷积操作,导致卷积后的图像特征图相比原特征图的尺寸有所缩小。这样的滑动方式有助于有效地捕捉图像中的特征。

在神经网络中,图像在第一层的卷积过程,实际上是在图像的同一位置上同时进行着三层的卷积操作,而每个图像矩阵中的点的值都可以视为离散信号中的离散点。卷积操作提取图像特征的原理在于卷积核实际上也可以看成是图像的一种滤波器。图像除了可以从像素点的角度分析信息之外,还可以从频率的角度来分析,如高频信号、低频信号等。通过不同卷积核中参数的配置,可以实现对图像信息的多方面提取。反向传播算法通过对提取的特征和实际的图像进行损失计算,可以逐渐更新卷积核中的参数,实现图像的特征提取。

3.1.2　常规卷积操作

标准卷积是卷积方式中最简单且最常用的,它通过多个卷积核(通道数)对图像的 R、G、B 三个通道进行分别卷积,从输入数据中提取特征信息。卷积操作基于滑动窗口和加权求和原理,卷积核与输入数据逐元素相乘并求和,生成输出特征图。在卷积操作中,涉及四个主要参数:卷积核尺寸、步长、填充尺寸以及通道数。

1. 卷积核尺寸

卷积核尺寸代表网络中感受野的大小,不同尺寸的卷积核导致生成特征图的大小不同。常用的卷积核尺寸为 3×3,卷积核的尺寸可以根据任务需求进行调整。

2. 步长

步长定义为卷积核在图像上滑动时的跨越长度。每移动一次步长,卷积核进行一次卷积操作。在常规卷积操作中,步长默认为 1,即卷积核每次移动 1 像素;若步长为 2,则卷积核每次移动 2 像素。

3. 填充尺寸

填充的目的是使运算结果与输入图像的大小保持一致。受卷积特性的影响,输入图像与卷积核进行卷积后的结果中损失了部分值,输入图像的边缘被"修剪",为了保证输入和输出的大小保持一致,就需要对输入图像进行填充,填充值通常为 0。填充尺寸大小与图像的尺寸、卷积核尺寸和步长有关。

4. 通道数

输出图像的通道数与卷积核数量相同,一个卷积核只能提取图像中某一个特征。卷积核的数量决定了提取的特征数量,实际项目中的输出通道数可以根据需求设定。

下面通过一个示例来演示常规卷积的计算。假设有一张尺寸为 256 像素×256 像素的彩色图像,有三个通道(红色、绿色和蓝色)。请使用卷积操作来检测图像中的边缘特征。

首先,定义一个大小为 3×3 的边缘检测卷积核,权重参数如下:

$$\boldsymbol{K} = \begin{bmatrix} -1 & -1 & -1 \\ -1 & 8 & -1 \\ -1 & -1 & -1 \end{bmatrix} \tag{3-2}$$

接下来,将输入图像和卷积核进行卷积操作。选择不进行填充操作,步长为 1。因此,输出特征图的尺寸将缩小为 254 像素×254 像素。

卷积核的左上角与输入图像的左上角对齐,逐步滑动卷积核,在每个位置上计算卷积运算。例如,在输出特征图位置(1,1)上,执行以下计算:

$$O(1,1) = \sum_{m=0}^{2} \sum_{n=0}^{2} I(1+m, 1+n) \cdot K(m, n) \tag{3-3}$$

其中,I 表示输入图像,O 表示输出特征图。

通过对整个输出特征图进行计算,得到一个新的尺寸为 254 像素×254 像素的特征图,其中每个元素表示对应位置的边缘强度。最后,应用非线性激活函数(如 ReLU)增加网络的表达能力,产生一个高亮显示图像中边缘特征的最终特征图。结果表明,卷积操作能较好地提取图像中的边缘特征,卷积的代码示例如代码 3-1 所示。

【**代码 3-1**】 PyTorch 中卷积的实现。

```
#定义卷积核尺寸
kernel_size = (3, 3)
#定义步长
stride = (1, 1)
#定义填充尺寸
padding = (1, 1)
#输入通道数
in_channels = 3
#输出通道数
out_channels = 10
#定义卷积
conv = torch.nn.Conv2d(
    in_channels = in_channels,
    out_channels = out_channels,
```

```
    kernel_size = kernel_size,
    stride = stride,
    padding = padding,
)
```

卷积操作的优点之一是权重共享性质。在这个例子中,卷积核的权重在整个图像上共享,只需学习一个小的卷积核,而不是为每个位置设计一个滤波器。这降低了模型的参数数量,提高了计算效率。使用不同卷积核,可以检测图像中的不同特征,如边缘、纹理、角点等,使得卷积操作成为计算机视觉任务中不可或缺的工具,如目标检测、图像分割和人脸识别等。

3.1.3 深度可分离卷积

深度可分离卷积(Depthwise Separable Convolution),包括逐通道卷积(Depthwise Convolution)和逐点卷积(Pointwise Convolution)。深度可分离卷积的目的是减少网络中的参数,实现轻量化,从而提高算法的推理速度。

深度卷积的实现过程可以分为逐通道卷积和逐点卷积两部分。

1. 逐通道卷积

逐通道卷积用于实现对单个通道的特征提取。标准卷积通常通过经验确定需要输出的通道数目,而深度卷积中,第一层卷积核的数目等于图像的通道数。每个通道由一个卷积核负责,并且只由该通道进行卷积。这意味着输出的特征图的个数也与通道数相同。卷积的操作公式如下所示:

$$O_i = I_i * K_i \tag{3-4}$$

式中:O_i 表示输出特征图的第 i 个通道;I_i 表示输入图像的第 i 个通道;K_i 表示第 i 个卷积核。逐通道卷积示意图如图 3-2 所示。

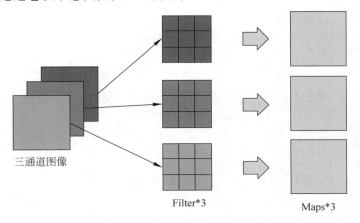

三通道图像   Filter*3   Maps*3

图 3-2 逐通道卷积示意图

2. 逐点卷积

逐点卷积的作用是在多个通道之间实现信息交互。像素之间的卷积图如图 3-3 所示。

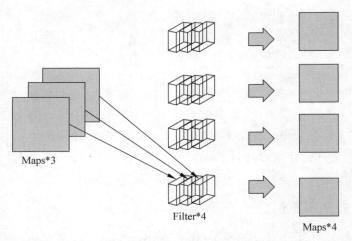

图 3-3   像素之间的卷积图

在逐通道卷积完成后,每个通道已经提取到了相应的特征图。但输入通道与输出通道是一一对应关系,每个输出通道仅与一个输入通道相关,无法参考其他通道中的特征信息。

1×1 卷积核的作用是在通道维度上进行卷积,通过对各通道之间的信息进行融合,形成最终的输出。这个过程可以被视为对特征图进行综合和调整,以更好地捕捉图像中不同通道之间的关系。因此,深度卷积的结构更注重在通道级别上的信息整合,使得网络能够更好地理解和表达图像中的内容。深度可分离卷积通过分离逐通道卷积和逐点卷积的方式,实现了对图像更全面、灵活的卷积操作。这种结构的设计旨在提高网络的参数效率和推理速度,使其更适用于各种计算机视觉任务,包括目标检测、图像分割和人脸识别等,深度可分离卷积的代码实现如代码 3-2 所示。

【代码 3-2】   深度可分离卷积。

```
def depthwise_separable_conv(kernel_size = (3, 3), stride = (1, 1), padding = (1, 1), in_
channels = 3, out_channels = 10):
    #逐通道卷积
    channel_conv = torch.nn.Conv2d(in_channels, in_channels, kernel_size, stride,
padding, groups = in_channels)
    #逐点卷积
    point_conv = torch.nn.Conv2d(in_channels, out_channels, (1, 1), stride, padding)
    #深度可分离卷积
    conv = torch.nn.Sequential(
        channel_conv,
        point_conv
    )
    return conv
```

深度卷积中参数的减少不仅会提高算法推理的速度,也关系到神经网络的推理精度和速度,接下来对深度卷积神经网络与标准神经网络之间的参数进行对比说明。

举例来说,考虑某一神经网络层的输入通道数为 8,卷积核尺寸为 3×3。通过标准卷积操作,该层的输出通道数为12。这意味着标准卷积操作所需的参数量为 $3\times3\times8\times12=864$。

深度可分离卷积与传统的卷积操作不同,它不是直接用一个大滤波器处理所有通道的输入数据,而是先对每个通道独立进行空间滤波(逐通道卷积),然后再通过 1×1 卷积(逐点卷积)来整合通道信息。假设输入通道数为 8,输出通道数为 12,则逐通道卷积中的参数量为 $8\times3=24$,逐点卷积中的参数量为 $1\times1\times8\times12=96$,深度可分离卷积中的参数量为 $8\times3+1\times1\times8\times12=120$,由此可以清晰地看到深度可分离卷积相对于标准卷积在参数上的显著降低。

这种差异主要来自深度可分离卷积的分离设计,使得每个通道都有独立的卷积核,而不是像标准卷积那样需要一个卷积核处理所有通道。这种设计不仅提高了参数的效率,还有助于提升网络的计算速度。在实际应用中,这样的优势使得深度卷积成为模型轻量化设计的首选,尤其在计算资源有限的场景下更为明显。

3.1.4 分组卷积与扩展卷积

分组卷积最开始被使用在经典入门卷积神经网络 AlexNet 上,用于减少运算量和参数量,深度可分离卷积中的逐通道卷积是分组卷积的一种特殊情况。在分组卷积中,卷积核被分为两组或多组,假设将卷积核平均分为 G 组,每组包含 C 个卷积核。同时,为保持一致性,图像中的通道也需要进行相应的分组,使得分组后的组数与卷积核分组数相等。

分组卷积的优势在于不仅能够缩短图像的训练时长,还能够充分调用硬件资源,将任务分配给多个 CPU 或 GPU 进行训练。这种并行性的设计有助于提高训练效率,特别是在处理大规模图像数据时,分组卷积的应用更加显著。

在分组卷积的具体操作中,卷积核和图像的通道被划分为不同的组。如果假设通道分组数为 2,输入图像尺寸为 $H\times W\times C$,输出图像尺寸为 $H\times W\times C'$,其中 H 为图像高度,W 为图像宽度,C 为图像通道数。在分组卷积中,每个通道组负责对应通道的一部分卷积核进行滤波操作。例如,每个通道组内的数据与对应组的卷积核进行卷积,卷积后每个通道的数目为 $C/2$。通过将两个通道组的卷积结果叠加,最终得到与原卷积操作相同的输出通道数 C',既不增加也不减少。分组卷积操作过程如图 3-4 所示。

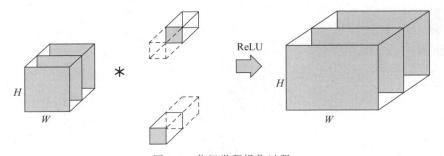

图 3-4　分组卷积操作过程

使用分组卷积有许多优势。首先,分组卷积可以有效减少网络训练所需的参数个数。其次,这种卷积方式可以充分调用硬件资源,实现高速的网络训练。对于更深层次的网络模型,分组卷积可以充当系数矩阵的角色,减少卷积核参数之间的相关性,从而提高模型的训练效率,分组卷积的代码示例如代码 3-3 所示。

【代码 3-3】　分组卷积。

```
#定义卷积核尺寸
kernel_size = 3
#定义步长
stride = 1
#定义填充尺寸
padding = 1
#输入通道数
in_channels = 4
#输出通道数
out_channels = 10
#分组数
groups = 2
#判断输入通道是否能被分组数整除
assert in_channels % groups == 0, "in_channels must be divisible by groups"
#定义卷积
conv = torch.nn.Conv2d(
    in_channels,
    out_channels,
    kernel_size,
    stride,
    padding,
    groups = groups
)
```

　　另一种卷积方式是扩展卷积,也称为扩张卷积或膨胀卷积。这种方法通过在标准卷积核中引入空洞,以增加模型的感受野。与分组卷积和深度可分离卷积不同,扩展卷积的主要目标是减少图像中像素之间的相关性。扩展卷积的实现方式类似标准卷积,但其卷积核在提取感受野特征时有所不同。扩展卷积是为了解决卷积神经网络中下采样过程导致特征信息丢失的问题而提出的创新思路。虽然扩展卷积的感受野相对较大,但并非全部使用感受野中的像素点,因为相邻像素点之间存在强烈的相关性。因此,扩展卷积只提取感受野中的部分像素点。这一做法的直接好处是,相同大小的卷积核可以拥有更大的感受野,无须使用采样操作即可获取更多特征信息。扩展卷积操作示意图如图 3-5 所示。

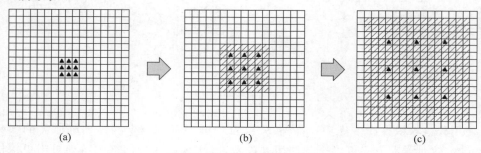

(a)　　　　　　(b)　　　　　　(c)

图 3-5　扩展卷积操作示意图

在扩展卷积中,扩张率是一个关键概念,它指的是卷积核中间隔点的数量。在图 3-5 所示中,网格中的点表示需要学习的值,而其他网格则需要填充为 0。举例来说,图 3-5(a) 中的扩张率为 0,此时卷积过程与标准卷积相同;而图 3-5(b)中的扩张率为 1,此时除了图中的点之外的区域需要填充为 0。扩展卷积示例如图 3-6 所示。

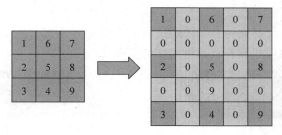

图 3-6　扩展卷积示例

扩展卷积代码实现如代码 3-4 所示。

【代码 3-4】　扩展卷积实现。

```
#定义扩展卷积
conv = torch.nn.Conv2d(
    in_channels,
    out_channels,
    kernel_size,
    stride,
    padding,
    #扩张因子默认为1,可以通过控制扩张因子调整卷积核之间的间隙
    dilation = 2
)
```

虽然扩展卷积能够扩大神经网络的感受野,捕获更多上下文信息,但扩展卷积只提取图像中的部分像素点,导致局部信息的丢失,进而影响卷积结果的相关性。同样地,扩展卷积的独特取样方式也直接影响卷积后分类的效果。在使用扩展卷积时,需要权衡感受野的扩大和计算效率之间的关系,以确保算法在速度和准确性之间取得平衡。

3.2　可变形卷积技术

可变形卷积神经网络(Deformable Convolutional Networks,DCN)与标准卷积神经网络操作基本相似,但其学习的特征点有所不同。在标准卷积神经网络中,通过卷积核直接学习图像中的固定感受野。相比之下,可变形卷积神经网络专注于学习图像中特征点的变化趋势。考虑到图像是二维平面,描述特征点的变化趋势需要使用两个参数,因此可变形卷积神经网络相对于标准卷积神经网络多出一个层的参数。

本书选择单独介绍可变形卷积神经网络的原因是可变形卷积与深度卷积、分组卷积以及空洞卷积的实现方式有所不同。可变形卷积的核心创新在于其能够动态调整卷积核的采样位置,以更好地适应输入数据中的几何变化和复杂结构,而传统卷积及其变种则主要通过改变卷积核的结构或组合方式来提升模型的表现力。接下来将详细介绍可变形卷积神经网络的实现原理及方法。在深入了解之前,先回顾一下卷积神经网络的基本概念,为后续内容的理解打下基础。

3.2.1 可变形卷积的数学基础

为了深入对比可变形卷积神经网络与标准卷积神经网络之间的差异,将对实际图像中的特征提取过程进行详细对比。卷积过程在图像处理中起着关键作用,下面将具体进行说明。标准卷积和可变形卷积示例如图 3-7 所示。

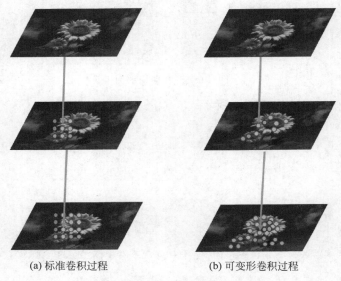

(a) 标准卷积过程   (b) 可变形卷积过程

图 3-7　标准卷积和可变形卷积示例

在标准卷积中,卷积核通过固定的感受野对图像进行扫描。这个感受野是卷积核在图像上移动时覆盖的区域,通过卷积操作提取特征。在图 3-7(a)所示的标准卷积示例中,卷积核在图像上滑动,对每个感受野进行卷积操作,得到输出特征图。可变形卷积神经网络则引入了更加灵活的特征点学习方式,在可变形卷积中不再局限于固定的感受野,而是学习图像中特征点的变化趋势。这就意味着卷积核能够根据图像中的实际情况进行适应性调整,更好地捕捉局部特征。

具体到图 3-7(b)所示的示例中,可以清晰地看到可变形卷积的操作方式。卷积核不再只是简单地滑动,而是通过考虑特征点的变化,更加智能地提取图像的特征。这种灵活性使得可变形卷积在处理复杂图像结构时,具有更好的性能。通过对标准卷积和可变形卷积的对比,既可以更好地理解它们在特征提取过程中的异同,也为后续深入研究可变形卷积神经网络的实现原理提供了更清晰的背景。

可变形卷积神经网络主要的计算过程如下:

$$y(p_0) = \sum_{p_n \in R} w(p_n) \cdot x(p_0 + p_n) \tag{3-5}$$

$$y(p_0) = \sum_{p_n \in R} w(p_n) \cdot x(p_0 + p_n + \Delta p_n) \tag{3-6}$$

其中,R 对应的是位置的集合;p_n 是 R 集合中位置的枚举,在可变形卷积神经网络中常规的网格 R 可以通过一个偏移矩阵进行位置的扩展。

方程(3-5)和方程(3-6)描述了可变形卷积神经网络对输入特征图的处理方式。在方程(3-5)中,权重 $w(p_n)$ 与输入特征图的对应位置 $x(p_0+p_n)$ 相乘并求和,得到输出特征图的相应位置 $y(p_0)$。而在方程(3-6)中,引入了偏移量 Δp_n,使得卷积核在考虑了位置偏移的情况下进行特征提取。这样的处理方式使得可变形卷积网络能够更灵活地适应输入图像中的局部特征变化。

需要注意的是,R 对应的位置集合的定义在可变形卷积神经网络中具有重要意义,而偏移矩阵的引入则增强了卷积核的感受野,使得网络能够更好地捕捉图像中的细节信息。这种位置的扩展和偏移的机制,使得可变形卷积神经网络在处理复杂图像结构时表现出更强大的特征提取能力。

可变形卷积代码实现如代码 3-5 所示。

【代码 3-5】　可变形卷积。

```python
class DeformConv2D(nn.Module):
    def __init__(self, in_channels, out_channels, kernel_size, stride = 1, padding = 0, dilation = 1):
        super(DeformConv2D, self).__init__()
        self.in_channels = in_channels
        self.out_channels = out_channels
        self.kernel_size = kernel_size
        self.stride = stride
        self.padding = padding
        self.dilation = dilation

        # 可变形卷积需要额外的偏移量参数
        self.offset_conv = nn.Conv2d(in_channels, 2 * kernel_size[0] * kernel_size[1], kernel_size, stride, padding, dilation)

        # 初始化权重
        nn.init.constant_(self.offset_conv.weight, 0)
        nn.init.constant_(self.offset_conv.bias, 0)

    def forward(self, x):
        offset = self.offset_conv(x)            # 获取偏移量
        out = F.deform_conv2d(x, self.weight, self.bias, offset, self.stride, self.padding, self.dilation)
        return out
```

3.2.2　可变形卷积的网络结构

标准卷积操作虽然在很多任务中表现良好,但由于其对空间变形缺乏鲁棒性,导致其在处理具有变形特性的物体时表现不佳。标准卷积核的位置是固定的,这意味着它们无法适应输入数据中的形状变化和姿态变化。而在自然图像中,物体的形状和姿态通常是多变的,因此需要一种能够动态调整卷积核位置的方法来更好地捕捉这些变化。

可变形卷积的实现过程首先是通过添加一个专门用于生成偏移量的卷积层。这一偏移量卷积层的输入是原始特征图，而输出则是一个二维的偏移量场，形状与输入特征图相同。每个输出位置的偏移量$(\mathrm{d}x, \mathrm{d}y)$表示相对于标准卷积核位置的偏移。通过这个偏移量卷积层，网络可以学习到不同位置的最优偏移，从而自适应地调整卷积核的位置以捕捉输入数据的几何变形。偏移量卷积层的输出通道数通常是2乘以卷积核的大小，因为每个卷积核位置需要一个二维偏移量。

之后使用生成的偏移量来计算实际的采样位置。对于每个卷积核位置，使用偏移量调整标准卷积核的中心位置，从而得到一个浮点数形式的采样位置。这与标准卷积不同，后者的采样位置总是整点位置。浮点数形式的采样位置允许卷积核更精细地调整其位置，以更好地适应输入数据的形变。这一步的计算需要考虑偏移量的准确应用，以确保采样位置能够正确反映偏移后的卷积核位置。

由于实际的采样位置是浮点数，而不是标准卷积中的整数位置，需要使用双线性插值来计算该位置的特征值。双线性插值通过周围的四个整点位置的特征值加权求和得到实际采样位置的特征值。这种插值方法确保了在浮点位置上能够获得平滑且连续的特征值，有助于保持卷积操作的稳定性和有效性。双线性插值的权重由采样位置相对于周围整点位置的距离决定，因此能够精确地计算出浮点位置的特征值。

最后，使用计算出的采样位置上的特征值进行标准的卷积计算。具体来说，将卷积核的权重与经过双线性插值得到的特征值进行点积，得到输出特征图。这一步与标准卷积的主要区别在于特征值的来源，标准卷积直接使用整点位置的特征值，而可变形卷积则使用经过偏移和插值处理后的特征值。这使得卷积核能够根据输入数据的形状和姿态动态调整，从而更好地捕捉到多变的几何特征，提高网络的表示能力和性能。

可变形卷积神经网络通过引入特殊的卷积操作，使网络能够更灵活地捕捉图像中的局部特征变化。这种机制在处理需要考虑特征点偏移的任务时表现出更强大的特征提取能力。

可变形卷积神经网络结构单元示例如图3-8所示。

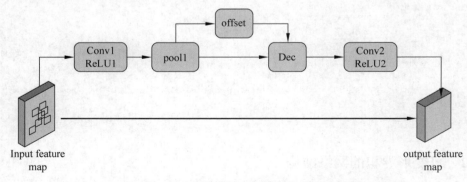

图3-8　可变形卷积神经网络结构单元示例

3.2.3　可变形卷积的应用

可变形卷积神经网络应用示例如图3-9所示。

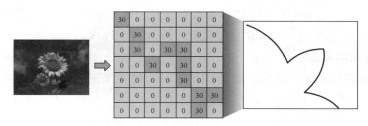

图 3-9　可变形卷积神经网络应用示例

在图 3-7 中,标准卷积中的感受野和采样位置在顶部特征图(图 3-7(a))上都是固定的,而可变形卷积可以根据对象的规模和形状进行自适应调整(图 3-7(b))。标准卷积过程中,主要对需要重点关注的目标区域利用池化方法获得目标图像关键特征。而在可变形卷积的过程中感兴趣区域(Region of Interest,RoI)池中网格结构的规则性不再成立,相反,部分偏离 RoI 池并移动到附近的对象前景区域上。可变形卷积增强了定位能力,特别是对于非刚性对象。

可变形卷积神经网络的核心创新在于引入可变形卷积和相对应的降维技术,使卷积核和最大特征输出能够根据输入数据的形变情况进行动态调整,从而提高网络的适应性。其核心组件为可变形卷积层(Deformable Convolution Layer)和可变形池化层(Deformable Pooling Layer)。其中可变形卷积层的卷积核形状是可学习的,通过学习从输入特征图中提取的偏移量进行调整。这使得网络能够在学习的过程中适应输入数据的空间变化。而可变形池化层引入了可学习的偏移量,用于调整池化窗口的位置,以更好地捕捉输入特征图的局部结构。DCN 可以嵌入卷积神经网络中,取代传统的卷积和池化操作。在处理形状和姿态复杂的目标时,DCN 能够提高检测性能。对于语义分割任务,DCN 可以更准确地分割图像中的不同物体,尤其是在处理非刚性形变时。同时,在人体姿态估计中,DCN 有助于更好地捕捉人体部位的形变信息,提高关键点检测的性能。

可变形卷积的卷积核作用过程示例如图 3-10 所示。

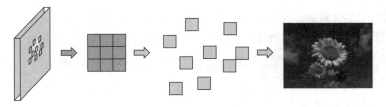

图 3-10　可变形卷积的卷积核作用过程示例

如图 3-10 所示,在处理复杂形状和非刚性变化的物体时,DCN 表现十分出色。

3.3　反卷积与目标分割

3.3.1　反卷积的数学原理

在讨论反卷积的概念时,大家往往会联想到标准卷积中的图像上采样实现过程。上采样是一种直接对图像特征图中的像素点进行扩充的方法,以提高图像分辨率。实际上,反卷积可以看作是图像上采样的一种具体实现方式,也可称为标准卷积实现过程的逆运算。标准卷积和反卷积的具体实现过程可分为两个过程。

1. 标准卷积的实现过程

在标准卷积中,图像的像素点通过一个自定义的矩阵进行表示,以 4×4 的矩阵为例,表示为

$$\text{input} = \begin{bmatrix} x_1 & x_2 & x_3 & x_4 \\ x_5 & x_6 & x_7 & x_8 \\ x_9 & x_{10} & x_{11} & x_{12} \\ x_{13} & x_{14} & x_{15} & x_{16} \end{bmatrix} \tag{3-7}$$

卷积核的尺寸选择为 3×3,卷积核矩阵如下:

$$\text{input} = \begin{bmatrix} w_{0,0} & w_{0,1} & w_{0,2} \\ w_{1,0} & w_{1,1} & w_{1,2} \\ w_{2,0} & w_{2,1} & w_{2,2} \end{bmatrix} \tag{3-8}$$

卷积后图像特征图的尺寸计算公式为

$$C_1 = \frac{n - k + 2p}{s} + 1 \tag{3-9}$$

式中:C_1 为卷积后特征图的宽或高;n 为图像的宽或高;k 为卷积核的尺寸;p 为填充的大小;s 为移动的步长。

卷积完成后,通常会进行降维特征提取操作,该操作同样影响图像尺寸,计算公式为

$$C_2 = \frac{n - f}{s} + 1 \tag{3-10}$$

式中:C_2 为池化后特征图像尺寸;n 为图像的宽或高;f 为池化核的尺寸;s 为移动的步长。

经过计算可以得到输出的特征图尺寸,从实际输出图像的尺寸来看,图像经过卷积之后的特征图尺寸相比原来的图像缩小了。这是从标准卷积的计算过程来看的,实际过程是将卷积核对应的感受野进行了卷积的计算,因此提取特征后输出的特征图直接导致了图像分辨率的缩小。

2. 反卷积实现过程

反卷积是标准卷积的逆向操作,通过对卷积获取的特征图进行反卷积,从而实现图像卷积处理的逆向操作,尝试还原原始图像。需要注意的是,反卷积的结果并非原始图像的真实值,而是通过算法计算得到的像素点,通过添加缺失的像素点形成的。反卷积实现过程如图 3-11 所示。

反卷积的计算过程可以通过线性代数中的矩阵计算表示。

卷积操作公式表达如下:

$$Y(i,j) = \sum_m \sum_n X(i-m, j-n) \cdot K(m,n) \tag{3-11}$$

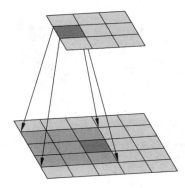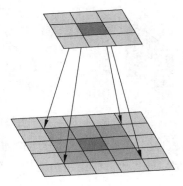

图 3-11　反卷积实现过程

其中，i 和 j 是输出的空间位置；m 和 n 是卷积核的索引。

反卷积操作公式表达如下：

$$X'(i,j) = \sum_m \sum_n Y(i+m,j+n) \cdot K'(m,n) \qquad (3\text{-}12)$$

其中，X'是反卷积的输出；K'是反卷积核。

将卷积和反卷积表达式写成矩阵形式：

$$\text{vec}(Y) = K_{\text{mat}} \cdot \text{vec}(X) \qquad (3\text{-}13)$$

$$\text{vec}(X') = (K')_{\text{mat}} \cdot \text{vec}(Y) \qquad (3\text{-}14)$$

其中，$\text{vec}(\cdot)$ 表示将矩阵展平成向量；K_{mat} 和 $(K')_{\text{mat}}$ 是对应的矩阵形式的卷积核和反卷积核。

通过对矩阵的逆运算，可以将输出图像与稀疏矩阵的转置进行矩阵运算，从而得到原始图像。

反卷积的代码实现如代码 3-6 所示。

【代码 3-6】　反卷积的代码实现。

```
deconv = nn.ConvTranspose2d(
        in_channels,
        out_channels,
        kernel_size = kernel_size,
        stride = stride,
        padding = padding
    )
```

3.3.2　全卷积网络

全卷积神经网络(Fully Convolutional Networks，FCN)是一种主要由卷积层构成的网络结构，其主要应用领域之一是图像分割。在全卷积神经网络中，网络的构成可以分为两个主要部分。首先，通过卷积神经网络实现对图像特征的提取；其次，通过反卷积操作实现图像的反向恢复，这两部分的结合呈现了全卷积神经网络的实现过程。全卷积神经网络实现过程如图 3-12 所示。

需要注意的是，全卷积神经网络与标准卷积神经网络在结构的后半部分存在明显差

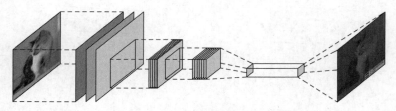

图 3-12　全卷积神经网络实现过程

异。标准卷积神经网络的后半部分结构通常包括全连接层和 Softmax 层,用于计算与原结果的交叉熵,而全卷积神经网络的后半部分则完全由卷积层构成。

3.3.3　反卷积在全卷积网络中的应用

标准卷积神经网络的单元结构执行顺序一般为输入图像、卷积操作、激活函数激活、池化操作,最终得到第 1 层卷积后的特征图。不同的网络结构执行的结构部分也不相同。在全卷积神经网络中,反卷积部分是标准卷积的逆向操作。其执行顺序包括获取已经卷积的特征图、进行反池化(反卷积中的一种操作)、通过激活函数激活,最终得到图像的反卷积恢复后的原图。这种反卷积操作有助于在图像分割任务中实现更精准的像素级别的分类。全卷积神经网络的这一特性使其成为图像语义分割等领域的重要工具。

全卷积神经网络中的卷积层可以被视为对全连接层的一种转换,通过这种转换实现了图像的反卷积结构。与标准卷积神经网络中的全连接层相比,卷积层在处理图像特征时更加注重空间信息的保留。这意味着卷积层能够有效地捕捉图像中的局部特征,并保持输入图像的空间结构。在标准卷积神经网络中,全连接层扮演着特征分类器的角色,用于标记一类目标的特征点。其标记过程实际上是将各类图像的特征点进行映射。在全连接层之后,通过 Softmax 函数进行图像的分类,将图像进行一维化处理。以一个具体的例子来说明,如果输入图像的尺寸为 $224 \times 224 \times 3$,经过多层卷积后到达全连接层的维度为 1×4096 的尺寸向量。

标准卷积过程如图 3-13 所示,全卷积过程如图 3-14 所示。

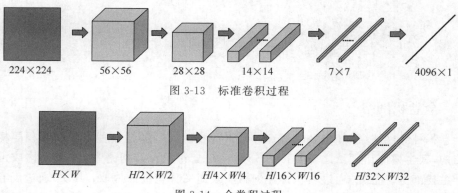

224×224　56×56　28×28　14×14　7×7　4096×1

图 3-13　标准卷积过程

$H \times W$　$H/2 \times W/2$　$H/4 \times W/4$　$H/16 \times W/16$　$H/32 \times W/32$

图 3-14　全卷积过程

这两种神经网络在处理图像时的不同阶段展示了它们的结构差异。全卷积神经网络通过卷积层实现了对输入图像的逐像素处理,从而更好地适应图像的空间特征。

这种结构使得全卷积网络在像素级别的任务中表现出色,特别适用于图像分割等应用场景。

在图 3-14 中,全连接层的输入部分被替换为二维特征图,经过多次卷积操作后,特征图的分辨率相对于原图降低。为了将特征图还原到原图的尺寸,采用了上采样操作,通过不断放大特征图,最终达到与原图相同的尺寸。图像分割示例如图 3-15 所示。

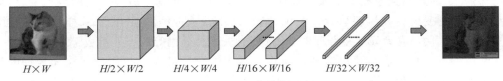

$H \times W$　　$H/2 \times W/2$　　$H/4 \times W/4$　　$H/16 \times W/16$　　$H/32 \times W/32$

图 3-15　图像分割示例

虽然反卷积操作可以实现原图的部分恢复,但在数学推导中已经提到,反卷积并不是百分之百地还原原图,而是对缺失像素点位置进行恢复。

值得注意的是,反卷积的操作会导致结果的一定精度损失,即使输出的图像相对平滑。这是因为反卷积是通过插值等方式进行像素点的估计,而这个过程不是完全精确的。此外,反卷积在提取图像特征时是间接进行的,没有考虑像素点之间的空间关系,因此即使采用反卷积的恢复方式,仍然无法包含图像中各个像素点之间的关系。

这种恢复方式的缺点主要体现在精度和空间性方面,而在实际应用中,需要权衡这些缺点并根据具体任务的需求来选择适当的网络结构和恢复方式。

3.4　池化层的多重特性

池化操作通常在卷积神经网络中与卷积操作配合使用,可以起到调节数据维数的作用,并且具有抑制噪声、降低信息冗余、降低模型计算量、防止过拟合等特点。池化没有可以学习的参数,所以某种程度上与激活函数相似,池化在一维或多维张量上的操作与卷积层也有很多相似之处。

池化层是卷积神经网络中必不可少的组件,在网络训练中发挥着至关重要的作用。通过引入平移不变性、旋转不变性和尺度不变性等特性,池化层提高了网络的鲁棒性,使得网络对于图像轻微地平移、旋转或尺度变化都能保持稳定的识别结果。这种抗变性有助于网络更好地适应不同应用场景中的不同表现形式。

池化操作类似图像下采样,通过减小特征图的尺寸,有效降低了网络层中特征的维度。这不仅有助于防止过拟合,减轻了网络的负担,同时还能在降维的同时保持对图像特征的有效提取。此外,池化层还实现了非线性操作,为网络引入了非线性因素,增加了网络的表达能力。

实验研究表明,在图像分类中,池化层的平移不变性对于提高性能尤为关键;而在目标检测任务中,平移相等性则显得更为重要,即使目标发生平移,模型对应的预测结果也会相应地发生平移。然而,当输出存在较大的平移或旋转时,池化操作的效果可能会减弱,需要谨慎权衡这一特性在实际应用中的影响。

3.4.1 下采样与池化操作

下采样的目标是通过降低输入数据的尺寸,减少计算负担,提高计算效率,并在一定程度上提取输入数据的主要特征。通过对输入数据的局部区域进行采样,池化操作有助于保留关键信息,使得模型更专注于学习重要特征,提高泛化性能。这种操作不仅减小了内存需求,而且增强了模型对输入数据的平移不变性,使其更适应不同的数据变化,同时也扩大了感受野。在深度学习任务中,特别是在卷积神经网络中,下采样通过形成编码器-解码器结构,成为处理复杂任务如图像分类、语义分割等的重要组成部分。

常用的下采样方法主要包括平均池化与最大池化。最大池化通过在输入数据的局部区域中选择最大值,将该最大值作为池化后的输出。这个过程有助于保留输入区域中最显著的特征,提高模型对关键信息的敏感性。在数学上,最大池化的输出是池化区域中所有元素的最大值:

$$\text{Maxpooling}(x) = \text{Max}(x_{i,j}) \tag{3-15}$$

最大池化方法如图 3-16 所示。

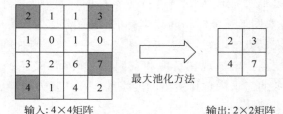

输入:4×4矩阵　　　　　　　　　　输出:2×2矩阵

图 3-16　最大池化方法

最大池化的代码实现如代码 3-7 所示。

【代码 3-7】 最大池化。

```
maxpool = nn.MaxPool2d(
    kernel_size,
    stride = stride,
    padding = padding
)
```

平均池化通过在输入数据的局部区域中取平均值,将该平均值作为池化后的输出。这个过程有助于获取输入区域的整体信息,平滑图像特征,减轻噪声的影响。在数学上,平均池化的输出是池化区域中所有元素的平均值:

$$\text{Averagepooling}(x) = \frac{1}{m \times n} \sum x_{i,j} \tag{3-16}$$

平均池化方法如图 3-17 所示。

平均池化的代码实现如代码 3-8 所示。

【代码 3-8】 平均池化。

```
avgpool = nn.AvgPool2d(
    kernel_size,
```

```
        stride = stride,
        padding = padding
    )
```

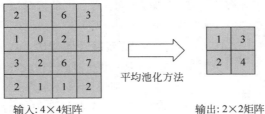

输入:4×4矩阵　　　　　　　　　　输出:2×2矩阵

图 3-17　平均池化方法

这些池化操作通常应用于深度学习架构的编码器部分,用于降低输入数据的空间分辨率,提取关键特征。选取合适的池化方式,减少计算负担,在提升学习效率的同时在一定程度上防止过拟合。

3.4.2　上采样与特征扩充

上采样是一种图像处理或深度学习中的操作,其目的是将输入图像或特征映射的尺寸增加。这里的图像尺寸增加,并不是简单地放大,也不是下采样的逆操作,而是通过在图像中插入新的像素或在特征映射中插入新的特征值,以增加图像或特征映射的分辨率,这也是图像扩充的一种核心方法。

常见的上采样方法包括双线性插值、最近邻插值,以及 3.2 节提到的反卷积方法。其中,双线性插值和最近邻插值是最简单和最常用的上采样方法,反卷积则是一种专门用于卷积神经网络中的上采样方法。上采样的常用方法如以下两部分所示。

1. 最近邻方法

最近邻方法(Nearest Neighbor Method)是一种常用的插值方法,用于将低分辨率的图像或特征图放大到高分辨率的过程。该方法的原理是对于每个需要放大的像素,选择最近的像素作为其放大后的值。

最近邻插值方法通过放大低分辨率图像或特征图中的每个像素,使其达到所需的尺寸。在放大的像素矩阵中,采用最近的像素值作为其插值后的值。例如,将一个分辨率为 2×2 的像素矩阵放大到 4×4 的像素矩阵时,最近邻插值方法会将原低分辨率像素矩阵中的每个像素扩展为一个区域,并在放大的像素矩阵中,使用最近的像素值来填充扩展区域的值。最近邻方法如图 3-18 所示。

输入:2×2矩阵　　　　　　　　　　输出:4×4矩阵

图 3-18　最近邻方法

最近邻方法具有简单、快速的优点,可以在不消耗太多计算资源的情况下实现图像或特征图的上采样。但最近邻方法存在着失真和锯齿等问题,因为它只考虑了离放大像素最近的像素的值,而没有考虑周围像素的信息。在一些对图像质量要求较高的任务中,如图像生成和图像超分辨率等任务,通常不推荐使用最近邻方法,而是使用更加精确的插值方法。

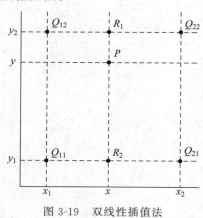

图 3-19 双线性插值法

2. 双线性插值法

双线性插值(Bilinear Interpolation)是一种常用的图像处理技术,用于在已知离散数据点的情况下,计算在任意位置的插值。它通常用于图像缩放、旋转等操作中,以提高图像的质量和精度。

双线性插值法的基本思想是,对于给定的插值位置,先在数据点坐标系中找到其所在的四个数据点,然后按照位置关系进行加权平均,得到插值结果。双线性插值法如图 3-19 所示。

在已知 4 个点 Q_{11}、Q_{12}、Q_{21}、Q_{22} 后,要求得出其中间点 P 的位置,则先在 X 轴方向进行线性插值得到 $R_1 = (x, y_1)$,$R_2 = (x, y_2)$,方法如下:

$$f(R_1) \approx \frac{x_2 - x}{x_2 - x_1} f(Q_{11}) + \frac{x - x_1}{x_2 - x_1} f(Q_{21}) \tag{3-17}$$

$$f(R_2) \approx \frac{x_2 - x}{x_2 - x_1} f(Q_{12}) + \frac{x - x_1}{x_2 - x_1} f(Q_{22}) \tag{3-18}$$

再对 R_1、R_2 在 Y 轴方向进行线性插值得到 P:

$$f(P) \approx \frac{y_2 - y}{y_2 - y_1} f(R_1) + \frac{y - y_1}{y_2 - y_1} f(R_2) \tag{3-19}$$

双线性插值法的优点在于它具有较高的计算效率和插值精度,同时可以避免出现锯齿状的插值结果。但需要注意的是,双线性插值法仅适用于在较小范围内的插值问题,如果插值范围过大,可能会导致插值结果的误差较大。此外,双线性插值法还需要保证数据点之间的间距足够小,以确保插值结果的精度。

3.5 全连接层的作用与影响

连接层是深度学习神经网络中的核心组件之一,在整个深度学习网络中主要起到分类器的作用。如果说卷积层、池化层和激活函数等操作是将原始数据映射到隐层特征空间的话,全连接层则起到将学到的分布式特征表示映射到样本标记空间的作用。

3.5.1 全连接层的基本原理

全连接层顾名思义,是指每一个节点都与上一层的所有节点相连,用来把前边提取到的特征综合起来。由于其全相连的特性,一般全连接层的参数也是最多的。通过将前一层的所有节点与当前层的每个节点相连接,实现了对输入数据的全局信息整合。全连接层的连接方式如图 3-20 所示。

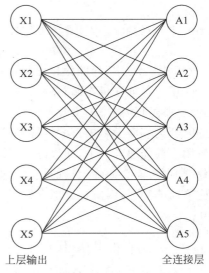

图 3-20　全连接层的连接方式

全连接层的全局信息整合使得模型能够捕捉输入数据中的全局关联性,有助于提高对整体特征的理解和学习。全连接层的激活函数引入了非线性变换,使得神经网络能够学习更为复杂的非线性映射,从而提高了模型的表达能力,适应各种复杂任务。

尽管全连接层具有强大的表示能力,但其参数量庞大、计算复杂度高的特点也带来了一些挑战。大量参数容易导致模型过拟合,尤其是在数据量较小的情况下。为了克服这些缺点,研究者们常常采用正则化技术、Dropout 等手段来提高模型的泛化能力。此外,随着深度学习的发展,人们也逐渐认识到全连接层并非在所有情况下都是必要的。在一些大规模图像任务中,卷积神经网络等结构更为常见,以降低计算复杂度,提高模型的效率。

全连接层在神经网络中的应用较为简单,在需要加入全连接层的位置确定上层网络或整体网络的输入维度,然后确定网络的输出维度,调用相应的函数接口即可在神经网络中添加一层全连接层。全连接层的层数和输出维度则需要根据相应任务的特性进行灵活设计。

综合而言,全连接层在深度学习中有其独特的优势,但在实际应用中需要根据任务的特点和数据规模进行灵活的选择和组合,以取得更好的性能和效率。

3.5.2　全连接层之间的关联性

多个全连接层的叠加使得神经网络能够学习更为复杂的输入与输出之间的映射关系。每一层都可以看作是对数据进行一次抽象和转换,层层堆叠可以帮助网络学习多层次、高级别的特征表示。全连接层连在一起的结构使得神经网络具备强大的表达能力,多个多项式的叠加能够逼近各种复杂函数。这对于处理高维输入数据、解决复杂问题非常重要。同时,多个全连接层通过不同的权重和非线性激活函数对输入进行组合,有助于提取输入数据中的各种抽象特征。这有利于网络学习到更有判别性的特征表示。

然而,与单层的全连接层类似,当网络规模变大时,全连接层的计算量会呈指数增长,而多个全连接层连接使用会加剧其参数量庞大,计算复杂度高的特点。应当根据实际要解决问题的整个网络结构的特点,合理设计网络。

3.6　数据标准化和正则化

在深度学习中,标准化和正则化是两个关键的概念,它们在模型训练过程中发挥着重要作用。标准化旨在调整输入数据的尺度和分布,提高模型的稳定性和收敛速度,而正则化则通过控制模型参数的大小,防止过拟合,促使模型更好地泛化到新数据。这两者的结合为深度学习模型的性能和鲁棒性提供了强大支持。在深入探讨这些概念的实际应用之前先思考一下,如果没有标准化和正则化,深度学习模型在面对多样化、大规模的数据时,可能会面临怎样的挑战。数据标准化有利于网络加速收敛、防止梯度爆炸并适应不同的分布,而防止过拟合则是正则化的成功,本节对数据的标准化和正则化进行描述。

3.6.1　数据标准化的重要性

在深度学习中,数据的标准化是一种特征缩放的关键策略,属于数据预处理的必要步骤。由于不同评价指标通常具有不同的量纲和单位,这种差异可能对数据分析产生影响。不进行标准化,则模型可能受到极端数据的影响,且如果模型需要计算样本间的距离,如欧氏距离或曼哈顿距离,一个特征域过大则所有距离计算都要取决于这个特征,与实际需要的理念相悖。

为了消除上述影响,可采用数据标准化处理,确保各指标处于相同的数量级。这样一来,经过处理后的数据更适合进行全面综合的对比评价,为模型训练和性能评估提供更可靠的基础。通过调整数据的尺度和分布,可以避免模型对不同特征的敏感性差异,解决梯度问题,加速收敛速度。

针对数据的不同分布情况,常用的数据标准化方法有线性归一化、裁剪归一化与标准差标准化,该三个方法如下所示。

1. 线性归一化

线性归一化也被称为最小-最大规范化或者离散标准化,是对原始数据的线性变换,将数据值映射到[0,1]区间内,用公式表示为

$$x' = \frac{x - \min(x)}{\max(x) - \min(x)} \tag{3-20}$$

线性归一化保留了原来数据中存在的关系,是消除量纲和数据取值范围影响的最简单的方法。代码实现如代码 3-9 所示。

【代码 3-9】　线性归一化。

```
1  def MaxMinNormalization(x,Max,Min)
2      x = (x - Min) / (Max - Min)
3      return x
```

从理论上讲,可以将数据通过线性变换映射到任意范围中,比如有时希望将数据映射到[-1,1]区间,则可采用公式

$$x' = \frac{2 \times (x - \min(x))}{\max(x) - \min(x)} - 1 \tag{3-21}$$

进行线性归一化。

线性归一化虽然十分方便易用,但对于极端数据非常大的情况,会使较多数据趋于0,这对原数据的分布进行了较大的改变,不是想要的结果,为此引入裁剪归一化。

2. 裁剪归一化

裁剪归一化在严格意义上讲并不属于一种归一化,其本质是在归一化前或归一化后的一个操作,旨在将极端数据进行裁剪处理,使数据分布更加合理,不影响其他操作。但裁剪归一化会在一定程度上影响数据集的表现能力,因此要根据数据集选择合理的裁剪范围,达到较好的效果。

3. 标准差标准化

标准差标准化也叫 Z-score 标准化或零-均值归一化,是将数据变换为均值为 0、标准差为 1 的分布,变换后依然保留原数据分布。用公式表示为

$$x' = \frac{x - \mu}{\delta} \tag{3-22}$$

$$\delta = \sqrt{\frac{\sum\limits_{i=1}^{N}(x - \mu)^2}{N}} \tag{3-23}$$

其中,δ 为数据的标准差;μ 为数据的均值。

标准差标准化主要对数据赋予了原始数据均值和标准差,经过处理的数据符合标准正态分布,能够符合大部分场景的需求。与其他标准化方法相同,这种方法也是一种线性变换。

3.6.2 批标准化与层标准化

对于整个深度神经网络而言,仅对输入数据进行标准化不足以让每一层的输入都保持在一个良好的分布,在经过一层网络后数据的分布又会随之改变,因此在层之间与批之间,也要引入标准化的概念,保持隐藏层中数值的均值、方差不变,让数值更稳定,为后面网络提供坚实的基础。

层标准化和批标准化的基本方法与标准差标准化的方法类似:

$$x' = \frac{x - \mu}{\sqrt{\delta^2 + \varepsilon}} \tag{3-24}$$

$$\delta^2 = \frac{\sum\limits_{i=1}^{N}(x - \mu)^2}{N} \tag{3-25}$$

其中,δ 为数据的标准差;μ 为数据的均值。与标准差标准化不同的是,一般会在分母部分的方差使用时加上一个极小的正值 ε,如 $\varepsilon = 10^{-8}$,以人为地强制性避免分母为 0 时产生的各种问题,如除以零所产生的问题以及梯度未定义的问题。

层标准化与批标准化的主要区别在于标准化的对象和范围。层标准化对每个隐藏

层的输出进行标准化,使得每个样本在单个特征维度上都具有零均值和单位方差,而批标准化则对整个批次中的所有样本在每个特征维度上进行标准化。此外,层标准化通常应用在循环神经网络等结构中,而批标准化在卷积神经网络等结构中更为常见。层标准化与批标准化如图 3-21 所示。

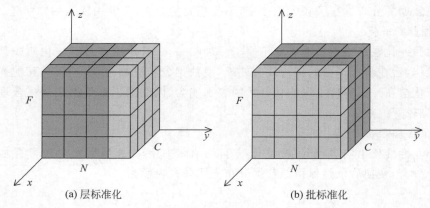

(a) 层标准化　　　　　　　　　　　　(b) 批标准化

图 3-21　层标准化与批标准化

图 3-21 中,N 代表样本轴,C 代表通道轴,F 是每个通道的特征数量。图 3-21(a)所示的层标准化,进行的是同一样本不同通道的标准化;图 3-21(b)所示的批标准化,进行的是不同样本同一通道进行的标准化。

选择使用层标准化还是批标准化通常取决于具体的任务和网络结构。在一般深度学习任务中,批标准化是较为常用的选择,因为它可以提高训练的稳定性和加速收敛性。然而,对于循环神经网络等结构,层标准化可能更适用,有助于缓解梯度消失问题。在标准化后,还需要进行缩放与平移,得到最终的标准化结果:

$$y_{ij} = \gamma x'_{ij} + \beta \tag{3-26}$$

其中,y_{ij} 是经过平移与缩放后最终得到的标准化结果。平移与缩放的目的是采取线性变换保证数据的表达能力,而式中的参数 γ 与 β 则是需要进行训练学习的参数。

在实践中,研究者和工程师通常根据任务的特性和网络的结构灵活选择使用这两种正则化方法,甚至在某些情况下同时使用它们以取得更好的效果。层标准化的方法还通过规范数据分布,使网络在一定程度上防止过拟合。

3.6.3　正则化方法

深度学习的正则化方法旨在应对过拟合问题,即模型过度适应训练数据而在未见过的数据上表现不佳。正则化通过一系列技术手段,寻求在训练过程中防止模型对训练数据的过度拟合,从而提高模型在未知数据上的泛化性能。过拟合的风险在于模型可能会学到训练数据中的噪声和细节,而正则化方法的关键目标是使模型更具有泛化能力,适应更广泛的数据分布。

在正则化的框架下,可以理解为进行结构风险最小化,即通过在经验风险项后引入表示模型复杂度的正则化项或惩罚项。经验风险是指模型在训练数据上的误差,而结构风险将这一概念进一步扩展为同时考虑模型的复杂度。这种综合的风险最小化方法旨在保持模型在训练数据上的性能同时，通过降低模型复杂度来提高泛化能力。简而言之，正则化方法不仅关注训练误差最小化（经验风险最小化），还考虑了模型的复杂度，以更全面地指导模型的学习过程。

正则化方法的主要类别包括权重正则化、Dropout、数据增强、标准化等，4 种方法具体如下所示。

（1）权重正则化。

权重正则化通过在损失函数中添加正则项进行正则化，L1 正则化和 L2 正则化可以看作是损失函数的惩罚项。所谓"惩罚"是指对损失函数中的某些参数做一些限制。L1 正则化是权值的绝对值之和：

$$\| x \|_1 = \sum_{i=1}^{n} | x_i | \tag{3-27}$$

L1 正则化可以产生稀疏权值矩阵，即产生一个稀疏模型，可以用于特征选择。

L2 正则化是向量元素绝对值的平方和的平方根，它会使优化求解稳定快速，使权重平滑：

$$\| x \|_2 = \sqrt{\sum_{i=1}^{n} | x_i |^2} \tag{3-28}$$

L1 正则化与 L2 正则化是最简便快捷的正则化方法，均作用于损失函数，都能够在一定程度上防止数据过拟合。

（2）Dropout 正则化。

Dropout 是一种深度学习中常用的正则化技术，旨在减轻神经网络的过拟合问题。它的原理是在训练过程中，随机关闭神经网络中的一些神经元，使得每个神经元都有可能在一个小批次的训练中被暂时忽略。这样的随机性迫使网络不依赖特定的神经元，有效地增加了模型的鲁棒性，减少了对某些特定特征的过度依赖。

Dropout 的作用不仅在于减少神经元间的共适应性，还有助于训练更加稳健和泛化能力强的模型。通过防止网络对特定输入模式的过度适应，Dropout 可以被看作是一种"集成学习"的形式，让不同子网络学到不同的特征表示。Dropout 示意图如图 3-22 所示。

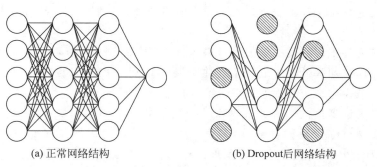

(a) 正常网络结构　　　　　　(b) Dropout后网络结构

图 3-22　Dropout 示意图

在实践中,Dropout通常应用在隐藏层,其参数表示每个神经元被关闭的概率,一般设置在 0.2~0.5。这种简单而有效的正则化手段已被广泛应用于各种深度学习任务,为模型的性能和泛化提供了重要的改善。

(3)数据增强。

数据增强是一种用于改进深度学习模型性能和泛化能力的技术,通过对训练数据集中的样本引入随机变换来扩充数据。这些变换可以包括平移、旋转、缩放、翻转等,从而生成更多样化的训练样本,使模型更好地适应各种输入变化。数据增强的核心思想是通过引入变异性,使模型在训练过程中更好地捕捉和学习数据的不同方面。

数据增强有助于避免过拟合的原因在于它减轻了模型对训练数据的过度依赖。当模型在训练过程中接触到更多变化和噪声的数据时,它更有可能学到更鲁棒的特征表示,而不是仅仅记住训练集中的特定样本。通过引入更多样的数据情况,数据增强使得模型更具泛化能力,更有可能在未见过的数据上表现良好。这使得模型能够更好地适应实际应用中的各种变化和噪声,提高模型的稳健性。在图像分类、目标检测等任务中,数据增强常常是训练深度学习模型的标准实践之一,对模型的性能提升至关重要。

(4)标准化。

批标准化和层标准化通过规范化隐藏层的输出,有助于训练过程的稳定性和泛化性能,详见 3.6.2 节内容。

选择何种正则化方法取决于问题的性质和数据的特点。权重正则化适用于降低模型复杂度,而数据增强则适用于增加训练数据的多样性,层标准化与批标准化则较多地应用于各种网络。在实践中,通常需要综合考虑并尝试不同的正则化技术,以找到最适合特定任务的组合。

3.7　本章小结

第 3 章深入探讨了卷积神经网络的核心组成部分及其运作原理。本章从卷积层的基础概念出发,详细介绍了卷积操作的多种形式。这些内容不仅涵盖了卷积核、填充、步长等基本概念,还展示了不同类型的卷积操作如何有效地应用于图像处理和特征提取。同时,本章通过介绍反卷积和目标分割,展示了卷积神经网络在图像重建和分辨率提升中的应用。反卷积特别在上采样过程中发挥着重要作用,用于处理图像分辨率的改变与恢复。

池化层作为卷积神经网络的另一核心组件,其多重特性也在本章中被详细讨论。通过阐明池化操作如何降低网络的复杂度并增强模型的泛化能力,读者可以更好地理解卷积神经网络在减少过拟合和提升效率方面的机制。

本章旨在为读者提供一个关于卷积神经网络的基本构架和操作原理的全面而深入的理解框架。通过综合探讨各部分,本章不仅加深了对卷积神经网络结构和功能的理解,也为实际应用中的问题解决提供了理论支撑。这将有助于读者在后续的学习和研究中,更好地运用卷积神经网络解决复杂的图像处理任务。

第 **4** 章

视频讲解

PyTorch的基本应用

本章主要讲解 PyTorch 的应用与部署。通过实例展示在不同设备间迁移模型参数，同时解析模型状态字典的存储与加载机制，以及针对多模型和优化器状态的联合管理策略，揭示 PyTorch 在梯度计算上的高效性与精确性。此外，通过实例说明利用 PyTorch 的高级特性进行模型压缩、加速推理，以及适配多 GPU 环境进行分布式训练，为读者呈现一个全方位、多层次的深度学习实践框架。

4.1 PyTorch 简介与环境搭建

4.1.1 了解 PyTorch 框架

PyTorch 是由 Facebook 的人工智能研究团队（FAIR）开发的开源深度学习框架。自 2016 年发布以来，PyTorch 因其易用性、灵活性和强大功能在科研社区中广受欢迎。PyTorch 的设计哲学与 Python 的设计哲学一致，注重易读性和简洁性，避免复杂性。它采用 Python 语言编写，使得学习和使用更加便捷。PyTorch 在设计中做出了大胆的选择，其中最关键的是采用动态计算图作为核心。动态计算图与 TensorFlow 和 Theano 等框架中的静态计算图不同，它允许在运行时改变计算图，从而在处理复杂模型时提供更大的灵活性，并方便研究人员进行理解和调试。

自发布以来，PyTorch 在科研社区中获得了广泛的认可。2019 年，PyTorch 发布了 1.0 版本，新增了支持 ONNX、新的分布式包以及对 C++前端支持等功能，进一步拓宽了其在工业界的应用，并保持了在科研领域的强劲势头。如今，PyTorch 已成为全球最流行的深度学习框架之一，在 GitHub 上的星标数量超过 50 000。它被广泛应用于各种项目，从最新的研究论文到大规模的工业应用都有涉及。

PyTorch 框架具备强大的 GPU 计算能力和自动梯度求导的神经网络。与 TensorFlow 框架中自动构建静态运算图不同，PyTorch 通过构建动态神经网络图来完成神经网络中参数的计算。PyTorch 可分为张量图构建模块、自动梯度求导模块和构造神经网络层模块三部分，这三个模块相互关联紧密，这种设计使得在构造神经网络时可以避免重复进行模型的构造,使用更加方便。除了构造简洁外,PyTorch 框架在开发效率上优于其他神经网络框架,使用相同代码构建的神经网络在运行速度上也优于 Caffe、TensorFlow 等其他框架。PyTorch 于 2017 年由 Facebook 人工智能研究院基于 Torch 推出,因此 PyTorch 中的许多接口继承了 Torch 的优点。此外,优秀的社区建设也在不断丰富 PyTorch 的生态系统,从而不断扩大其应用范围和在不同领域的开发能力。

4.1.2　搭建 PyTorch 开发环境

搭建 PyTorch 开发环境包括如下三个步骤。

1. 创建虚拟环境

单击 Prompt 进入 Anaconda 环境,接下来的命令均在 Prompt 中执行。以下两部分分别描述 base 环境下和虚拟环境下的操作。

(1) base 环境下操作。演示示例如代码 4-1 所示。

【代码 4-1】　base 环境下操作。

```
1   #清屏
2   cls
3   #列出所有环境
4   conda env list
5   #创建名为"环境名"的虚拟环境,指定 Python 版本
6   conda create - n 环境名 python = 3.9
7   #创建名为"环境名"的虚拟环境,指定 Python 的版本与安装路径
8   conda create -- prefix = 安装路径\环境名 python = 3.9
9   #删除名为"环境名"的虚拟环境
10  conda remove - n 环境名 -- all
11  #进入名为"环境名"的虚拟环境
12  conda activate 环境名
```

(2) 虚拟环境下操作。演示示例如代码 4-2 所示。

【代码 4-2】　虚拟环境下操作。

```
1   #列出当前环境下的所有库
2   conda list
3   #安装 NumPy 库,并指定版本 1.21.5
4   pip install numpy == 1.21.5
5   #安装 Pandas 库,并指定版本 1.2.4
6   pip install Pandas == 1.2.4
7   #安装 Matplotlib 库,并指定版本 3.5.1
8   pip install Matplotlib == 3.5.1
9   #查看当前环境下某个库的版本(以 numpy 为例)
10  pip show numpy
11  #退出虚拟环境
12  conda deactivate
```

2. 安装 CUDA

在实现神经网络的训练工作之前,我们需要准备软硬件环境。软件环境包括训练模型所依赖的操作系统、驱动、加速库、框架以及编译器等工具,而硬件环境则聚焦于用于

训练或推理的 GPU 和 CPU 等计算单元。通常情况下倾向于使用 GPU 进行深度学习网络模型的训练，因为这主要涉及大量的浮点运算。

对于计算机而言，中央处理器 CPU 是主板上的核心芯片，负责执行算术、逻辑、控制等操作。而图形处理器 GPU 则是显卡的关键组件，专门用于加速图像处理和深度学习的运算速度。值得注意的是，并非每台计算机都配备了显卡，但所有计算机都具备主板。GPU 在深度学习运算方面的加速效果显著，其性能相较于 CPU 可提升 10～100 倍。

目前，市场上主流的显卡供应商有三家：Intel、NVIDIA 和 AMD。对于深度学习应用而言，NVIDIA 的显卡是最为适合的。因此，若没有配备 NVIDIA 显卡，将无法利用 GPU 进行加速。若希望了解计算机所搭载的显卡型号，可以打开任务管理器，进入性能选项卡，并查看左侧栏的最下方，如图 4-1 所示。

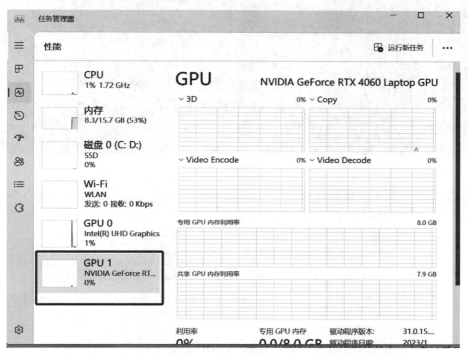

图 4-1　计算机配置

为了提升训练模型的效率，采取了一系列措施来优化模型的训练过程。除了硬件层面的优化，显卡厂商 NVIDIA 推出的 CUDA 通用指令并行计算架构发挥了重要作用。通过采用 NVIDIA 生产的具备强大计算能力的 GPU，可以显著提高训练模型的效率。在本章中，将以 NVIDIA 公司生产的 GPU 为例，详细介绍在 Windows 系统上进行软件安装和部署训练环境的相关知识。需要注意的是，NVIDIA 显卡内部包含了一个运算平台 CUDA，但并非所有 NVIDIA 显卡都预装了 CUDA。因此，在安装和配置过程中，需要确认显卡是否包含 CUDA，如果没有则需要额外下载和安装。

另外，PyTorch 的下载组件中通常会包含一个内置的 cuda 版本。为了区分，显卡内的 CUDA 用大写，PyTorch 内置的 cuda 用小写。为了确保正确匹配，需要确保 CUDA

版本与 PyTorch 的 cuda 版本相匹配或高于其要求。可以通过输入特定命令来查看 CUDA 版本：按下 Win＋R 组合键打开运行窗口，输入 cmd 进入命令提示符，然后输入 "nvcc -V"来查看 CUDA 版本信息。如果系统提示"nvcc -V 不是内部或外部命令"，则说明需要安装 CUDA。因此，在开始训练模型之前，务必仔细检查和确认软硬件环境的配置情况，以确保训练过程的顺利进行，如图 4-2 所示。

图 4-2　软硬件环境的配置

CUDA 的下载链接详见前言二维码，以其中的 CUDA 11.3 为例进行说明，如图 4-3 所示。

图 4-3　CUDA 版本选择

接下来选择平台，单击 Windows，之后自动弹出更多内容，按图 4-4 所示进行选择。

最后单击右下角的 Download(2.7GB)，建议将其放至新建的 D:\CUDA 中，如图 4-5 所示。

下载完成后，将 exe 文件放置在新建的 D:\CUDA 内，单击 exe 文件，两分钟后弹出提示框，选择临时的解压文件夹。考虑到解压后需要占用大约 7GB 的内存，因此建议放在 D:\CUDA\Tem 内。安装结束后，该临时解压文件夹会自动删除，如图 4-6 所示。

解压完成后，进入安装界面，同意并继续后，单击"自定义"，如图 4-7、图 4-8 所示。

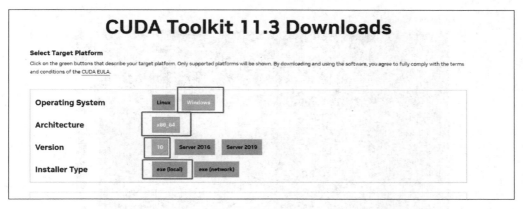

图 4-4　CUDA 下载

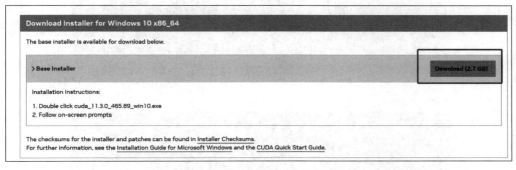

图 4-5　CUDA 下载完成

图 4-6　选择临时解压文件夹并保存

接下来，仅选择 4 大项中的 CUDA，并取消 CUDA 中关于 VS 的选项，如图 4-9、图 4-10 所示。

完成后，按照默认的 C 盘路径进行安装（大约 7GB），如图 4-11 所示。

接下来配置环境变量，如果是按照默认路径，其路径应该是：

C:\Program Files\NVIDIA GPU Computing Toolkit\CUDA

C:\Program Files\NVIDIA GPU Computing Toolkit\CUDA\v11.3\lib\x64

C:\Program Files\NVIDIA GPU Computing Toolkit\CUDA\v11.3\bin

C:\Program Files\NVIDIA GPU Computing Toolkit\CUDA\v11.3\libnvvp

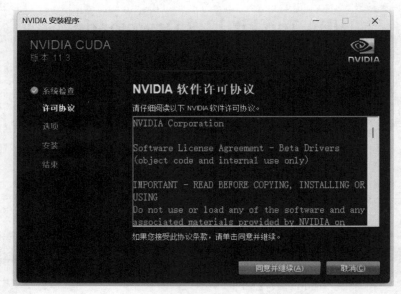

图 4-7　CUDA 安装程序许可协议窗口

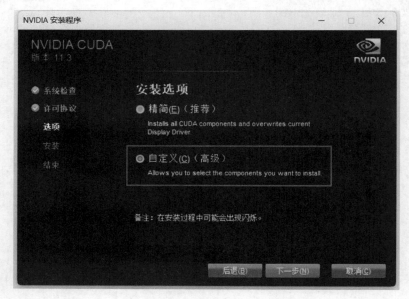

图 4-8　CUDA 安装程序"自定义"选项

3. 安装 PyTorch

PyTorch 一分为三：torch、torchvision 与 torchaudio。这 3 个库中，torch 的大小在 2GB 左右，而 torchvision 和 torchaudio 只有 2MB 左右，因此一般在代码里只会 import torch。当 torch 的版本给定后，另外两个附件的版本也唯一确定了，安装表如表 4-1 所示。

注意：NVIDIA 显卡 30 系列（如 NVIDIA GeForce RTX 3050）只能安装 cuda11.0 及其以后的版本。

图 4-9 选择 CUDA

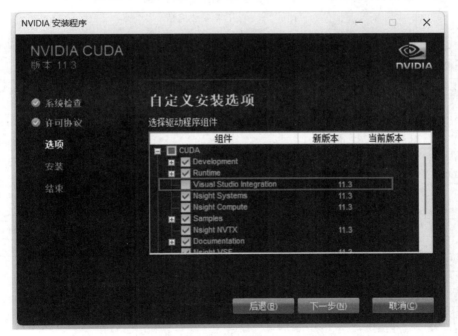

图 4-10 取消 CUDA 中的 VS 选项

表 4-1 torch、cuda、Python 版本对应

torch 版本	可选的 cuda 版本	支持的 Python 版本
torch 2.0.1	cuda 11.7、cuda 11.8	Python 3.8、Python 3.9、Python 3.10、Python 3.11
torch 2.0.0	cuda 11.7、cuda 11.8	Python 3.8、Python 3.9、Python 3.10、Python 3.11

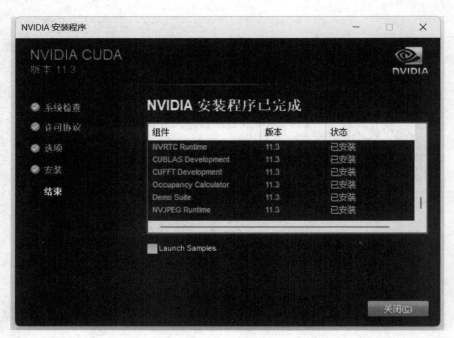

图 4-11　CUDA 安装完成

torch 版本	可选的 cuda 版本	支持的 Python 版本
torch 1.13.1	cuda 11.7、cuda 11.6	Python 3.7、Python 3.8、Python 3.9、Python 3.10
torch 1.13.0	cuda 11.7、cuda 11.6	Python 3.7、Python 3.8、Python 3.9、Python 3.10
torch 1.12.1	cuda 11.3、cuda 11.6	Python 3.7、Python 3.8、Python 3.9、Python 3.10
torch 1.12.0	cuda 11.3、cuda 11.6	Python 3.7、Python 3.8、Python 3.9、Python 3.10
torch 1.11.0	cuda 11.3、cuda 11.5	Python 3.7、Python 3.8、Python 3.9、Python 3.10
torch 1.10.2	cuda 10.2、cuda 11.1、cuda 11.3	Python 3.6、Python 3.7、Python 3.8、Python 3.9
torch 1.10.1	cuda 10.2、cuda 11.1、cuda 11.3	Python 3.6、Python 3.7、Python 3.8、Python 3.9
torch 1.10.0	cuda 10.2、cuda 11.1、cuda 11.3	Python 3.6、Python 3.7、Python 3.8、Python 3.9
torch 1.9.1	cuda 10.2、cuda 11.1	Python 3.6、Python 3.7、Python 3.8、Python 3.9
torch 1.9.0	cuda 10.2、cuda 11.1	Python 3.6、Python 3.7、Python 3.8、Python 3.9
torch 1.8.1	cuda 10.1、cuda 10.2、cuda 11.1	Python 3.6、Python 3.7、Python 3.8、Python 3.9
torch 1.8.0	cuda 10.1、cuda 11.1	Python 3.6、Python 3.7、Python 3.8、Python 3.9
torch 1.7.1	cuda 10.1、cuda 11.0	Python 3.6、Python 3.7、Python 3.8、Python 3.9
torch 1.7.0	cuda 10.1、cuda 11.0	Python 3.6、Python 3.7、Python 3.8
torch 1.6.0	cuda 10.1	Python 3.6、Python 3.7、Python 3.8
torch 1.5.1	cuda 9.2、cuda 10.1	Python 3.5、Python 3.6、Python 3.7、Python 3.8
torch 1.5.0	cuda 9.2、cuda 10.1	Python 3.5、Python 3.6、Python 3.7、Python 3.8
torch 1.4.0	cuda 9.2	Python 3.5、Python 3.6、Python 3.7、Python 3.8
torch 1.3.1	cuda 9.2	Python 3.5、Python 3.6、Python 3.7
torch 1.3.0	cuda 9.2	Python 3.5、Python 3.6、Python 3.7
torch 1.2.0	cuda 9.2	Python 3.5、Python 3.6、Python 3.7

以安装 torch 1.12.0 为例。torch 1.12.0 支持的 cuda 是 11.3 和 11.6,任意选一个即可;支持 Python 3.7 至 Python 3.10,新建的虚拟环境的 Python 是 3.9,满足条件。进入 PyTorch 官网(网址详见前言二维码),在其中使用 Ctrl+F 组合键搜索"pip install torch==1.12.0",如图 4-12 所示。

　　注意:使用 pip 安装,而不是 conda 安装(使用 conda 安装最后检验 cuda 时是不可用的)。

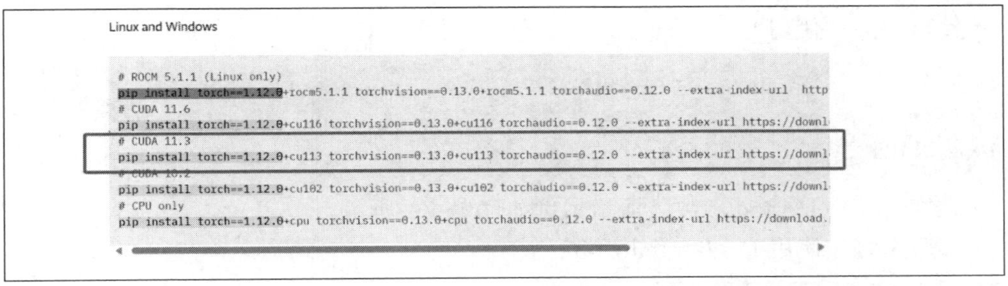

```
Linux and Windows

# ROCM 5.1.1 (Linux only)
pip install torch==1.12.0+rocm5.1.1 torchvision==0.13.0+rocm5.1.1 torchaudio==0.12.0 --extra-index-url  http
# CUDA 11.6
pip install torch==1.12.0+cu116 torchvision==0.13.0+cu116 torchaudio==0.12.0 --extra-index-url https://downl
# CUDA 11.3
pip install torch==1.12.0+cu113 torchvision==0.13.0+cu113 torchaudio==0.12.0 --extra-index-url https://downl
# CUDA 10.2
pip install torch==1.12.0+cu102 torchvision==0.13.0+cu102 torchaudio==0.12.0 --extra-index-url https://downl
# CPU only
pip install torch==1.12.0+cpu torchvision==0.13.0+cpu torchaudio==0.12.0 --extra-index-url https://download.
```

图 4-12　torch 安装

　　复制网页里的代码,双击 Prompt,进入虚拟环境中运行(不要在 base 环境下运行),当最后几行代码里出现 Successfully installed 时,表明安装成功。

4.2　PyTorch 基本语法与操作

4.2.1　张量(Tensor)的基础概念

　　不同应用场景下采用的软件及其计算的数据格式也不相同,如常用于数据建模的 MATLAB 采用的数据格式多为矩阵,但在 PyTorch 框架下,为了适应神经网络的计算,产生了张量(Tensor)的数据格式。下面将介绍 PyTorch 框架下张量的详细使用方法。

　　首先,张量是 PyTorch 中封装的 Variable 变量的数据,其中的属性包括:

　　data:所封装的张量的数据;

　　dtype:所封装的张量的数据类型;

　　shape:所封装的张量的形状;

　　device:选择运行数据的设备 CPU 或 GPU;

　　requires grad:判断是否需要梯度;

　　grad:张量的梯度值;

　　grad fn:主要用自动求导;

　　is leaf:判断变量是否为叶子节点。

　　torch. Tensor 的封装关系如图 4-13 所示。

　　在 PyTorch 中,可以使用 torch. Tensor 类或 torch. nn. Parameter 类来创建张量。以下是几种创建张量矩阵的方法。

　　(1) 使用 torch. Tensor 类。演示示例如代码 4-3 所示。

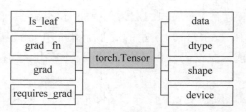

图 4-13　torch. Tensor 的封装关系

【**代码 4-3**】　使用 torch. Tensor 类。

```
1   #创建一个形状为 (3, 3) 的随机张量矩阵
2   import torch
3   tensor = torch. Tensor(3, 3)
```

（2）使用 torch. rand 函数。演示示例如代码 4-4 所示。

【**代码 4-4**】　使用 torch. rand 函数。

```
1   #创建一个形状为 (3, 3) 的随机张量矩阵
2   import torch
3   tensor = torch. rand(3, 3)
```

（3）使用 torch. nn. Parameter 类。演示示例如代码 4-5 所示。

【**代码 4-5**】　使用 torch. nn. Parameter 类。

```
1   #创建一个形状为 (3, 3) 的可训练张量矩阵
2   import torch. nn as nn
3   class MyModel(nn. Module):
4       def __init__(self):
5           super(MyModel, self).__init__()
6           self. weight = nn. Parameter(torch. Tensor(3, 3))
7       def forward(self, x):
8           return x @ self. weight
```

如果使用 torch. Tensor 类或 torch. nn. Parameter 类创建张量矩阵,并指定了形状参数,则输出将是一个多维数组,其中包含矩阵的元素值。

例如,若创建一个形状为(3,3)的随机张量矩阵,输出可能如代码 4-6 所示。

【**代码 4-6**】　创建形状为(3,3)的随机张量矩阵的输出结果。

```
1   tensor([[0.1234, 0.5678, 0.9101],
2           [1.1111, 1.2121, 1.3131],
3           [1.4141, 1.5151, 1.6161]])
```

如果使用 torch. rand 函数创建张量矩阵,则输出将是一个随机生成的矩阵,其元素值在 0~1,如代码 4-7 所示。

【**代码 4-7**】　使用 torch. rand 函数创建张量矩阵的输出结果。

```
1   tensor([[0.8583, 0.0906, -1.2922],
2           [-0.6729, -0.6208, -1.0874]])
```

4.2.2　张量的运算与操作

1. 张量拼接

张量拼接是将两个或多个张量按照指定的维度进行合并的操作。在 PyTorch 中,可以使用 torch.cat()函数来完成张量的拼接。通过拼接,我们可以将多个张量组合成一个更大的张量,以便进行进一步的计算和分析。以下是一个使用 torch.cat()函数进行张量拼接的示例,并展示了拼接后的结果。演示示例如代码 4-8 所示。

【代码 4-8】　使用 torch.cat()函数进行张量拼接。

```
1   import torch
2   #创建两个形状为 (2,3) 的张量
3   tensor1 = torch.tensor([[1, 2, 3], [4, 5, 6]])
4   tensor2 = torch.tensor([[7, 8, 9], [10, 11, 12]])
5   #在第 0 维度(行)上拼接两个张量
6   result = torch.cat((tensor1, tensor2), dim = 0)
7   print("拼接后的张量:")
8   print(result)
9   >>>拼接后的张量:
10  tensor([[ 1,  2,  3],
11          [ 4,  5,  6],
12          [ 7,  8,  9],
13          [10, 11, 12]])
```

在这个例子中,创建了两个形状为(2,3)的张量 tensor1 和 tensor2。然后,使用torch.cat()函数在第 0 维度(行)上将它们拼接在一起。最终,得到了一个形状为(4,3)的张量,其中前两行来自 tensor1,后两行来自 tensor2。

2. 张量切分

张量切分是指将一个张量分割成多个子张量的操作。在 PyTorch 中,可以使用torch.split()函数来进行张量切分。该函数将输入张量按照指定的分割大小或分割段数分割成多个子张量,并返回一个张量列表。此外,PyTorch 还提供了 torch.chunk()函数,该函数将输入张量按照指定的块大小在指定的维度上进行切分,并返回一个张量列表。每个子张量的形状与输入张量在该维度上的形状相同,但是分割后的子张量数量是给定的块大小。总的来说,张量切分是一种有用的操作,可以帮助我们处理和分析大型张量数据集,将其分解成更小的、易于处理的子集。

代码 4-9 是一个使用 torch.split()函数进行张量切分的示例,并展示了切分后的结果。

【代码 4-9】　使用 torch.split()函数进行张量切分。

```
1   import torch
2   #创建一个形状为 (6,3) 的张量
3   tensor = torch.tensor([[1, 2, 3], [4, 5, 6], [7, 8, 9], [10, 11, 12], [13, 14, 15], [16,
17, 18]])
4   sub_tensor1 = torch.split(tensor, 3)[0]
5   sub_tensor2 = torch.split(tensor, 3)[1]
6   print("第一个子张量:")
7   print(sub_tensor1)
```

```
8   print("第二个子张量:")
9   print(sub_tensor2)
10  >>>第一个子张量:
11  tensor([[ 1, 2, 3],
12          [ 4, 5, 6],
13          [ 7, 8, 9]])
14  第二个子张量:
15  tensor([[10, 11, 12],
16          [13, 14, 15],
17          [16, 17, 18]])
```

在这个例子中,创建了一个形状为(6,3)的张量,使用 torch. split()函数分割成两个子张量。torch. split()函数返回一个包含两个子张量的列表,可以通过索引来访问它们。最终,输出了两个子张量的内容。

3. 张量索引

张量索引是用于访问张量中的元素或子张量的方法。在 PyTorch 中,可以使用索引来选择特定的元素或对张量进行切片操作。演示示例如代码 4-10 所示。

【代码 4-10】 张量索引。

```
1   import torch
2   #创建一个形状为 (3, 4) 的输入张量
3   input_tensor = torch.tensor([[1, 2, 3, 4],
4                                [5, 6, 7, 8],
5                                [9, 10, 11, 12]])
6   #创建一个形状为 (2, 2) 的索引张量,用于选择输入张量中的元素
7   index_tensor = torch.tensor([[0, 2],
8                                [1, 3]])
9   #使用 torch. index_select 选择输入张量中的元素
10  selected_tensor = torch. index_select(input_tensor, 0, index_tensor)
11  print("选择的元素:")
12  print(selected_tensor)
13  >>>选择的元素:
14  tensor([[ 1, 3],
15          [ 6, 8]])
```

在这个例子中,使用 torch. index_select 函数选择了输入张量 input_tensor 中的元素。索引张量 index_tensor 中的值对应输入张量中的行索引,用于选择相应的元素。输出的 selected_tensor 是一个新的张量,其中包含根据索引张量选择的元素。

4. 张量变换

张量变换是指对张量进行各种操作,如缩放、旋转、翻转等,以改变其形状、大小或数据类型。这些变换通常用于图像处理、机器学习等领域,以实现数据的转换和增强。演示示例如代码 4-11 所示。

【代码 4-11】 张量变换。

```
1   import torch
2   #创建一个形状为 (1, 3, 1, 4) 的张量
```

```
 3  tensor = torch.tensor([[[[1], [2], [3], [4]]]])
 4  ♯使用 torch.squeeze 去除大小为 1 的维度
 5  squeezed_tensor = torch.squeeze(tensor)
 6  print("原始张量:")
 7  print(tensor)
 8  print("变换后的张量:")
 9  print(squeezed_tensor)
10  >>>原始张量:
11  tensor([[[[ 1],
12            [ 2],
13            [ 3],
14            [ 4]]]])
15  变换后的张量:
16  tensor([[ 1, 2, 3, 4]])
```

在这个例子中,创建了一个形状为(1,3,1,4)的张量。其中,第一个和第三个维度的大小为 1,因此在使用 torch.squeeze 函数时,这些维度将被删除。结果是一个形状为(3,4)的张量,其中包含了原始张量中的所有元素。

4.3　PyTorch 中的自动微分

4.3.1　自动微分原理与应用

在机器学习与深度学习的研究领域中,自动微分技术扮演着关键角色,此技术能够对复杂函数的梯度进行高效计算。PyTorch 作为一种广泛使用的深度学习框架,集成了先进的自动微分系统,为研究者及开发者提供了强大的梯度计算能力。本节探讨 PyTorch 中自动微分的基本原理,结合理论分析与代码实例,旨在增进读者对自动微分功能的理解和应用能力。

1. 自动微分

自动微分(Automatic Differentiation)是一种计算导数的技术,利用此技术可以在计算机程序中自动计算复杂函数的导数。在深度学习中,通常需要计算损失函数相对于模型参数的梯度,以便使用梯度下降等优化算法来更新参数。传统的微分方法通常是通过符号推导或数值逼近来计算导数,但这些方法在面对复杂函数时效率低下或不可行。自动微分通过在计算图中追踪函数的每一步计算过程,并应用链式法则,能够高效地计算导数。

2. 自动微分原理

PyTorch 中的自动微分是基于计算图(Computation Graph)实现的。计算图是一种数据结构,它将计算过程表示为有向无环图,其中节点表示操作,边表示数据流。PyTorch 使用动态计算图,这意味着计算图是根据实际代码的执行情况动态构建的。

在 PyTorch 中,可通过创建 torch.Tensor 对象来构建计算图。torch.Tensor 对象是 PyTorch 中的核心数据结构,它表示一个多维数组,可以用于存储和操作数据。每个

torch. Tensor 对象都有一个. requires_grad 属性,默认为 False。当将该属性设置为 True时,PyTorch 会自动追踪所有对该张量的操作,并构建计算图。

当进行前向计算时,PyTorch 会根据计算图执行相应的操作,并将结果保存在新的torch. Tensor 对象中。这些新的张量对象将保留与原始张量对象相同的计算图信息。这样,PyTorch 就能够跟踪整个计算过程,从而实现自动微分。

3. 反向传播算法

反向传播算法是自动微分的关键。它使用链式法则来计算复合函数的导数。具体而言,反向传播算法可以分为前向传播和反向传播。

前向传播:通过计算图执行模型的正向计算。首先,将输入数据传递给模型,并执行一系列操作,如矩阵乘法、非线性激活函数等。每个操作都对应计算图中的一个节点,并生成一个新的 torch. Tensor 对象。这些中间结果将被保存在计算图中,以便后续的反向传播使用。

反向传播:通过应用链式法则来计算梯度。假设有一个标量损失函数 L,它是模型输出和目标值之间的差异度量,目标是计算损失函数相对于模型参数的梯度。

首先,创建一个与损失函数相关的节点,并将其梯度初始化为 1。然后,从后向前遍历计算图,按照以下步骤计算每个节点的梯度:

(1) 对于节点的输出张量,使用链式法则计算其梯度。

(2) 将该节点的梯度与前一个节点的梯度相乘,得到当前节点的梯度。

(3) 将当前节点的梯度累积到参数的梯度上。

最终,可以得到损失函数相对于每个参数的梯度。这些梯度可被用于参数更新,如使用随机梯度下降等优化算法。

4. 自动梯度原理

在 PyTorch 中,有一个称为自动梯度的模块,其核心作用是自动计算张量的梯度。这一过程基于自动追踪张量的所有操作,并执行相应的反向传播。自动梯度机制负责记录每一层的梯度值,并利用梯度下降算法优化每个样本的损失函数。在每次迭代中,即使优化的方向不总是最佳的,最终结果仍然在接近最优解。

在梯度下降算法中,步长的设置可以确保每次迭代都沿梯度的负方向前进。在卷积神经网络中所采用的损失函数用于评估数据的拟合程度。每次迭代中沿着步长减少的过程实际上是对损失函数的连续计算和更新。

在 PyTorch 中进行梯度下降和更新的详细操作,首先涉及控制张量的自动梯度行为。这需要创建一个张量并设置相关的参数以指示是否追踪并保存其梯度值;其次,需要对张量进行数学运算,如指数运算、平方运算等,输出结果中的属性参数PowBackward0,表示已经记录了上次操作时进行的幂运算,其后的 0 表示第 1 次的数学运算,代码 4-12 中的 0 表示幂运算。进行幂运算之后继续对 y 进行求平均值的计算并输出计算结果,对 y 值进行求平均值计算;最后,通过输出最后的值 z 来查看张量 z 的梯度,由于没有进行反向操作,因此输出的梯度值仍为空,即 z. grad=None;进行完数学运算之后即可进行反向梯度的计算,由于在数学运算之前已经对各个张量的 requires _grad参数进行了设置,每个张量都默认保存数学运算的各层梯度值,因此,在最后一步即可直接进行反向梯度的计算。

自动梯度演示示例,如代码 4-12 所示。

【代码 4-12】 梯度下降和更新。

```
1   import torch
2   #生成 2×2 大小的张量,并设置保存其张量的梯度值
3   x = torch.randn(2,2, requires_grad = True)
4   #输出的值
5   print(x)
6   tensor([[0.5492,1.1461],
7   [0.5500, 2.1113]], requires_grad = True)
8   #进行幂运算
9   y = x ** 2
10  #打印并输出幂运算的值
11  print (y)
12  tensor([[0.3016,1.3137],
13  [0.3025,4.4575]], grad_fn = < PowBackward0 >)
14  z = y.mean()
15  print(z)
16  tensor(1.5938,grad_fn = < MeanBackward0 >)
17  print(z.grad)
18  None
19  #反向梯度参数的计算
20  z.backward()
21  #打印输出参数 x 的梯度值
22  print(x.grad)
23  tensor([[0.2746, 0.5731],
24  [0.2750,1.0556]])
```

代码 4-12 只是进行了简单的反向梯度参数计算,与在深度卷积神经网络中的原理相同。由此可知,通过对每层神经网络的张量中的梯度值参数的保存,最终可以完成对神经网络反向梯度参数的更新。

5. 自动微分的应用

PyTorch 的自动微分机制在深度学习应用中得到了广泛应用。在神经网络训练过程中,通过计算图自动求取梯度,可以大大简化模型参数的更新过程。同时,PyTorch 提供了丰富的自动微分工具,如 torch. autograd 模块,可以方便地实现各种自定义的自动微分需求。

除了在模型训练中的应用,PyTorch 的自动微分机制还在模型推断、梯度下降算法等方面发挥着重要作用。通过 PyTorch 的自动微分机制,不仅可以更加高效地训练神经网络模型,还可以更加灵活地应对不同的深度学习任务。

4.3.2　构建可微分变量

在 PyTorch 中,存在一种特殊的数据类型叫作 Variable。这种类型与普通的张量有所不同:尽管张量中的参数无法直接用于反向传播算法,Variable 类型的数据却可以。

当使用 Variable 进行反向梯度传播的操作时,PyTorch 会自动构建一个计算图。这个计算图连接了反向传播过程中所有的计算节点。在这方面,PyTorch 中的 Variable 类型与 TensorFlow 框架中用于构建计算图的 tf. Variable 有相似之处,但它们的使用方法并不完全相同。在 PyTorch 框架中,Variable 被专门用于支持反向传播算法。

在执行反向传播时,PyTorch 提供了一个专门的 Variable 模块。通过使用这个模块,可以方便地构造和执行反向传播算法,使得整个过程更加直观和高效。这种机制简化了梯度计算和模型优化的过程,是 PyTorch 框架的一个重要特性。演示示例如代码 4-13 所示。

【代码 4-13】 变量 Variable。

```
1   import torch
2   from torch.autograd import Variable
3   tensor - torch.FloatTensor([[1,2],[3,4]])
4   variable = Variable(tensor, requires grad = True
5   print(tensor)
6   tensor([[1., 2.,
7   [3.,4.]])
8   print(variable)
9   tensor([[1.1 2.,
10  [3.14.]], requires_grad = True)
11  print(variable.grad)
12  None
13  print(variable.data)
14  tensor([[1.,2.,
15  [3.,4.]])
16  print(variable.size())
17  torch.Size([2,2])
18  print(variable.data.numpy())
19  [[1.2.]
20  [3.4.]]
```

通过观察代码 4-13 可以发现,张量和 Variable 变量虽然输出相同的数据,但 Variable 变量的输出额外包含了梯度信息。在 Variable 中设置参数 requires_grad = True 指示了需要计算梯度,并在执行反向传播时更新这些梯度值。当尝试输出这个变量的梯度时,由于尚未执行过反向梯度传播算法,输出的梯度值将显示为 None,同时梯度的属性标记为 grad。除了能够查看 Variable 的梯度值,还可以探索其包含的数据及数据的数量。此外,Variable 允许对其数据进行各种数学运算,如计算绝对值(abs)、正弦(sin)和余弦(cos)等,以及进行数据类型转换等操作。

从以上介绍可以看出,Variable 的基本操作和张量的基本操作基本相同。需要注意的是,在训练算法的过程中进行多次反向传播会进行梯度的累积,一般来说,每次反向传播完成之后,需要将梯度清零,重新计算梯度,并进行反向传播以对参数进行更新。

4.3.3　自动微分的演示示例

代码 4-14 是一个简单的代码示例,展示了如何使用 PyTorch 的自动微分功能来计算梯度。

【代码 4-14】　PyTorch 的自动微分。

```
1   import torch
2   #创建一个需要计算梯度的张量
3   x = torch.tensor(3.0, requires_grad = True)
4   #定义一个函数
5   def f(x):
6       return x ** 2 + 2 * x + 1
7   y = f(x)
8   #计算梯度
9   y.backward()
10  #打印梯度
11  print(x.grad)          #输出:8.0
```

在代码 4-14 中,首先初始化了一个张量 x,并将其 requires_grad 属性设置为 True。这是为了设置对该张量进行梯度计算。接着,定义了一个函数 f,它接收一个张量作为输入,并计算其平方的和,加上这个张量的两倍和一个常数 1 的总和。之后,求出了该函数对于张量 x 的输出值 y,并通过调用 y.backward() 方法来计算 y 相对于 x 的梯度。最后,输出了 x 的梯度,即 x.grad。

这个基本示例展示了 PyTorch 自动微分系统的易用性和效率。用户只需设置 requires_grad＝True,执行正向运算和反向传播,就可以自动获得梯度值,无须手动进行微分或实现反向传播算法。

值得注意的是,PyTorch 中的自动微分是基于梯度累积的。这意味着每次调用 backward() 方法时,梯度都会累积在对应张量的 grad 属性中。如果需要在进一步的计算之前重置梯度,可以使用 zero_() 方法。例如,x.grad.zero_() 可以用来清除 x 的梯度。

此外,PyTorch 还提供了更高级的工具,如优化器(optimizers)和自定义损失函数,这些工具进一步简化了模型训练和参数优化的过程。

代码 4-15 是一个简单的代码示例,展示了 PyTorch 的 Tensor 如何实现自动微分求导。

【代码 4-15】　PyTorch 的 Tensor 实现自动微分求导。

```
1   import torch
2   #声明张量
3   x1 = torch.tensor(2.0)
4   x2 = torch.tensor(3.0)
5   #设置梯度可求
6   x1.requires_grad_(True)
7   x2.requires_grad_(True)
8   print("反向求梯度前:",x1.grad,x2.grad)
9   y = (x1 ** 2 + 2 * x2) ** 2
```

```
10 ♯反向传播计算
11 y.backward()
12 print("反向求梯度后:",x1.grad,x2.grad)
13 ♯输出:
14 反向求梯度前: None None
15 反向求梯度后: tensor(80.) tensor(40.)
```

以代码 4-15 的运算为例,执行两次前向传播,两次反向传播计算,可以观察这种梯度累积现象,如代码 4-16 所示。

【代码 4-16】　执行多次前向与反向传播。

```
1  import torch
2  ♯声明张量
3  x1 = torch.tensor(2.0)
4  x2 = torch.tensor(3.0)
5  ♯设置梯度可求
6  x1.requires_grad_(True)
7  x2.requires_grad_(True)
8  print("反向求梯度前:",x1.grad,x2.grad)
9  y = (x1 ** 2 + 2 * x2) ** 2
10 ♯反向传播计算
11 y.backward()
12 ♯再次前向计算
13 y = (x1 ** 2 + 2 * x2) ** 2
14 ♯再次反向传播计算
15 y.backward()
16 print("反向求梯度后:",x1.grad,x2.grad)
17 ♯输出:
18 反向求梯度前: None None
19 反向求梯度后: tensor(160.) tensor(80.)
```

注意:

(1) 在 PyTorch 中,只有具有浮点数类型(如 float32、float64 等)的张量才可以进行自动微分,整数类型(如 int32、int64)的张量默认情况下不支持自动微分。上述代码中如果把 x1,x2 改为 int 类型会报错"RuntimeError: only Tensors of floating point dtype can require gradients"。

(2) 由于梯度会累积,所以在求新一轮的梯度时,要通过 grad_zero_ 函数清除梯度。

4.4　模型的保存与加载

4.4.1　保存与加载可训练参数

这一部分主要讲解在 PyTorch 框架中,如何保存和加载经过训练的模型。在 PyTorch 中,模型的保存和加载主要通过 torch.save()、torch.load()和 torch.load_state_dict()这三个函数实现。其中,torch.save()可用于保存整个模型或仅保存模型的可训练参数;在模型加载方面,torch.load()用于直接读取整个模型,包括可训练参数和模型的结构文件；torch. load_state_dict()专门用于加载模型中的可训练参数,同时也能读取优化器中的超参数。

　　具体来说,torch. save()将模型以序列化字典的形式保存到磁盘。torch. load()则执行与 torch. save()相反的操作,它将序列化的模型进行反序列化读取。与 torch. load()类似,torch. load_state_dict()也是进行反序列化读取,但它专注于模型的字典数据,即保存的可训练参数。

　　在深度学习中,模型的保存数据通常分为两部分：一部分是训练网络模型的文件,存储着模型的网络结构,这部分文件通常占用较小的内存；另一部分是网络模型的可训练参数,这些参数以字典格式保存,其中的键值对分别对应各层网络结构的名称和对应层中的网络参数。

　　下面直接通过加载代码中定义的模型结构查看 torch. load_state_dict()函数读取参数的结果。演示示例如代码 4-17 所示。

【代码 4-17】　torch. load_state_dict()函数读取参数。

```
1   #定义模型
2   class TheModelClass (nn. Module):
3       def __init__(self):
4           """
5               初始化模型网络节点结构
6           """
7           super (TheModelClass, self). __init__()
8           self.conv1 = nn. Conv2d(3,6,5)
9           self.pool = nn. MaxPool2d(2,2)
10          self.conv2 = nn. Conv2d(6,16,5)
11          self.fc1 = nn. Linear(16 * 5 * 5,120)
12          self.fc2 = nn. Linear(120,84)
13          self.fc3 = nn. Linear(84,10)
14      def forward(self, x):
15          """ "
16              前向传播
17          """
18          x = self.pool(F. relu(self.conv1(x)))
19          x = self.pool(F. relu(self.conv2(x)))
20          x = x.view( - 1,16 * 5 * 5)
21          x = F. relu(self.fc1(x))
22          x = F. relu(self.fc2(x))
23          x = self.fc3(x)
24          return x
25  #初始化模型
26  model = TheModelClass()
27  #初始化优化器
28  optimizer = optim. SGD (model. parameters(),lr = 0.001, momentum = 0.9)
29  #打印模型的 state_dict,即字典结构
30  print("Model's state_dict:")
31  for param_tensor in model. state_dict():
32  print(param_tensor, "\t", model. state_dict() [param_tensor].size())
```

运行上述代码的输出结果如下：

```
Model's state_dict:
conv1.weight          torch.Size([6,3,5,5])
conv1.bias            torch.Size([6])
conv2.weight          torch.Size([16,6,5,5])
conv2.bias            torch.Size([16])
fc1.weight            torch.Size([120,400])
fc1.bias              torch.Size([120])
fc2.weight            torch.Size([84,120])
fc2.bias              torch.Size([84])
fc3.weight            torch.Size([10, 84])
fc3.bias              torch.Size([10])
```

从输出结果中可以看出 torch.load_state_dict()方法可以读取模型中各网络层对应的名称和尺寸的大小。由于上述代码中已经包含了网络的结构，可以直接进行模型的加载，即可直接使用 torch.load_state_dict()加载权重文件中的参数，演示示例如代码 4-18所示。

【代码 4-18】 模型的保存和加载。

```
1  ＃保存
2  torch.save (model.state_dict(), PATH)        ＃保存模型中的参数
3  ＃加载
4  model = TheModelClass( * aras, ** kwargs)     ＃加载模型的结构
5  model.load_state_dict (torch.load (PATH))     ＃读取可训练参数
6  model.eval()                                  ＃用于固化 Dropout 和批次归一化
```

4.4.2　完整模型的保存与加载

4.4.1 节直接使用代码中的网络结构，通过加载权重文件来完成模型的加载，但往往代码中是不存在网络结构的，所以要通过加载一个权重文件或者加载网络结构文件和权重文件的方式来进行推理，因此除了要对网络中的参数进行保存之外，也要对整个网络的结构进行保存，即保存和加载完整的模型。其中保存单个模型文件的代码如代码 4-19所示。

【代码 4-19】 保存单个模型文件。

```
1  ＃保存
2  torch.save (model, PATH)      ＃这种保存模型的方式,保存的是可训练参数和网络结构文件
3  ＃加载
4  model = torch.load (PATH)     ＃模型类必须在别的地方定义,加载模型的参数以及网络文件
5  model.eval()
```

采用这种方式保存和加载所用的代码更加直观，但需要注意的是，torch.save()是采用 pickle 模块进行模型保存的，因此，只在序列化时将数据绑定到固定的路径下，如果代码中不存在模型的定义，使用 torch.load()的方法加载模型会提示错误。

4.4.3 多模型的管理与加载

在训练模型的过程中很可能有多个中间模型或者多个模型需要保存,此时,可以将保存过程中的多个中间权重文件或者多个模型的权重文件以字典的格式保存到一个文件中,起到随用随取的作用,这样做也是为了能对多个中间过程的文件进行保存。保存多个模型到一个文件中的代码如代码 4-20 所示。

【代码 4-20】 保存多个模型到一个文件中。

```
1  #保存
2  torch.save({
3  'modelA_state_dict': modelA.state_dict(),        #模型 A 的训练参数
4  'modelB_state_dict': modelB.state_dict(),        #模型 B 的训练参数
5  'optimizerA_state _dict': optimizerA.state_dict(),   #模型 A 的优化器超参
6  'optimizerB_state_dict': optimizerB.state_dict(),   #模型 B 的优化器超参
7
8  }, PATH)
9  #加载
10 modelA = TheModelAClass( * args, ** kwargs)        #模型 A 的网络定义
11 modelB = TheModelBClass( * args, ** kwargs)        #模型 B 的网络定义
12 optimizerA = TheOptimizerAClass( * args, ** kwargs)  #模型 A 的优化器类定义
13 optimizerB - TheOptimizerBClass( * args, ** kwargs)  #模型 B 的优化器类定义
14 checkpoint = torch.load (PATH)                    #读取整个权重
15 modelA.load_state_dict (checkpoint['modelA_state _dict'])      #读取整个权重中
#模型 A 的参数
16 modelB.load_state_ dict (checkpoint ['modelB_state _dict'])      #读取整个权重中
#模型 B 的参数
17 optimizerA.load_state_ dict (checkpoint ['optimizerA_state _dict'])  #读取模型 A 的优
#化器超参
18 optimizerB.load state_dict (checkpoint ['optimizerB_state_dict'])  #读取模型 B 的优
#化器超参
19 modelA.eval()
20 modelB.eval()
```

从上述代码可以了解到,保存的多个模型以字典格式将多个模型的可训练的参数文件保存到一个文件中。同理,可以使用解析字典格式的方法随时对权重文件中对应模型的参数进行提取,其原理与保存单独模型的文件类似。

在 PyTorch 框架下训练的模型的保存格式有两种,分别是 pkl 文件和 pth 文件。无论是 pkl 文件还是 pth 文件,都以二进制的方式对模型进行存储,因此在使用 torch.load_state_dict()或 torch.load()进行加载时,其结果都是相同的。不同的是,存储为 pth 文件时,会自动将其路径添加到系统的 sys.path 的设置中。

4.5 跨设备模型加载

在现代深度学习应用中,模型可能需要在不同的硬件设备上运行,如 CPU 和 GPU。基于这些硬件设备的自身特点、优势和劣势,合理安排数据在这些设备上的流动,以达到

神经网络效率最高、时间最短、性能最好的目的。本节将依次介绍 CPU 和 GPU 在神经网络训练和推理层面上的差异，以及如何在 CPU 和 GPU、多 GPU 之间进行数据的转换与加载，在介绍切换与加载之前，也会对相应的背景知识进行补充说明。

4.5.1 在 CPU 和 GPU 之间切换加载

GPU 原本是作为图像专用的显卡使用的，但最近不仅用于图像处理，也用于通用的数值计算。由于 GPU 可以高速地进行并行数值计算，因此 GPU 计算的目标就是将这种压倒性的计算能力用于各种用途。所谓 GPU 计算，是指基于 GPU 进行通用的数值计算的操作。

深度学习中需要进行大量的乘积累加运算（或者大型矩阵的乘积运算）。这种大量的并行运算正是 GPU 所擅长的，反过来说，CPU 比较擅长连续的、复杂的计算。因此，与使用单个 CPU 相比，使用 GPU 进行深度学习的运算可以达到惊人的高速化。下面通过图 4-14 可直观了解基于 GPU 进行深度学习所实现运算的高速化。图 4-14 是基于 CPU 和 GPU 进行 AlexNet 学习时分别所需的时间。

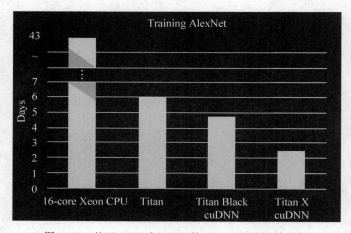

图 4-14 基于 CPU 和 GPU 的 AlexNet 的训练时间

从图 4-14 中可知，使用 CPU 要花 40 天以上的时间，而使用 GPU 则可以将时间缩短至 6 天。此外，还可以看出，通过使用 cuDNN 这个最优化的库，可以进一步实现高速化。

GPU 主要由 NVIDIA 和 AMD 两家公司提供。虽然两家的 GPU 都可以用于通用的数值计算，但与深度学习比较"亲近"的是 NVIDIA 的 GPU。实际上，大多数深度学习框架只受益于 NVIDIA 的 GPU。这是因为深度学习的框架中使用了 NVIDIA 提供的 CUDA 这个面向 GPU 计算的综合开发环境。

下面将介绍在 CPU 和 GPU 之间进行模型的转换与加载。

对于模型在 GPU 上保存，在 CPU 上加载，如代码 4-21 所示。当在 CPU 上加载一个经过 GPU 训练的模型时，将 torch.device(' cpu ')传递给 torch.load()函数中的 map_location 参数，代码如代码 4-21 所示。

【代码 4-21】 在 CPU 上加载模型。

```
1   # Specify a path to save to
2   PATH = "model.pt"
3   # Save
4   torch.save(net.state_dict(), PATH)
5   # Load
6   device = torch.device('cpu')
7   model = Net()
8   model.load_state_dict(torch.load(PATH, map_location = device))
```

在这种情况下,使用 map_location 参数将张量下面的存储动态地重新映射到 CPU 设备。

对于模型在 GPU 上保存,在 GPU 上加载,如代码 4-22 所示。当在 GPU 上加载一个经过训练和保存的模型时,只需使用 model.to(torch.device(' CUDA '))将初始化的模型转换为 CUDA 优化的模型。确保用.to(torch.device('cuda'))函数。用于为模型准备数据的所有模型输入,代码如代码 4-22 所示。

【代码 4-22】 将模型转载到 GPU。

```
1   # Save
2   torch.save(net.state_dict(), PATH)
3   # Load
4   device = torch.device("cuda")
5   model = Net()
6   model.load_state_dict(torch.load(PATH))
7   model.to(device)
```

对于模型在 CPU 上保存,在 GPU 上加载,如代码 4-23 所示。当在 GPU 上加载一个经过训练并保存在 CPU 上的模型时,将 torch.load()函数中的 map_location 参数设置为 cuda:device_id。这将加载模型到给定的 GPU 设备。注意,一定要调用 model.to(torch.device('cuda'))来将模型的参数张量转换为 cuda 张量。最后,确保所有模型输入都使用.to(torch.device('cuda'))功能,为 cuda 优化的模型准备数据,代码如代码 4-23 所示。

【代码 4-23】 加载模型到给定的 GPU 设备。

```
1   # Save
2   torch.save(net.state_dict(), PATH)
3   # Load
4   device = torch.device("cuda")
5   model = Net()
6   # Choose whatever GPU device number you want
7   model.load_state_dict(torch.load(PATH, map_location = "cuda:0"))
8   # Make sure to call input = input.to(device) on any input tensors that you feed to
    the model
9   model.to(device)
```

4.5.2 多 GPU 环境下的模型加载

在处理大型模型或大规模数据集时,单个 GPU 可能不足以满足需求,此时可能需要使用多个 GPU 进行模型训练。在正式介绍多 GPU 环境下的模型加载之前,先介绍多 GPU 训练模型和计算的基本原理。

本节将展示如何使用多个 GPU 计算,如使用多个 GPU 训练同一个模型。正如所期望的那样,运行本节中的程序需要至少两个 GPU。事实上,一台机器上安装多个 GPU 很常见,这是因为主板上通常会有多个 PCIE 插槽。如果正确安装了 NVIDIA 驱动,可以通过在命令行输入 nvidia-smi 命令来查看当前计算机上的全部 GPU(或者在 jupyter notebook 中运行! nvidia-smi),如图 4-15 所示。

```
Every 10.0s: nvidia-smi
: 0 Dec 24 16:03:40 2020
Thu Dec 24 16:04:00 2020

+-----------------------------------------------------------------------------+
| NVIDIA-SMI 450.57       Driver Version: 450.57       CUDA Version: 11.0      |
|-------------------------------+----------------------+----------------------+
| GPU  Name        Persistence-M| Bus-Id        Disp.A | Volatile Uncorr. ECC |
| Fan  Temp  Perf  Pwr:Usage/Cap| Memory-Usage         | GPU-Util  Compute M. |
|                               |                      |               MIG M. |
|===============================+======================+======================|
|   0  TITAN V           Off    | 00000000:02:00.0 Off |                  N/A  |
| 33%  47C    P8    28W / 250W  |      4MiB / 12065MiB  |     0%      Default  |
|                               |                      |                  N/A  |
+-------------------------------+----------------------+----------------------+
|   1  TITAN V           Off    | 00000000:82:00.0 Off |                  N/A  |
| 45%  60C    P8    32W / 250W  |      4MiB / 12066MiB  |     0%      Default  |
|                               |                      |                  N/A  |
+-------------------------------+----------------------+----------------------+

+-----------------------------------------------------------------------------+
| Processes:                                                                  |
| GPU   GI   CI        PID   Type   Process name             GPU Memory       |
|       ID   ID                                              Usage            |
|=============================================================================|
|  No running processes found                                                 |
+-----------------------------------------------------------------------------+
```

图 4-15　查看当前计算机上的全部 GPU

PyTorch 中的大部分运算可以使用所有 CPU 的全部计算资源,或者单块 GPU 的全部计算资源。但如果使用多个 GPU 训练模型,仍然需要实现相应的算法。这些算法中最常用的叫作数据并行。下面将介绍数据并行算法的工作原理。

数据并行目前是深度学习里使用最广泛的将模型训练任务划分到多个 GPU 的方法。下面将以小批量随机梯度下降为例来介绍数据并行是如何工作的。

假设一台机器上有 k 块 GPU。给定需要训练的模型,每块 GPU 及其相应的显存将分别独立维护一份完整的模型参数。在模型训练的任意一次迭代中,给定一个随机小批量,将该批量中的样本划分成 k 份并分给每块显卡的显存一份。然后,每块 GPU 将根据相应显存所分到的小批量子集和所维护的模型参数,分别计算模型参数的本地梯度。接下来,把 k 块显卡的显存上的本地梯度相加,便得到当前的小批量随机梯度。之后,每块 GPU 都使用这个小批量随机梯度分别更新相应显存所维护的那一份完整的模型参数。图 4-16 所示描绘了使用 2 块 GPU 的数据并行下的小批量随机梯度的计算。

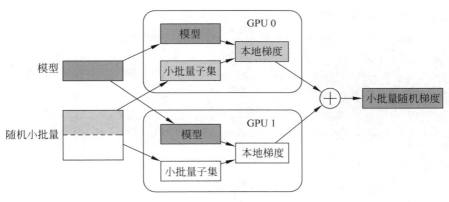

图 4-16 多 GPU 并行计算

接下来展示如何进行多 GPU 的计算。

先定义一个模型,如代码 4-24 所示。

【代码 4-24】 定义模型。

```
1  In [1]:
2  net = torch.nn.Linear(10, 1).cuda()
3  net
4  Out [1]:
5  Linear(in_features = 10, out_features = 1, bias = True)
```

要想使用 PyTorch 进行多 GPU 计算,最简单的方法是直接将模型传入 torch.nn. DataParallel 函数,代码如代码 4-25 所示。

【代码 4-25】 多 GPU 计算。

```
1  In [2]:
2  net = torch.nn.DataParallel(net)
3  net
4  Out [2]:
5  DataParallel(
6  (module): Linear(in_features = 10, out_features = 1, bias = True)
```

这时,默认所有存在的 GPU 都会被使用。

如果设备中有很多 GPU,但只想使用 0、3 号显卡,那么可用参数 device_ids 指定即可: torch.nn.DataParallel(net, device_ids=[0,3]) 。

接下来正式介绍多 GPU 模型的保存与加载。保存模型,代码如代码 4-26 所示。

【代码 4-26】 多 GPU 模型的保存与加载。

```
1  In [3]:
2  torch.save(net.state_dict(),'model.pt')
```

加载模型前一般要先进行一下模型定义,此时的 new_net 并没有使用多 GPU,代码如代码 4-27 所示。

【代码 4-27】　定义并加载模型。

```
1  In [4]:
2  new_net = torch.nn.Linear(10,1)
3  new_net.load_state_dict(torch.load('model.pt'))
4  Out [4]:
5  RuntimeError: Error(s) in loading state_dict for Linear:
6  Missing key(s) in state_dict: "weight", "bias".
7  Unexpected key(s) in state_dict: "module.weight", "module.bias".
```

事实上 DataParallel 也是一个 nn.Module，只是这个类中有一个 module 就是传入的实际模型。因此当调用 DataParallel 后，模型结构变了。所以直接加载肯定会报错的，因为模型结构对不上。

正确的方法是保存的时候只保存 net.module，代码如代码 4-28 所示。

【代码 4-28】　保存 net.module。

```
1  In [5]:
2  # 通用的存储、读取方式
3  torch.save(net.module.state_dict(), 'model.pt')
4  new_net.load_state_dict(torch.load('model.pt'))
5  Out [5]:
6  IncompatibleKeys(missing_keys = [], unexpected_keys = [])
```

4.6　权重的修改与调整

在神经网络中进行权重的修改与调整，通常是指在模型训练过程中根据损失函数的反馈来优化网络参数，以便模型能更好地学习和预测数据。权重的调整是通过优化算法（如梯度下降）自动完成的，但也可以手动进行一些调整和优化。

4.6.1　权重可视化与分析

权重可视化与分析是理解和改进深度学习模型的关键步骤。通过可视化，可以获得权重的直观表示，从而更好地理解模型的学习过程和行为。

Tensorboard 是谷歌开发的深度学习框架 TensorFlow 的一套深度学习可视化神器，在 PyTorch 团队的努力下，他们开发出了 TensorboardX 来让 PyTorch 的玩家也能享受 Tensorboard 的福利。

训练网络并可视化网络训练过程的代码如代码 4-29 所示。

【代码 4-29】　可视化训练过程。

```
1  from tensorboardX import SummaryWriter
2  logger = SummaryWriter(log_dir = "data/log")
3  # 获取优化器和损失函数
4  optimizer = torch.optim.Adam(MyConvNet.parameters(), lr = 3e - 4)
5  loss_func = nn.CrossEntropyLoss()
```

```
6    log_step_interval = 100                    #记录的步数间隔
7    for epoch in range(5):
8        print("epoch:", epoch)
9        #每一轮都遍历一遍数据加载器
10       for step,(x,y) in enumerate(train_loader):
11           #前向计算→计算损失函数→(从损失函数)反向传播→更新网络
12           predict = MyConvNet(x)
13           loss = loss_func(predict, y)
14           optimizer.zero_grad()             #清空梯度(可以不写)
15           loss.backward()                   #反向传播计算梯度
16           optimizer.step()                  #更新网络
17           global_iter_num = epoch * len(train_loader) + step + 1      #计算当前是从
    #训练开始时的第几步(全局迭代次数)
18           if global_iter_num % log_step_interval == 0:
19               #控制台输出一下
20               print("global_step:{}, loss:{:.2}".format(global_iter_num, loss.item()))
21               #添加第一条日志:损失函数 - 全局迭代次数
22               logger.add_scalar("train loss", loss.item(),global_step = global_iter_num)
23               #在测试集上预测并计算正确率
24               test_predict = MyConvNet(test_data_x)
25               _, predict_idx = torch.max(test_predict,1)        #计算 softmax 后的最大值
    #的索引,即预测结果
26               acc = accuracy_score(test_data_y, predict_idx)
27               #添加第二条日志:正确率 - 全局迭代次数
28               logger.add_scalar("test accuary", acc.item(), global_step = global_iter_num)
29               #添加第三条日志:这个 batch 下的 128 张图像
30               img = vutils.make_grid(x, nrow = 12)
31               logger.add_image("train image sample", img, global_step = global_iter_num)
32               #添加第三条日志:网络中的参数分布直方图
33               for name, param in MyConvNet.named_parameters():
34                   logger.add_histogram(name, param.data.numpy(), global_step = global_iter_num)
```

如图 4-17 所示,可以看到网络的参数(偏差和权重),从而支持进行下一步的分析。

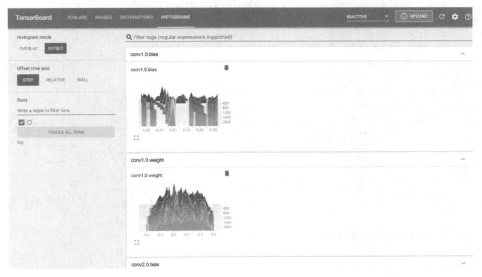

图 4-17　网络的参数可视化

也可以进行参数直方图的可视化分析,对每一层参数的分布进行直观展示,便于分析模型参数的学习情况,如图 4-18 所示。

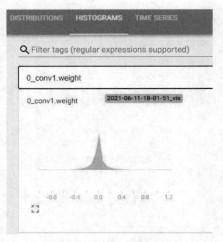

图 4-18　参数直方图的可视化

或者不采用 TensorboardX 库,而是自行编写程序进行分析。假设有一个训练好的卷积神经网络模型,将可视化其第一个卷积层的权重(在可视化之前,会对其进行标准化操作),代码如代码 4-30 所示。

【代码 4-30】　可视化其第一个卷积层。

```
1   import matplotlib.pyplot as plt
2   import torch
3   import numpy as np
4   ♯假设 model 是一个训练好的 PyTorch 模型
5   ♯获取第一个卷积层的权重
6   weights = model.conv1.weight.data.numpy()
7   ♯获取权重的最大值和最小值,用于标准化
8   max_weight = weights.max()
9   min_weight = weights.min()
10  ♯对每个滤波器进行迭代并可视化
11  n_filters = weights.shape[0]
12  plt.figure(figsize = (20,17))
13  for i in range(n_filters):
14      ♯标准化权重
15      weight = (weights[i] − min_weight)/(max_weight − min_weight)
16      plt.subplot(int(np.sqrt(n_filters)),int(np.sqrt(n_filters)),i + 1)
17      plt.imshow(weight[0,:,:],cmap = 'gray')
18      plt.axis('off')
19  plt.show()
```

4.6.2　在多 GPU 环境中修改权重

在生成网络之后,如果想要去自定义修改卷积核的权重,代码如代码 4-31 所示。

【代码 4-31】　自定义修改卷积核权重。

```
1   kernel_data = torch.rand(1,1,3,3)
2   print(kernel_data)
3   conv = nn.Conv2d(in_channels = 1, out_channels = 1, kernel_size = (3,3), stride = 1,
    padding = 1, padding_mode = 'zeros', bias = False)
4   print(conv.weight.data)
5   conv.weight = nn.Parameter(kernel_data)
6   print(conv.weight.data)
```

如果训练模型使用的算法是在 GPU 上使用 torch.nn.DataParallel 加载多个 GPU 进行训练，那么是不可以直接在 CPU 上进行直接推理的，原因是权重文件中的节点名称中均增加了一个 module 的参数文件。为了能在 CPU 上进行加载，除了需要注意使用跨设备加载时使用 map_location＝"cpu"之外，还需要对权重文件进行修改。代码如代码 4-32 所示。

【代码 4-32】 修改权重文件。

```
1   import torch
2   def change_feature(check_point):
3       device = torch.device("cuda" if torch.cuda.is_available() else "cpu")   #由于本
    #书中是使用 CPU，因此使用 torch.load 中将设备加载到 CPU 中，实际上可以直接使用 torch.load
    #进行加载，默认是 CPU 设备。
4       check_point = torch.load(check_point, map_location = device)
5       import collections
6       dicts = collections.OrderedDict()
7       for k, value in check_point.items():
8           print("names:{}".format(k))                      #打印结构
9           print("shape:{}".format(value.size()))
10          if "module" in k:                                #去除命名中的 module
11              k = k.split(".")[1:]
12              k = ".".join(k)
13              print k
14          dicts[k] = value
15      torch.save(dicts, "/home/zhaokaiyue/PycharmProjects/deepglobe/weights/log02_
    dink34.th")
16  if __name__ == "__main__":
17      model_path = "/home/zhaokaiyue/PycharmProjects/deepglobe/weights/log01_dink34.th"
18      change_feature(model_path)
```

图 4-19 所示为原权重的结构参数，图 4-20 所示为修改后的权重参数，通过对图 4-19、图 4-20 对比可以看出，经过修改后的权重文件已经去掉节点名称中的 module，可以进行进一步的推理了。

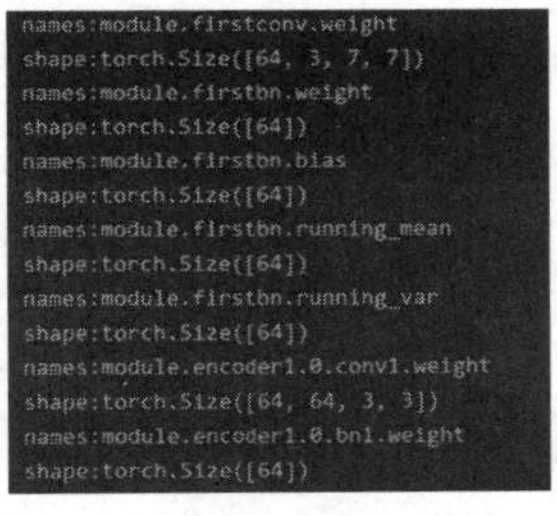

图 4-19　原权重的结构参数 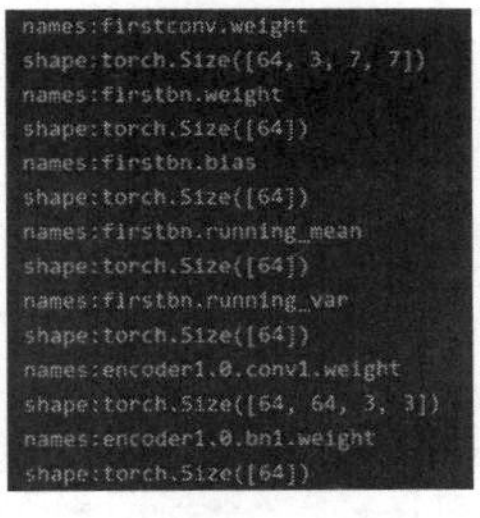　　　　　　图 4-20　修改后的权重参数

4.7 本章小结

本章主要介绍了 PyTorch 框架及其开发环境；PyTorch 基本语法与操作，其中包含了张量的基础概念和张量运算及操作；PyTorch 的自动微分原理及应用，自动微分的代码实例；模型的保存与加载，多模型的管理与加载；跨设备模型的加载，包括在 CPU 和 GPU 之间的切换加载、多 GPU 环境下的模型加载；权重的修改与调整，包括权重可视化与分析、多 GPU 环境中修改权重等。

第2部分 应 用 篇

第 **5** 章

视频讲解

分类识别技术与应用

在当今信息化社会中,分类识别技术作为人工智能领域的重要组成部分,其应用场景日益广泛,从自动驾驶中的障碍物识别到医疗影像诊断,再到日常生活中的人脸解锁,无一不展现出其实用价值。随着车辆数量的急剧增加,车牌识别技术成为智能交通系统中的关键技术之一,广泛应用于自动收费、车辆追踪、安全监控等领域。本章聚焦于循环卷积神经网络在车牌识别中的应用,结合卷积神经网络对图像的出色处理能力和循环神经网络对序列数据的处理优势,实现高精度的车牌识别。

5.1 应用背景

随着交通基础设施的完善和汽车产业的快速发展,国内汽车保有量持续上升,占全球比例不断增加。然而,机动车数量的迅速增长给城市道路交通带来了巨大压力,导致交通拥堵和事故频发,交通事故数量逐年增加。2018—2022 年内我国的交通事故数量和类别统计如图 5-1 和图 5-2 所示。

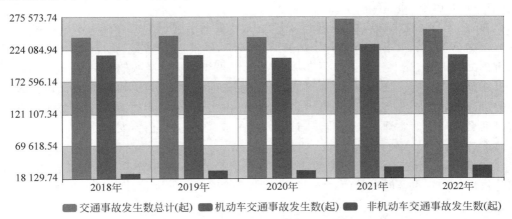

图 5-1　2018—2022 年内交通事故数量统计

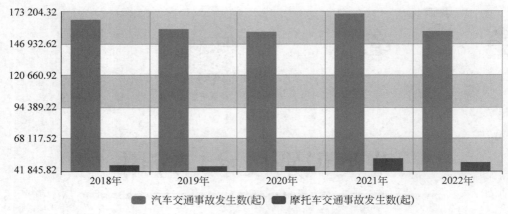

图 5-2　2018—2022 年内交通事故类别统计

　　要真正降低交通事故的发生率,必须着重管理机动车辆。除了对非机动车的管理外,机动车的管理措施也需进一步加强。国家统计局数据显示,2021 年汽车事故达到 17 万起。事故数量居高不下的一个主要原因是驾驶员在驾驶过程中存在如刹车不及时、疲劳驾驶、酒驾等违法行为。随着对机动车的限行措施日益严格,一些驾驶员开始采用涉牌违法手段逃避处罚,如伪造、套用其他车辆的号牌等。这种行为不仅给社会造成严重损害,也对道路安全管理带来不利影响。

　　涉牌违法,是对与机动车号牌有关的交通违法行为的统称,其违法行为主要包括:伪造或者使用伪造号牌;变造或者使用变造号牌;使用其他车辆号牌;故意遮挡、污损号牌;不悬挂号牌;不按规定安装号牌;号牌不清晰、不完整等。由于涉牌违法行为人绝大多数为主观故意,所以其危害后果也远远大于一般的交通违法行为。这些行为不仅侵犯了他人的合法权益,也对道路交通安全构成潜在威胁。因此,对涉牌违法行为的识别对于优化道路交通管理、配合交管部门规划道路等具有重要意义。

　　在当今快速发展的信息化社会中,车牌号识别系统作为一项前沿科技,承载着多重社会价值与使命,其研究意义和功能需求分别如下。

1. 研究意义

　　通过 CRNN 技术的应用,车牌号识别系统可实现车牌识别的高度自动化与精准化。这一技术革新不仅可以提高交通违法监管的效率、降低人力成本,还促使交通监管体系向着更为智能化、高效化的方向演进,为构建智慧型城市奠定坚实的基础。

　　在复杂多变的交通环境下,车牌号识别系统如同一道无形的屏障,能够迅速、准确地捕捉潜在的违规违法行为,有效预防交通事故的发生,为公众出行提供了一个更加安全、有序的交通环境。它通过实时监测与预警,增强交通系统的整体安全水平,降低因人为疏忽或违法行为导致的事故风险。

　　在维护社会治安与打击犯罪活动中,车牌号识别技术发挥着不可或缺的作用。它能够为执法机构提供及时有效的线索,加速案件侦破进程,为维护社会稳定与安全提供了有力的技术支撑。

2. 功能需求

　　车牌号识别系统的核心竞争力在于利用 CRNN 技术实现车牌的高效准确识别,无论是常规车牌还是特殊类型,均需达到良好的识别效果。尤其在复杂多变的环境条件下,如光照变化、角度偏斜或部分遮挡,系统必须具有适应能力,确保在任何场景下都能维持高识别率,为交通管理提供稳定可靠的支持。

在瞬息万变的交通环境中,系统需具备高可靠的实时响应能力,确保在极短时间内完成车牌识别,为交通指挥中心提供即时信息,以便快速响应违规事件,有效控制交通流量,优化道路通行效率。

5.2 卷积神经网络的设计与构建

5.2.1 CRNN 神经网络架构

本章的车辆号牌识别系统核心算法部分,采用的是由 CNN＋LSTM＋CTC 算法组合而成的网络,整个网络可以分为 3 部分。

（1）卷积层,从输入图像中提取一个特征序列。

（2）循环层,预测每一帧的标签分布。

（3）转录层,将每一帧的预测转换为最终的标签序列。

典型的 CRNN 架构如图 5-3 所示。

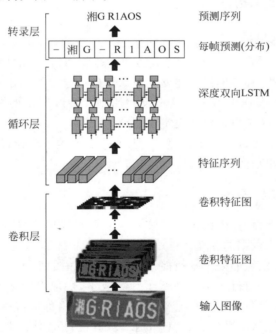

图 5-3 典型的 CRNN 架构

通过图 5-3 可以看出,CRNN 由卷积层、循环层和转录层 3 部分组成。在 CRNN 的底部,卷积层自动从每个输入图像中提取一个特征序列。在卷积网络的基础上,建立一个递归网络,由卷积层输出,对特征序列的每一帧进行预测。CRNN 顶部的转录层,将循环层的每帧预测转换为标签序列。虽然 CRNN 是由不同类型的网络架构组成的(CNN

和 RNN),但它可以用一个损失函数进行联合训练。

5.2.2 卷积核的作用与选择

卷积核(也称作滤波器或特征检测器)是一种小型矩阵,通常在空间上较小(如 3×3,5×5 等),用于扫描输入图像的每一个位置,与局部像素进行加权求和运算。卷积核的权重(每个元素的值)是通过训练过程学习得到的,用于检测图像中的特定特征,如边缘、纹理或模式。

在卷积核神经网络的基本设计中,一个核心思想是随着网络的层数增加,网络需要逐步"变宽",即增加通道数。这一演进的设计理念旨在使网络能够更有效地学习和表达不同层次的特征,从基础信息到更抽象的概念。

在网络的初期阶段,例如前三层,每个通道实际上专注于学习任务中的特定基础特征。这可能涉及边缘信息、几何信息和颜色信息等基础视觉元素。这些基础信息在许多视觉任务中都是相似的,因此相对较少的通道(如 64 个)已经足以充分表达这些基础特征。

然而,随着网络的深度发展,网络开始学习越来越抽象的特征,并且这些特征更加针对具体的网络设计任务。这些抽象的特征实际上是前面层次中不那么抽象特征的组合。以第 n 层的第一个通道为例,其特征可以看作是第 $n-1$ 层所有通道对应位置特征的加权和。

随着网络深度的增加,可以组合的可能性变得越来越多,也就是说,对每种关键属性的描述变得更加具体。为了使网络具有更强的表达能力,需要增加通道数,以覆盖尽可能多的关键特征。这样,神经网络就能够逐渐从基础信息中提炼出更为复杂和抽象的知识,使其在特定任务上表现更出色。这一设计原则在神经网络的演进中发挥了关键作用,为其在各种复杂任务中取得成功奠定了基础。

卷积核的通道数等于输入的通道数,卷积核的个数等于输出的通道数。其中,典型的卷积核的输入与输出如图 5-4 所示。

5.2.3 特征图提取与表示

在深度学习框架下,特征图的提取与表示是卷积神经网络(CNN)的核心机制之一,是模型理解和解析输入数据的关键。这一过程始于卷积操作,卷积层利用卷积核在输入数据上滑动,通过局部区域的处理来捕捉并提炼出数据中的模式与特征。卷积操作凭借其局部连接和参数共享的特性,不仅降低了计算成本,还使得网络能逐步构建从低级到高级的抽象表示,加深对数据本质的理解。为了增强网络的非线性表达能力,卷积操作之后通常接续非线性激活函数(如 ReLU),这一步骤使得模型能够捕捉更为复杂和多层次的特征,提升其对多样数据结构的拟合能力。

进一步地,池化技术如最大池化或平均池化可以减少特征图的维度和数量,实现下采样的同时保留核心特征信息,既减轻了计算负担,又促进了模型的泛化能力。多尺度特征图的策略通过采用多种大小的卷积核和池化层组合,使网络能够有效识别和处理不同尺度下的物体或场景,可增强模型的感知灵活性。

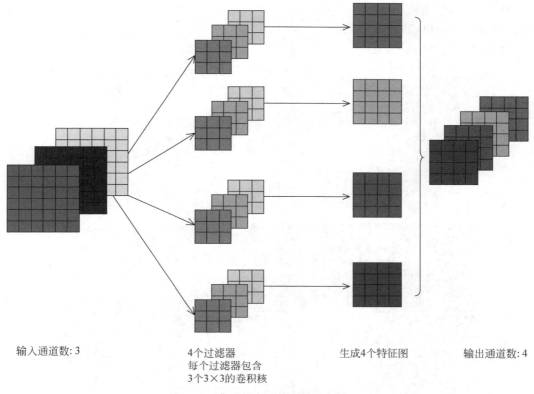

输入通道数：3　　　　　　4个过滤器　　　　　生成4个特征图　　　　输出通道数：4
　　　　　　　　　　　每个过滤器包含
　　　　　　　　　　　3个3×3的卷积核

图 5-4　典型的卷积核的输入与输出

　　为了直观体会特征图的作用，特征图的可视化成为理解神经网络内部运作的重要工具，可帮助使用者洞察每一层所学到的特征类型，为模型的优化和调试提供直观依据。

　　举个例子，输入图像维度为 $[1,3,224,224]$，如图 5-5 所示。image$[1,3,224,224]$表示一个四维的张量（Tensor），通常在深度学习中用来表示图像数据。这个张量的维度是 $[$batch_size, channels, height, width$]$。

　　batch_size：表示一个批次（Batch）中包含的图像数量，这里是 1，即一个单独的图像。

图 5-5　输入图像维度为 $[1,3,224,224]$

　　channels：表示图像的通道数，这里是 3，通常对应 RGB（红、绿、蓝）颜色通道。

　　height：表示图像的高度，这里是 224 像素。

　　width：表示图像的宽度，这里也是 224 像素。

　　因此，image$[1,3,224,224]$ 表示一个包含一个 RGB 彩色图像的批次，该图像的尺寸为 224 像素×224 像素。

　　现在将这张图片输入卷积 conv $[1,64,112,112]$中，参考特征图可视化示例，如代码

5-1所示,得到一个特征张量output_tensor,将其可视化可得conv[1,64,112,112]后的特征图可视化输出,如图5-6所示。

【代码5-1】 特征图可视化示例。

```
1   import torch
2   import torch.nn as nn
3   #输入尺寸[1, 3, 224, 224]
4   input_tensor = torch.randn(1, 3, 224, 224)
5   #定义卷积层
6   conv_layer = nn.Conv2d(in_channels = 3, out_channels = 64, kernel_size = 3, stride = 1,
    padding = 1)
7   #计算输出
8   output_tensor = conv_layer(input_tensor)
```

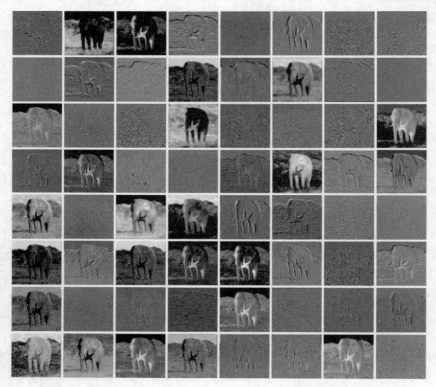

图5-6 conv[1,64,112,112]后的特征图可视化输出

同理,经过conv[1,256,56,56],可以对特征图进行可视化,观察特征的提取情况,如图5-7所示。

再经过conv[1,512,28,28]可得到conv[1,512,28,28]特征图,如图5-8所示。

CRNN的特征图提取与表示:

对于车牌识别,采用CRNN架构,对其中的一层卷积的随机100个通道进行特征图提取并可视化,参考CRNN的特征图提取与表示代码,如代码5-2所示。其中,特征提取的原图如图5-9所示。

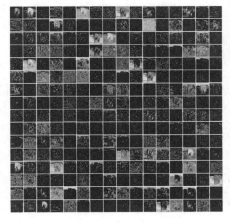

图 5-7　conv [1,256,56,56]特征图

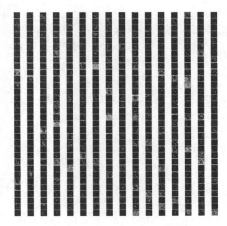

图 5-8　conv [1,512,28,28]特征图

图 5-9　特征提取的原图

【代码 5-2】　CRNN 的特征图提取与表示。

```
1   import os
2   import random
3   import torch
4   import torchvision
5   from matplotlib import pyplot as plt
6   from torch import nn
7   from torch.autograd import Variable
8   import utils
9   import dataset
10  from PIL import Image
11  import models.crnn as crnn
12
13  #模型路径和图像路径
14  model_path = './trained_model/netCRNN_24_10100.pth'
15  img_path = './data/000000000.jpg'
16
17  #初始化 CRNN 模型
18  model = crnn.CRNN(32, 1, 77, 256)
19  #将模型移动到 GPU
20  if torch.cuda.is_available():
21      model = model.cuda()
22  print('loading pretrained model from % s' % model_path)
23
24  #加载预训练模型
25  model = nn.DataParallel(model)
26  model.load_state_dict(torch.load(model_path))
27
```

```python
28
29  #创建模型转换器和图像变换器
30  converter = utils.strLabelConverter(alphabet)
31  transformer = dataset.resizeNormalize((100, 32))
32
33  #读取图像并进行预处理
34  image = Image.open(img_path).convert('L')
35  image = transformer(image)
36
37  #移动图像到 GPU(如果可用)
38  if torch.cuda.is_available():
39      image = image.cuda()
40
41  #调整图像维度
42  image = image.view(1, * image.size())
43  image = Variable(image)
44
45  #设置模型为评估模式
46  model.eval()
47
48  #对图像进行预测
49  preds = model(image)
50
51
52  #_____可视化_____开始
53  #若程序中引入多个 OpenMP 运行时库,可能由于混合使用了不同的库或静态链接导致的。这
    #可能会降低性能或导致不正确的结果。设置以下环境变量可解决
54  os.environ['KMP_DUPLICATE_LIB_OK'] = 'TRUE'
55  #从 DataParallel 中获取底层模型
56  underlying_model = model.module
57
58  #打印底层模型的命名子模块
59  for name, child in underlying_model.named_children():
60      pass
61      print(name, child)
62
63  #创建 CNN 特征提取器
64  cnn_feature_extractor = torchvision.models._utils.IntermediateLayerGetter(underlying_
    model.cnn, {"conv1":underlying_model.cnn.conv0,
65
                    "conv2":underlying_model.cnn.conv3,
66
        "pooling3":underlying_model.cnn.pooling3})
67
68  #out = cnn_feature_extractor(image)
69  # rnn _ feature _ extractor = torchvision. models. _ utils. IntermediateLayerGetter
    (underlying_model.rnn[0], {'rnn':0,'embedding':1})
70
71  #提取特征图
72  out = cnn_feature_extractor(image)
73  tensor_ls = [(k,v) for k,v in out.items()]
```

```
74    # 选取 conv2 的输出
75    v = tensor_ls[1][1]
76    # 取消 Tensor 的梯度并转成三维张量,否则无法绘图
77    v = v.data.squeeze(0).cpu()
78    print(v.shape)
79
80    # 定义函数,随机从 0~end 的一个序列中抽取 size 个不同的数
81    def random_num(size, end):
82        range_ls = [i for i in range(end)]
83        num_ls = []
84        for i in range(size):
85            num = random.choice(range_ls)
86            range_ls.remove(num)
87            num_ls.append(num)
88        return num_ls
89
90    # 随机选取 100 个通道的特征图
91    channel_num = random_num(100, v.shape[0])
92    plt.figure(figsize=(20, 10))
93    for index, channel in enumerate(channel_num):
94        ax = plt.subplot(10, 10, index + 1, )
95        plt.imshow(v[channel, :, :])          # 灰度图参数 cmap = "gray"
96        # plt.imshow(v[channel, :, :], cmap = "gray")          # 加上 cmap 参数就可以显示灰
    # 度图
97    plt.savefig("feature.jpg", dpi = 600)
98    plt.show()
99    # _____ 可视化 _____ 结束 #
100
101        # 进行文本解码
102        _, preds = preds.max(2)
103        preds = preds.transpose(1, 0).contiguous().view(-1)
104
105        preds_size = Variable(torch.IntTensor([preds.size(0)]))
106        raw_pred = converter.decode(preds.data, preds_size.data, raw = True)
107        sim_pred = converter.decode(preds.data, preds_size.data, raw = False)
108        print('%-20s => %-20s' % (raw_pred, sim_pred))
```

CRNN 的特征图提取与表示代码执行后的输出如代码 5-3 所示。

【代码 5-3】 CRNN 的特征图提取与表示代码执行后的输出。

```
1    loading pretrained model from ./trained_model/netCRNN_24_10100.pth
2    cnn Sequential(
3      (conv0): Conv2d(1, 64, kernel_size = (3, 3), stride = (1, 1), padding = (1, 1))
4      (relu0): ReLU(inplace = True)
5      (pooling0): MaxPool2d(kernel_size = 2, stride = 2, padding = 0, dilation = 1, ceil_mode = False)
6      (conv1): Conv2d(64, 128, kernel_size = (3, 3), stride = (1, 1), padding = (1, 1))
7      (relu1): ReLU(inplace = True)
8      (pooling1): MaxPool2d(kernel_size = 2, stride = 2, padding = 0, dilation = 1, ceil_mode = False)
9      (conv2): Conv2d(128, 256, kernel_size = (3, 3), stride = (1, 1), padding = (1, 1))
10     (batchnorm2): BatchNorm2d(256, eps = 1e - 05, momentum = 0.1, affine = True, track_
    running_stats = True)
```

```
11    (relu2): ReLU(inplace = True)
12    (conv3): Conv2d(256, 256, kernel_size = (3, 3), stride = (1, 1), padding = (1, 1))
13    (relu3): ReLU(inplace = True)
14    (pooling2): MaxPool2d(kernel_size = (2, 2), stride = (2, 1), padding = (0, 1), dilation = 1,
ceil_mode = False)
15    (conv4): Conv2d(256, 512, kernel_size = (3, 3), stride = (1, 1), padding = (1, 1))
16    (batchnorm4): BatchNorm2d(512, eps = 1e - 05, momentum = 0.1, affine = True, track_
running_stats = True)
17    (relu4): ReLU(inplace = True)
18    (conv5): Conv2d(512, 512, kernel_size = (3, 3), stride = (1, 1), padding = (1, 1))
19    (relu5): ReLU(inplace = True)
20    (pooling3): MaxPool2d(kernel_size = (2, 2), stride = (2, 1), padding = (0, 1), dilation = 1,
ceil_mode = False)
21    (conv6): Conv2d(512, 512, kernel_size = (2, 2), stride = (1, 1))
22    (batchnorm6): BatchNorm2d(512, eps = 1e - 05, momentum = 0.1, affine = True, track_
running_stats = True)
23    (relu6): ReLU(inplace = True)
24  )
25  rnn Sequential(
26    (0): BidirectionalLSTM(
27      (rnn): LSTM(512, 256, bidirectional = True)
28      (embedding): Linear(in_features = 512, out_features = 256, bias = True)
29    )
30    (1): BidirectionalLSTM(
31      (rnn): LSTM(256, 256, bidirectional = True)
32      (embedding): Linear(in_features = 512, out_features = 77, bias = True)
33    )
34  )
35  torch.Size([256, 8, 25])
36  鲁 ---- NN - DDDNN - 113 -- 3999 ---  => 鲁 NDN1339
```

此外，(conv3)：Conv2d(256,256,kernel_size＝(3,3),stride＝(1,1),padding＝(1,1))的卷积特征图可视化也将输出，如图 5-10 所示。

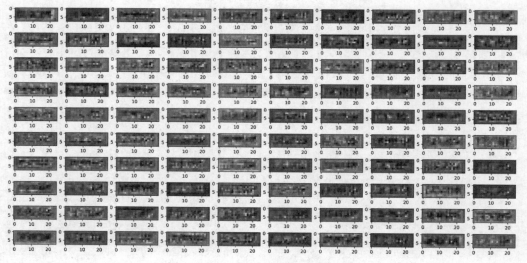

图 5-10 conv3 的卷积特征图可视化

5.2.4　池化操作的降维效果

在卷积神经网络架构中,池化层作为与卷积层并重的组件,扮演着不可或缺的角色,其核心功能在于通过降维操作降低计算复杂度,同时精练图像的关键特征。池化层通过将图像划分为多个非重叠区域,对每个区域执行特定操作,减少特征图的尺寸,加速后续计算流程,提升模型的整体效率。其中,最大池化是最常用的池化策略,它选取每个区域的最大值作为输出,这种机制不仅能保留区域内的显著特征,还能增强图像的不变性,提升模型的鲁棒性。与此同时,池化层对于多通道图像的处理采取独立通道操作,确保每种颜色信息都能得到充分且独立的特征提取,增加特征表示的丰富性和准确性。

池化层的多样化策略,如平均池化,为不同任务和数据分布提供了灵活的选择。平均池化通过计算区域内的平均值,适用于那些要求平滑响应的任务,其效果可能优于最大池化。更重要的是,池化操作在减少模型复杂度的同时,也有助于抑制过拟合现象,通过削减参数数量,增强模型对未知数据的泛化能力。合理配置池化层的超参数,如滤波器大小和步长,以及选择恰当的池化类型,对于优化卷积神经网络的性能和确保其在实际应用中的有效性至关重要。池化层的巧妙设计,提升了模型对图像特征的捕捉和理解能力,是卷积神经网络高效运作和广泛适用性的关键驱动力。

举个例子,对 CRNN 的最后一个池化层的降维效果进行特征图可视化,该池化层作用后的结果是大小为 torch.Size($[512,2,27]$)的一个张量,现在随机选择 25 个进行可视化,得到(pooling3):MaxPool2d(kernel_size$=(2,2)$,stride$=(2,1)$,padding$=(0,1)$,dilation$=1$,ceil_mode$=$False)池化特征图可视化输出,如图 5-11 所示。

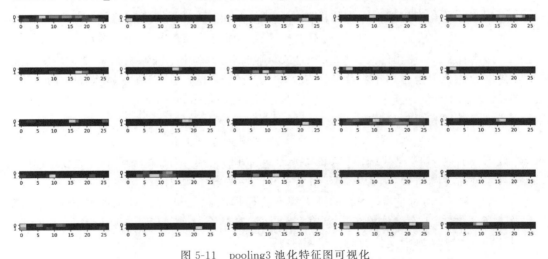

图 5-11　pooling3 池化特征图可视化

5.2.5　网络结构的定义与构建

CRNN 架构结合了卷积神经网络(CNN)和循环神经网络(RNN)的优势。它首先通过一系列卷积层和池化层对输入图像进行特征提取,随后利用双向 LSTM 层进行序列建模,最终实现从图像到文本序列的转换。网络结构定义如表 5-1 所示。

表 5-1 网络结构定义

类 型	设 置
转录	—
双向 LSTM	隐藏单元：256
双向 LSTM	隐藏单元：256
映射到序列	—
卷积	输出通道 512，卷积核大小 2×2，步长 1，填充 0
最大池化层	池化窗口 1×2，步长 2
批标准化	—
卷积	输出通道 512，卷积核大小 3×3，步长 1，填充 1
批标准化	—
卷积	输出通道 512，卷积核大小 3×3，步长 1，填充 1
最大池化层	池化窗口 1×2，步长 2
卷积	输出通道 256，卷积核大小 3×3，步长 1，填充 1
卷积	输出通道 256，卷积核大小 3×3，步长 1，填充 1
最大池化层	池化窗口 2×2，步长 2
卷积	输出通道 128，卷积核大小 3×3，步长 1，填充 1
最大池化层	池化窗口 2×2，步长 2
卷积	输出通道 64，卷积核大小 3×3，步长 1，填充 1
输入	W 图像宽度，H 图像高度，RGB 3 个通道，每个通道 8 位

在输入层中，接收 $W×H$ 尺寸的 RGB 图像，每个像素点由 3 个 8 位通道组成，代表红、绿、蓝三色。

卷积层和池化层用于提取图像的基本特征。例如，最后一层卷积层使用 512 个输出通道，2×2 的卷积核大小，步长为 1，不进行填充。而池化层的例子比如最后一层卷积层之前的最大池化层，使用的是 1×2 的池化窗口，步长为 2，用于降低空间维度。其他的几层卷积层和池化层也是用于细化特征表示。整个过程由下而上，逐渐增大图像的宽度、高度和深度，以捕获更复杂的特征。批标准化(Batch Normalization)层穿插其中，用于加速训练过程并提高模型稳定性。

在一系列卷积和池化操作之后，特征图被映射到序列并送入两个双向 LSTM 层，每个隐藏单元数为 256。双向 LSTM 能够从前向后和从后向前同时处理序列信息，这在识别字符序列时尤为重要，因为它能利用上下文信息来增强预测的准确性。

整个 CRNN 通过整合 CNN 的强大视觉特征提取能力和 LSTM 的时间序列建模能力，可高效地将输入图像转换为可读的文本序列，其整合过程如代码 5-4～代码 5-9 所示。

(1) CRNN 结构定义的源码如代码 5-4 所示。

【代码 5-4】 CRNN 结构定义的源码。

```
1   #这段代码定义了一个车牌号识别的 CRNN 模型,其中网络结构包含卷积神经网络(CNN)和双向
    #长短时记忆网络(Bidirectional LSTM,BiLSTM)
2   #
3
4   import torch.nn as nn
```

```
5
6
7   class BidirectionalLSTM(nn.Module):
8
9       def __init__(self, nIn, nHidden, nOut):
10          super(BidirectionalLSTM, self).__init__()
11
12          self.rnn = nn.LSTM(nIn, nHidden, bidirectional = True)
13          self.embedding = nn.Linear(nHidden * 2, nOut)
14
15      def forward(self, input):
16          recurrent, _ = self.rnn(input)
17          T, b, h = recurrent.size()
18          t_rec = recurrent.view(T * b, h)
19
20          output = self.embedding(t_rec) #[T * b, nOut]
21          output = output.view(T, b, -1)
22
23          return output
24
25  class CRNN(nn.Module):
26
27      def __init__(self, imgH, nc, nclass, nh, n_rnn = 2, leakyRelu = False):
28          super(CRNN, self).__init__()
29          assert imgH % 16 == 0, 'imgH has to be a multiple of 16'
30
31          ks = [3, 3, 3, 3, 3, 3, 2]
32          ps = [1, 1, 1, 1, 1, 1, 0]
33          ss = [1, 1, 1, 1, 1, 1, 1]
34          nm = [64, 128, 256, 256, 512, 512, 512]          .
35
36          cnn = nn.Sequential()
37
38          def convRelu(i, batchNormalization = False):
39              nIn = nc if i == 0 else nm[i - 1]
40              nOut = nm[i]
41              cnn.add_module('conv{0}'.format(i),
42                              nn.Conv2d(nIn, nOut, ks[i], ss[i], ps[i]))
43              if batchNormalization:
44                  cnn.add_module('batchnorm{0}'.format(i), nn.BatchNorm2d(nOut))
45              if leakyRelu:
46                  cnn.add_module('relu{0}'.format(i),
47                                  nn.LeakyReLU(0.2, inplace = True))
48              else:
49                  cnn.add_module('relu{0}'.format(i), nn.ReLU(True))
50
51          convRelu(0)
52          cnn.add_module('pooling{0}'.format(0), nn.MaxPool2d(2, 2))    # 64 × 16 × 64
53          convRelu(1)
54          cnn.add_module('pooling{0}'.format(1), nn.MaxPool2d(2, 2))    # 128 × 8 × 32
55          convRelu(2, True)
```

```
56          convRelu(3)
57          cnn.add_module('pooling{0}'.format(2),
58                          nn.MaxPool2d((2, 2), (2, 1), (0, 1)))    #256×4×16
59          convRelu(4, True)
60          convRelu(5)
61          cnn.add_module('pooling{0}'.format(3),
62                          nn.MaxPool2d((2, 2), (2, 1), (0, 1)))    #512×2×16
63          convRelu(6, True)                       #512×1×16
64
65          self.cnn = cnn
66          self.rnn = nn.Sequential(
67                  BidirectionalLSTM(512, nh, nh),
68                  BidirectionalLSTM(nh, nh, nclass))
69
70      def forward(self, input):
71          # conv features
72          conv = self.cnn(input)
73          b, c, h, w = conv.size()
74          assert h == 1, "the height of conv must be 1"
75          conv = conv.squeeze(2)
76          conv = conv.permute(2, 0, 1)      #[w, b, c]
77
78          # rnn features
79          output = self.rnn(conv)
80          return output
```

（2）在类 CRNN 中，有 4 个卷积层的参数数组，如代码 5-5 所示。

【代码 5-5】 卷积层的参数数组。

```
1  ks = [3,3,3,3,3,3,2]
2  ps = [1,1,1,1,1,1,0]
3  ss = [1,1,1,1,1,1,1]
4  nm = [64,128,256,256,512,512,512]
```

代码 5-5 定义了一组卷积层的参数，包括卷积核大小 ks、padding 大小 ps、stride 大小 ss，以及每层输出通道数 nm。cnn＝nn.Sequential()表示创建一个序列容器，用于存放卷积神经网络的层。

（3）函数 convReLU 的定义，用于向 CNN 中添加卷积层、批量归一化层（可选）、激活函数层，如代码 5-6 所示。函数参数 i 表示层的索引。

【代码 5-6】 函数 convReLU 的定义。

```
1  def convRelu(i, batchNormalization = False):
2      # 卷积层的定义
3      nIn = nc if i == 0 else nm[i - 1]
4      nOut = nm[i]
5      cnn.add_module('conv{0}'.format(i),
6                      nn.Conv2d(nIn, nOut, ks[i], ss[i], ps[i]))
7      # 是否使用批量归一化
8      if batchNormalization:
```

```
9          cnn.add_module('batchnorm{0}'.format(i), nn.BatchNorm2d(nOut))
10      #是否使用 LeakyReLU 激活函数
11      if leakyRelu:
12          cnn.add_module('relu{0}'.format(i),
13                        nn.LeakyReLU(0.2, inplace = True))
14      else:
15          cnn.add_module('relu{0}'.format(i), nn.ReLU(True))
```

（4）利用 convReLU 函数构建卷积神经网络结构，包括卷积层、批量归一化层（可选）、激活函数层和最大池化层，如代码 5-7 所示。

【代码 5-7】 利用 convReLU 函数构建卷积神经网络结构。

```
1   #构建卷积神经网络
2   convRelu(0)
3   cnn.add_module('pooling{0}'.format(0), nn.MaxPool2d(2, 2))              #64×16×64
4   convRelu(1)
5   cnn.add_module('pooling{0}'.format(1), nn.MaxPool2d(2, 2))              #128×8×32
6   convRelu(2, True)
7   convRelu(3)
8   cnn.add_module('pooling{0}'.format(2),nn.MaxPool2d((2, 2), (2, 1), (0, 1)))   #256×4×16
9   convRelu(4, True)
10  convRelu(5)
11  cnn.add_module('pooling{0}'.format(3),nn.MaxPool2d((2, 2), (2, 1), (0, 1)))   #512×2×16
12  convRelu(6, True)        #512×1×16
```

（5）CRNN 神经网络的存储，如代码 5-8 所示。将构建好的卷积神经网络存储在 self.cnn 中，用以表示 CNN，并定义一个序列容器 nn.Sequential，其中包含两个双向 LSTM 模块，用以表示 RNN。

【代码 5-8】 CRNN 神经网络的存储。

```
1   self.cnn = cnn
2   self.rnn = nn.Sequential(BidirectionalLSTM(512, nh, nh), BidirectionalLSTM(nh, nh, nclass))
```

（6）forward 函数的定义，如代码 5-9 所示。该函数表示了模型的前向传播过程。首先，通过卷积神经网络处理输入 input，得到卷积特征 conv。然后，对 conv 进行维度调整，将其转换为适合输入 LSTM 中的形状。最后，将调整后的特征传递给 LSTM 层，得到最终的输出 output。

【代码 5-9】 forward 函数的定义。

```
1   def forward(self, input):
2       #conv features
3       conv = self.cnn(input)
4       b, c, h, w = conv.size()
5       assert h == 1, "the height of conv must be 1"
6       conv = conv.squeeze(2)
7       conv = conv.permute(2, 0, 1)        #[w, b, c]
```

```
8        # rnn features
9        output = self.rnn(conv)
10
11       return output
```

CRNN 模型通过卷积神经网络提取图像特征,然后通过双向 LSTM 处理时序信息,最终输出车牌号的识别结果。这样的结构对于处理图像序列任务,尤其是文字识别任务,是一种常见的深度学习模型结构。

5.3　卷积神经网络的训练与评测

5.3.1　数据集准备与预处理

在计算机视觉的发展中,一个全面且质量卓越的数据集对于训练、测试和评估模型的性能起到关键作用。本节将详细探讨所采用的数据集——CBLPRD-330k(China Balanced License Plate Recognition Dataset 330k),它不仅为车牌识别模型提供了多样性丰富的图像,还考虑了平衡分布、图像质量等方面的因素。CBLPRD-330k 数据集样例如图 5-12 所示。

图 5-12　CBLPRD-330k 数据集样例

以下是对数据集的详细介绍。

1. 数据集背景

CBLPRD-330k 包含了 33 万张各类中国车牌的图片,旨在为车牌识别模型的研究和开发提供有力支持。

2. 理念和特点

数据集中的图像是精心采集得到的,以确保它们具有良好的图像质量。这一特点对于模型的训练和泛化能力至关重要。CBLPRD-330k 致力于涵盖各种类型的中国车牌,从普通私家车到特殊车辆,以确保数据集的平衡性。这有助于防止由于数据集偏斜而引起的模型训练问题。该数据集规模达到了 33 万张车牌图片,使其成为进行大规模模型训练的理想选择。这对于深度学习模型的性能提升至关重要。为鼓励研究者和开发者充分利用该数据集,该数据集完全开源并免费提供,以促进学术研究和行业创新。

此外,该数据集已经按照"车牌图片路径—车牌号—车辆类型"进行了预处理,只需要关注"车牌图片路径—车牌号"即可。

3. 数据集验证与模型应用

数据提供方采用了 ResNet18 模型的前三个层进行验证,并使用 CTC loss 作为损失函数进行训练。验证结果表明,直接使用 CBLPRD-330k 训练的模型在一般停车场的车牌识别任务上表现优异。

在智能交通和智能安防领域,车牌识别技术得到了广泛应用。在研究和开发的道路上,一个全面且质量上乘的数据集是必不可少的。CBLPRD-330k 的推出旨在为车牌识别领域提供一个强大的数据集。通过不断优化数据集和模型,可以为研究者和开发者提供更好的资源,以促进车牌识别技术的不断创新和进步。

5.3.2 数据集解析与样本分析

在深度学习领域中,数据集的质量和构建方式对于模型的性能和泛化能力至关重要。数据集解析和样本分析是数据预处理的关键步骤之一,它直接影响到训练过程和模型的准确性。本章将深入讨论一个数据集解析的案例,重点介绍如何通过 Python 脚本处理文本数据集,并构建用于训练卷积循环神经网络(CRNN)的轻量级嵌入式数据库(LMDB)数据集。

(1) 数据集解析。

数据集解析的目标是将原始数据集转换为模型可以接受的格式。在这个案例中,读取了一个文本文件 train.txt,其中包含了图像路径、标签以及其他可能的信息。数据集标签每一行的格式如代码 5-10 所示。

【代码 5-10】 数据集标签每一行的格式。

```
1 CBLPRD - 330k/000272981.jpg 粤 Z31632D 新能源大型车
```

通过 Python 脚本,解析每一行的内容,提取图像路径和标签,构建用于训练的数据列表,如代码 5-11 所示。

【代码 5-11】 构建用于训练的数据列表。

```
1   # 读取文本文件
2   file_path = '../data/CBLPRD - 330k_v1/train.txt'
3   with open(file_path, 'r', encoding = 'utf - 8') as file:
4       text_data = file.read()
5
6   # 初始化空列表来存储数据
7   imagePathList = []
8   labelList = []
9
10  # 按行分割文本数据
11  lines = text_data.strip().split('\n')
12
13  # 遍历每一行数据
```

```
14  for line in lines:
15      #按空格分割每行数据
16      parts = line.split()
17
18      #获取图像路径、标签和其他信息
19      image_path = parts[0]
20      label = ''.join(parts[1:-1])          #获取除了第一个和最后一个元素外的其他元素
#作为标签
21
22      #将数据添加到相应的列表中
23      imagePathList.append('../data/CBLPRD-330k_v1/' + image_path)
24      labelList.append(label)
```

（2）LMDB 数据集创建。

LMDB 是一种轻量级嵌入式数据库，适用于大规模的深度学习数据集。通过使用 LMDB，可以高效地存储和读取数据。下面的 Python 脚本演示了如何将图像路径和标签写入 LMDB 数据库，如代码 5-12 所示。

【代码 5-12】　将图像路径和标签写入 LMDB 数据库。

```
1   def checkImageIsValid(imageBin):
2       #... 检查图像是否为有效的函数 ...
3
4   def writeCache(env, cache):
5       #... 将缓存写入 LMDB 数据库的函数 ...
6
7   def createDataset(outputPath, imagePathList, labelList, lexiconList = None, checkValid = True):
8       #... 创建 LMDB 数据集的函数 ...
9
10  if __name__ == '__main__':
11      #... 读取文本文件，解析数据 ...
12
13      output_path = '../data/train_data'
14      createDataset(output_path, imagePathList, labelList)
```

数据集解析和样本分析是构建高效深度学习模型的必要步骤之一。在代码 5-13 所示的示例中，演示了如何使用 Python 脚本解析文本数据集，构建 LMDB 格式的数据集。这个过程对于光学字符识别（OCR）等任务具有重要意义，它确保了模型在训练时能够有效地利用数据。在实际应用中，可以根据具体任务的需求进行相应的修改和调整。

【代码 5-13】　解析文本数据集，构建 LMDB 格式的数据集。

```
1   import os
2   import lmdb # install lmdb by "pip install lmdb"
3   import cv2
4   import numpy as np
5
6   def checkImageIsValid(imageBin):
7       if imageBin is None:
8           return False
```

```
9          imageBuf = np.frombuffer(imageBin, dtype = np.uint8)
10         img = cv2.imdecode(imageBuf, cv2.IMREAD_GRAYSCALE)
11         imgH, imgW = img.shape[0], img.shape[1]
12         if imgH * imgW == 0:
13             return False
14     return True
15
16 def writeCache(env, cache):
17     with env.begin(write = True) as txn:
18         for k, v in cache.items():
19             if type(v) is str:
20                 txn.put(k.encode(), v.encode())
21             else:
22                 txn.put(k.encode(), v)
23
24 def createDataset(outputPath, imagePathList, labelList, lexiconList = None, checkValid = True):
25     """
26     Create LMDB dataset for CRNN training.
27
28     ARGS:
29         outputPath    : LMDB output path
30         imagePathList : list of image path
31         labelList     : list of corresponding groundtruth texts
32         lexiconList   : (optional) list of lexicon lists
33         checkValid    : if true, check the validity of every image
34     """
35     assert(len(imagePathList) == len(labelList))
36     nSamples = len(imagePathList)
37     env = lmdb.open(outputPath, map_size = 10995116277)
38     cache = {}
39     cnt = 1
40     for i in range(nSamples):
41         imagePath = imagePathList[i]
42         label = labelList[i]
43         if not os.path.exists(imagePath):
44             print('%s does not exist' % imagePath)
45             continue
46         with open(imagePath, 'rb') as f:
47             imageBin = f.read()
48         if checkValid:
49             if not checkImageIsValid(imageBin):
50                 print('%s is not a valid image' % imagePath)
51                 continue
52
53         imageKey = 'image - %09d' % cnt
54         labelKey = 'label - %09d' % cnt
55         cache[imageKey] = imageBin
56         cache[labelKey] = label
57         if lexiconList:
58             lexiconKey = 'lexicon - %09d' % cnt
59             cache[lexiconKey] = lexiconList[i]
```

```
60          if cnt % 1000 == 0:
61              writeCache(env, cache)
62              cache = {}
63              print('Written %d / %d' % (cnt, nSamples))
64          cnt += 1
65      nSamples = cnt - 1
66      cache['num - samples'] = str(nSamples)
67      writeCache(env, cache)
68      print('Created dataset with %d samples' % nSamples)
69
70  if __name__ == '__main__':
71      #读取文本文件
72      file_path = '../data/CBLPRD - 330k_v1/train.txt'
73      with open(file_path, 'r', encoding = 'utf - 8') as file:
74          text_data = file.read()
75
76      #初始化空列表来存储数据
77      imagePathList = []
78      labelList = []
79      lexiconList = []
80
81      #按行分割文本数据
82      lines = text_data.strip().split('\n')
83
84      #遍历每一行数据
85      for line in lines:
86          #按空格分割每行数据
87          parts = line.split()
88
89          #获取图像路径、标签和其他信息
90          image_path = parts[0]
91          label = ''.join(parts[1: -1])        #获取除了第一个和最后一个元素外的其他
#元素作为标签
92          #lexicon = parts[-1]
93
94          #将数据添加到相应的列表中
95          imagePathList.append('../data/CBLPRD - 330k_v1/' + (image_path))
96          labelList.append(label)
97          #lexiconList.append(lexicon)        #假设所有数据都是有效的,也可以根据需
#要进行检查
98
99      #打印结果
100         #print("imagePathList:", imagePathList)
101         print("labelList:", labelList)
102         #print("lexiconList:", lexiconList)
103
104         output_path = '../data/train_data'
105         createDataset(output_path, imagePathList, labelList, lexiconList)
```

5.3.3 网络模型的训练过程

深度学习模型的训练是构建高性能文本识别系统的关键步骤。本章将详细介绍基于卷积循环神经网络(CRNN)的文字识别模型的训练过程,包括数据集准备、模型配置、训练参数设置、数据加载、模型初始化、训练迭代以及模型评估,详见代码 5-14～代码 5-20。

(1) 引入必要的库和模块,如代码 5-14 所示。

【代码 5-14】 引入必要的库和模块。

```
1   #引入必要的库和模块
2   from __future__ import print_function
3   from __future__ import division
4   import argparse
5   import random
6   import torch
7   import torch.backends.cudnn as cudnn
8   import torch.optim as optim
9   import torch.utils.data
10  from torch.autograd import Variable
11  import numpy as np
12  import os
13  import utils
14  import dataset
15  import models.crnn as crnn
16  import torch.nn as nn
```

(2) 数据集的准备,如代码 5-15 所示。训练数据集采用 LMDB 格式,包括训练集和验证集。通过解析 train.txt 和 val.txt 文件,提取图像路径、标签等信息,为模型提供标记好的数据样本。LMDB 格式具有高效读取的优势,适用于大规模深度学习任务。

【代码 5-15】 数据集的准备。

```
1   #读取文本文件
2   file_path = '../data/CBLPRD-330k_v1/train.txt'
3   with open(file_path, 'r', encoding = 'utf-8') as file:
4    text_data = file.read()
5
6   #初始化空列表来存储数据
7   imagePathList = []
8   labelList = []
9   lexiconList = []
10
11  #按行分割文本数据
12  lines = text_data.strip().split('\n')
13
14  #遍历每一行数据
15  for line in lines:
16      #按空格分割每行数据
17      parts = line.split()
```

```
18
19      #获取图像路径、标签和其他信息
20      image_path = parts[0]
21      label = ''.join(parts[1:-1])        #获取除了第一个和最后一个元素外的其他元素
#作为标签
22
23      #将数据添加到相应的列表中
24      imagePathList.append('../data/CBLPRD-330k_v1/' + (image_path))
25      labelList.append(label)
```

（3）模型的配置，如代码 5-16 所示，输入图片大小为高 32、宽 100，LSTM 隐藏状态大小为 256，字符集包含中文和英文字符，共 77 个字符。

【代码 5-16】 数据集的准备。

```
1   #模型配置
2   opt.imgH = 32
3   opt.imgW = 100
4   opt.nh = 256
5   opt.alphabet = '京沪津渝冀晋蒙辽吉黑苏浙皖闽赣鲁豫鄂湘粤桂琼川贵云藏陕甘青宁新港
澳挂学领使临0123456789ABCDEFGHIJKLMNOPQRSTUVWXYZIO'
```

（4）训练参数设置，如代码 5-17 所示。学习率为 0.01，使用 CTC（Connectionist Temporal Classification）损失函数，支持 Adam 和 Adadelta 两种优化器选择。

【代码 5-17】 训练参数设置。

```
1   #训练参数设置
2   opt.lr = 0.01
3   opt.adadelta = True
4   criterion = nn.CTCLoss()
```

（5）模型初始化和加载，如代码 5-18 所示。模型采用 CRNN 结构，通过 weights_init 函数对网络参数进行初始化。支持加载预训练模型，方便在已有基础上进行进一步训练。

【代码 5-18】 模型初始化和加载。

```
1   #模型初始化和加载
2   crnn = crnn.CRNN(opt.imgH, nc, nclass, opt.nh)
3   crnn.apply(weights_init)
4   if opt.pretrained != '':
5       print('loading pretrained model from %s' % opt.pretrained)
6       crnn.load_state_dict(torch.load(opt.pretrained))
7   print(crnn)
```

（6）数据加载和模型训练，如代码 5-19 所示。通过 PyTorch 的 DataLoader 加载训练集数据，采用随机采样器（Random Sequential Sampler）或随机采样进行数据加载。采用 trainBatch 函数进行每个 batch 的训练，计算损失并更新模型参数。

【代码 5-19】 数据加载和模型训练。

```
1    # 数据加载和模型训练
2    train_dataset = dataset.lmdbDataset(root = opt.trainRoot)    # 创建 LMDB 格式的训练数据集
3    assert train_dataset
4
5    # 根据是否采用随机采样选择相应的采样器
6    if not opt.random_sample:
7        sampler = dataset.randomSequentialSampler(train_dataset, opt.batchSize)    # 使用
#随机序列采样器
8    else:
9        sampler = None
10
11   train_loader = torch.utils.data.DataLoader(
12       train_dataset, batch_size = opt.batchSize,
13       shuffle = True, sampler = sampler,
14       num_workers = int(opt.workers),
15       collate_fn = dataset.alignCollate(imgH = opt.imgH, imgW = opt.imgW, keep_ratio =
opt.keep_ratio))    # 创建训练数据加载器
16
17   # 初始化损失均值计算器
18   loss_avg = utils.averager()
19
20   # 设置优化器
21   if opt.adam:
22       optimizer = optim.Adam(crnn.parameters(), lr = opt.lr,
23                              betas = (opt.beta1, 0.999))    # 使用 Adam 优化器
24   elif opt.adadelta:
25       optimizer = optim.Adadelta(crnn.parameters())    # 使用 Adadelta 优化器
26   else:
27       optimizer = optim.RMSprop(crnn.parameters(), lr = opt.lr)    # 使用 RMSProp 优化器
28
29   # 训练迭代
30   for epoch in range(opt.nepoch):
31       train_iter = iter(train_loader)
32       i = 0
33       while i < len(train_loader):
34           # 开启梯度计算
35           for p in crnn.parameters():
36               p.requires_grad = True
37           crnn.train()
38
39           # 进行单批次训练
40           cost = trainBatch(crnn, criterion, optimizer)
41           loss_avg.add(cost)
42           i += 1
43
44           # 每隔一定间隔显示训练信息
45           if i % opt.displayInterval == 0:
46               print('[% d/ % d][ % d/ % d] Loss: % f' %
47                     (epoch, opt.nepoch, i, len(train_loader), loss_avg.val()))
48               loss_avg.reset()
```

```
49
50          #每隔一定间隔在验证集上进行模型评估
51          if i % opt.valInterval == 0:
52              val(crnn, test_dataset, criterion)
53
54          #每隔一定间隔保存模型参数
55          if i % opt.saveInterval == 0:
56              torch.save(
57                  crnn.state_dict(), '{0}/netCRNN_{1}_{2}.pth'.format(opt.expr_dir,
epoch, i))
```

（7）模型评估，如代码 5-20 所示，通过验证集对训练的模型进行评估。采用 val 函数，对一定数量的验证集样本进行识别并计算准确率。此过程中，模型参数处于冻结状态，不进行梯度更新。

【代码 5-20】　模型评估。

```
1   #模型评估
2   def val(net, dataset, criterion, max_iter = 100):
3       print('Start val')
4
5       for p in crnn.parameters():
6           p.requires_grad = False      #关闭梯度计算,因为在验证阶段不进行参数更新
7
8       net.eval()                       #设置模型为评估模式,影响一些模型层的行为,例如
Batch Normalization 和 Dropout
9
10      #创建用于验证集的数据加载器
11      data_loader = torch.utils.data.DataLoader(
12          dataset, shuffle = True, batch_size = opt.batchSize, num_workers = int(opt.workers))
13      val_iter = iter(data_loader)
14
15      i = 0
16      n_correct = 0                    #记录正确预测的样本数量
17      loss_avg = utils.averager()      #记录损失的均值
18
19      max_iter = min(max_iter, len(data_loader))
20      for i in range(max_iter):
21          data = val_iter.__next__()   #获取验证集的一个批次数据
22          i += 1
23          cpu_images, cpu_texts = data
24          batch_size = cpu_images.size(0)
25
26          image = cpu_images.cuda()    #将输入图像数据移动到 GPU 上
27          t, l = converter.encode(cpu_texts)   #对标签进行编码,生成训练所需的张量
28
29          preds = crnn(image).cpu()    #将输入图像数据通过模型进行前向传播
30          preds_size = Variable(torch.IntTensor([preds.size(0)] * batch_size))
31          cost = criterion(preds, t, preds_size, l) / batch_size      #计算 CTC 损失
32          loss_avg.add(cost)
33
```

```
34          _, preds = preds.max(2)
35          preds = preds.transpose(1, 0).contiguous().view(-1)
36          sim_preds = converter.decode(preds.data, preds_size.data, raw=False)    #解码模
    #型输出,得到预测的文本
37
38          #计算准确率,逐样本比较预测结果和真实标签
39          for pred, target in zip(sim_preds, cpu_texts):
40              if pred == target.lower():
41                  n_correct += 1
42
43          accuracy = n_correct / float(max_iter * opt.batchSize)    #计算准确率
44          print('Test loss: %f, accuray: %f' % (loss_avg.val(), accuracy))
```

通过本章对代码的讲解,详细了解深度学习模型在文本识别任务中的训练过程。从数据集准备到模型配置,再到模型初始化和加载,最后进行数据加载和模型训练,形成了一套完整的训练流程。通过合理设置训练参数,不断迭代训练,能够得到在验证集上准确度较高的文本识别模型。

这一过程中,采用了 LMDB 格式的数据集,使用了 CRNN 模型结构,并结合 CTC 损失函数进行训练。通过验证集的评估,可以及时发现模型的性能,并根据需要进行调整和优化。

希望本章内容对深度学习模型的训练有所帮助,读者可以根据具体任务和数据集的特点进行相应调整和扩展,以获得更好的模型性能。

5.3.4　网络模型的性能测试与评估

根据前文所述,网络模型的训练和测试评估是同时进行的,整个过程共进行了 25 个 epoch。如图 5-13～图 5-16 所示,每个测试数据集的标签均以"gt:"开头,后跟车牌号。

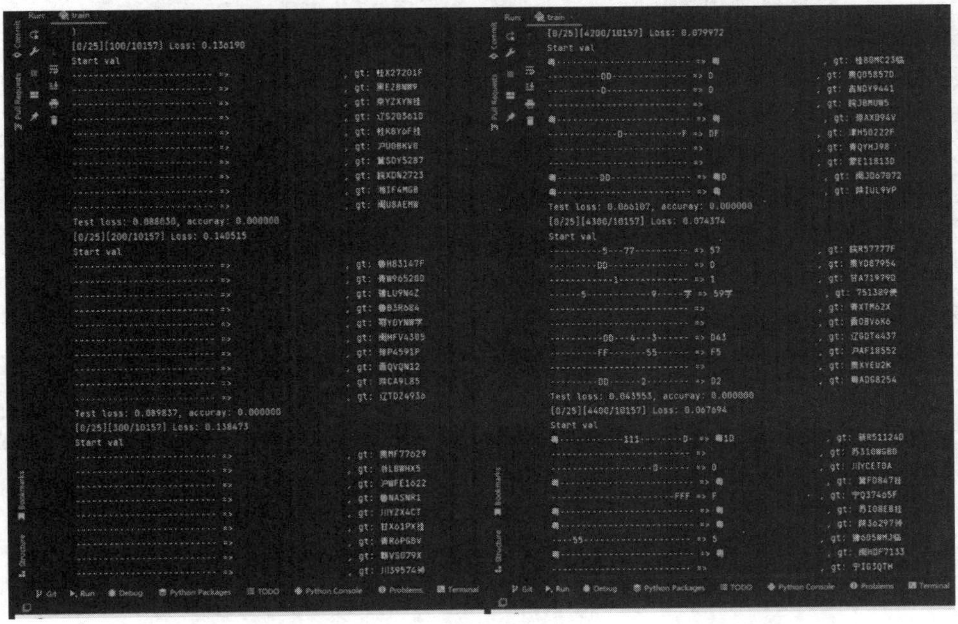

图 5-13　模型刚开始训练时在测试数据集上的评估

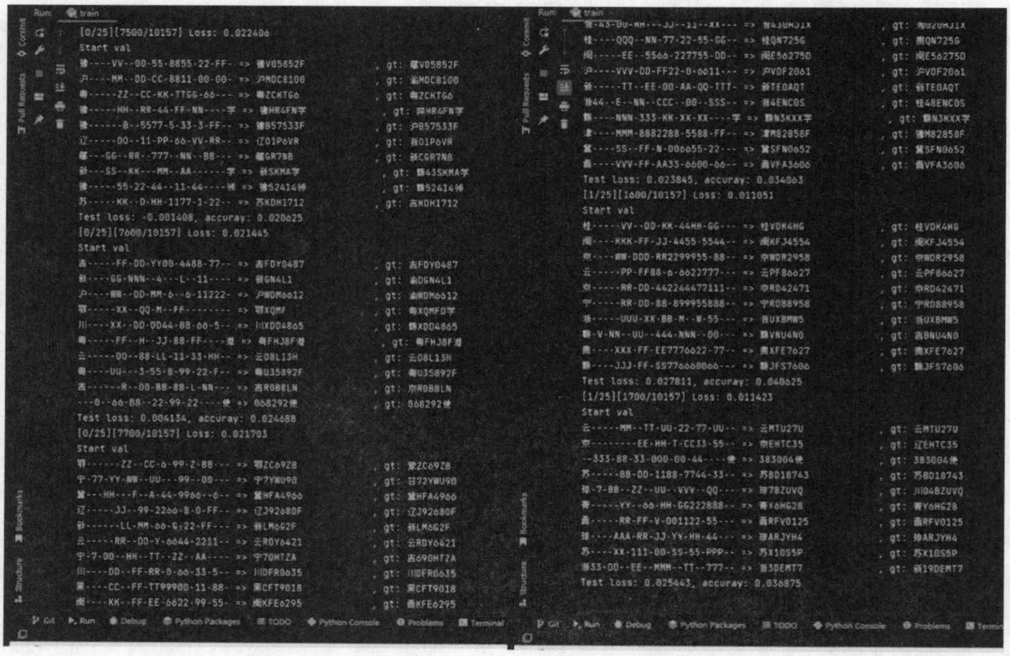

图 5-14　模型初步训练一段时间后在测试数据集上的评估

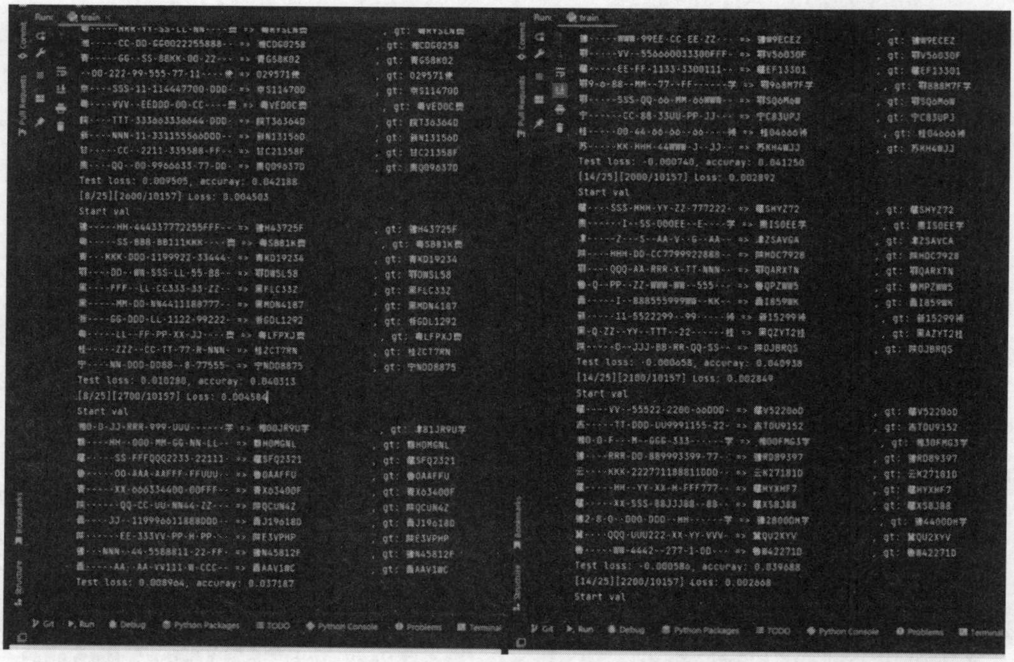

图 5-15　模型训练 10 个 epoch 左右时在测试数据集上的评估

在图中，"=>"左侧展示了模型的识别过程，而"=>"右侧则呈现了模型的识别结果。初期，模型无法准确识别车牌号中的字符，随着训练的进行，车牌号中的字符逐渐被正确识

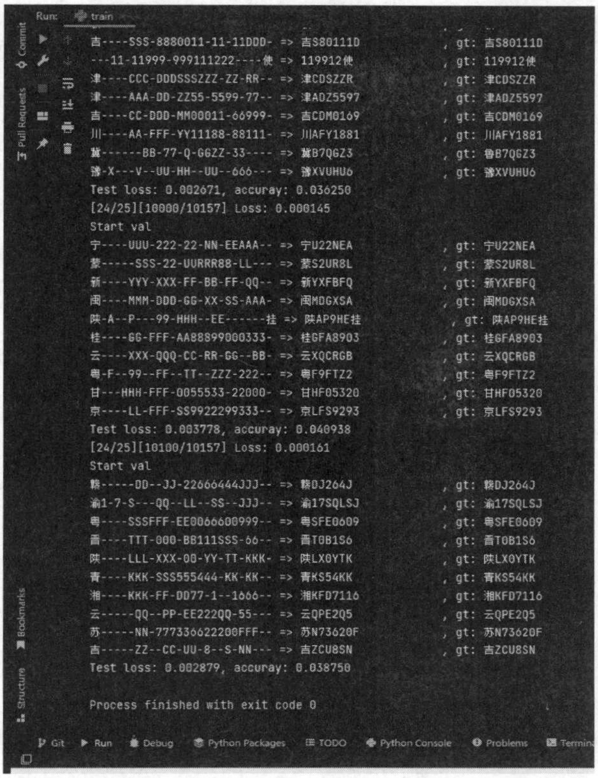

图 5-16　模型训练结束时在测试数据集上的评估

别,尽管每个字符的准确性仍然不够理想。最终,在训练的末尾阶段,观察到终端中显示的车牌识别结果与标签已经一一对应,呈现出更为准确的字符识别情况。

5.4　应用集成开发与界面设计

1. 用户界面的设计与交互

在车牌号识别应用中,一个好的用户界面应直观、易用,而良好的交互设计则能确保用户在使用过程中顺畅地完成操作。

首先,界面设计中的布局要直观明了。界面元素的排列应符合用户的思维逻辑,帮助用户快速理解和掌握应用功能,减少使用中的困扰,提升整体体验。其次,界面元素和标识应友好。按钮、文本框和图标等元素应具备友好的外观,并通过清晰的标识反映其功能,确保用户在每一步操作中都有明确的引导,避免混淆。

在交互设计方面,首先要考虑用户的操作习惯和预期行为。界面交互应符合用户在其他类似应用中的习惯,降低学习成本。操作流程要简洁且有层次感。用户不喜欢烦琐的流程,通过合理的层级结构,用户能迅速找到所需功能。及时的反馈和提示信息非常重要。无论操作成功与否,应用都应通过清晰的提示信息告知用户当前状态,帮助其理解应用的工作原理,减少困惑。

为了实现以上设计和交互目标,选用 PySide6 来制作车牌字符识别应用的集成界面。PySide6 基于 Qt 技术,提供丰富的图形界面和应用开发功能,PySide6 中的常见模块包括 QtWidget、QtCore、QtGui、QtNetwork 和 QtSql,分别用于创建图形用户界面、提供 Qt 核心功能、图像处理、网络编程和数据库操作。PySide6 具有以下优点:跨平台性好,能在 Windows、Linux 和 macOS 等多个平台上运行,确保应用的可移植性;图形界面设计工具强大,如 Qt Designer,通过拖曳组件的方式可以轻松设计用户界面,加快开发速度;丰富的部件库能用于构建各种功能和交互式元素,如按钮、标签、列表框等,用于展示和操作图像及识别结果;信号与槽机制使得不同组件之间的交互简单而灵活,适用于异步操作,如选择图片、处理图像和显示识别结果。

2. 批量车牌识别功能

为增强应用的实用性,引入了批量车牌识别功能。该功能允许用户一次性输入多个车牌号图片进行识别,便于用户批量验证模型性能。在界面设计上,需要提供批量输入的接口,并展示每个车牌的识别结果。通过直观的图表或列表形式,用户能够清晰地了解整体评测结果,为模型性能的改进提供依据。

为了实现批量车牌字符识别集成应用,这里从功能描述、界面设计、与模型的集成、用户交互、界面布局等方面来进行考虑。

(1)功能描述。

该应用程序提供了批量车牌字符识别功能,用户可以选择多张车牌图片进行字符识别。主要有以下 4 个特点。

① 提供图形用户界面,包含图片显示区域、选择按钮和识别结果列表;

② 支持一次性选择多张车牌图片进行批量字符识别;

③ 通过 PyTorch 加载 CRNN 模型,将选中的图片传递给模型进行识别;

④ 图片及其字符识别结果实时显示在界面上。

(2)界面设计。

界面设计主要涉及以下 3 项。

① 使用 QMainWindow 作为主窗口,包含多个 QLabel 用于显示车牌图片,一个 QPushButton 用于触发图片选择,以及一个 QListWidget 用于显示识别结果。

② 图片显示区域采用 QGridLayout 进行布局,每行显示 3 张图片。

③ 通过 QListWidget 单独显示字符识别结果列表。

(3)与模型的集成。

与算法模块的集成有如下两方面:

① 通过 PyTorch 加载 CRNN 模型,该模型用于字符识别;

② 用户选择图片后,应用程序将图片传递给模型,获取字符识别结果。

(4)用户交互。

用户交互主要分为如下 3 个步骤:

① 用户通过单击"选择图片"按钮与应用程序进行交互;

② 选择完成图片后,应用程序自动对选中的车牌图片进行批量字符识别;

③ 识别结果以图像和字符识别字符串的形式显示在界面上。

（5）界面布局。

界面布局分为如下 3 部分：

① GUI 界面采用 QGridLayout 进行布局，以网格状排列多个 QLabel 用于显示图片；

② 每行显示 3 张图片，用户可以根据实际需要进行调整；

③ QListWidget 用于单独显示字符识别结果列表。

通过 PySide6 和 PyTorch 的集成，该应用程序提供了一种便捷的方式，让用户通过图形界面轻松进行批量车牌字符识别，可以选择最多 9 张图片进行批量识别。批量选择图片功能，如图 5-17 所示；批量显示识别结果，如图 5-18 所示。

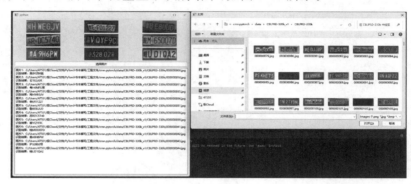

图 5-17　批量选择图片功能

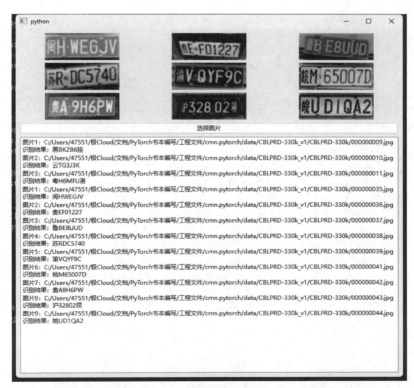

图 5-18　批量显示识别结果

对车牌识别功能进行集成，利用 PySide 部署到用户界面，如代码 5-21 所示。

【代码 5-21】 批量车牌文本识别功能应用与用户界面集成。

```
1   # 导入 PySide6 库中的一些模块和类
2     from PySide6.QtWidgets import QApplication, QMainWindow, QVBoxLayout, QLabel,
QPushButton, QFileDialog, QWidget, \
3       QListWidget, QGridLayout, QListWidgetItem
4   from PySide6.QtCore import Qt, QSize
5   from PySide6.QtGui import QPixmap
6   from PIL import Image
7   import torch
8   from torchvision import transforms
9   from models.crnn import CRNN        # 导入名为 CRNN 的模型类(请确保有定义这个类)
10  import utils
11  import dataset
12  from torch.autograd import Variable
13
14  # 定义一个名为 BatchRecognitionApp 的类,继承自 QMainWindow
15  class BatchRecognitionApp(QMainWindow):
16      def __init__(self):
17          super(BatchRecognitionApp, self).__init__()
18
19          # 模型文件路径
20          model_path = '../trained_model/netCRNN_24_10100.pth'
21
22          # 创建一个 CRNN 模型实例,并加载预训练权重
23          self.model = CRNN(32, 1, 77, 256)
24          self.model = torch.nn.DataParallel(self.model)
25          self.model.load_state_dict(torch.load(model_path))
26
27          # 存储图片 QLabel 和结果列表的列表
28          self.image_labels = []
29          self.result_list = QListWidget()
30
31          # 创建一个按钮用于选择图片
32          select_button = QPushButton("选择图片", self)
33          select_button.clicked.connect(self.select_images)
34
35          # 创建一个网格布局
36          layout = QGridLayout()
37          row = 0
38          col = 0
39
40          # 循环创建用于显示图片的 QLabel,每行显示 3 个
41          for _ in range(9):   # 你可以根据需要调整这个数字,决定每行显示的图片数量
42              image_label = QLabel()
43              image_label.setAlignment(Qt.AlignCenter)
44              self.image_labels.append(image_label)
45              layout.addWidget(image_label, row, col)
46              col += 1
47              if col == 3:   # 你也可以根据需要调整这个数字,决定每行显示的列数
```

```
48                    row += 1
49                    col = 0
50
51          #增加一个按钮和结果列表
52          row += 1
53          layout.addWidget(select_button, row, 0, 1, 3)
54          row += 1
55          layout.addWidget(self.result_list, row, 0, 1, 3)
56
57          #创建一个 QWidget 作为中心控件,并将布局设置为这个 QWidget 的布局
58          central_widget = QWidget()
59          central_widget.setLayout(layout)
60
61          #将中心控件设置为 QMainWindow 的中心控件
62          self.setCentralWidget(central_widget)
63
64      #处理选择图片按钮的单击事件
65      def select_images(self):
66          file_dialog = QFileDialog()
67          file_dialog.setFileMode(QFileDialog.ExistingFiles)
68          file_dialog.setNameFilter("Images ( * .png * .jpg * .bmp * .tif)")
69
70          if file_dialog.exec_():
71              image_paths = file_dialog.selectedFiles()
72              self.process_images(image_paths)
73
74      #处理选择的图片,进行识别
75      def process_images(self, image_paths):
76          char_sets = '京沪津渝冀晋蒙辽吉黑苏浙皖闽赣鲁豫鄂湘粤桂琼川贵云藏陕甘青
     宁新港澳挂学领使临 0123456789ABCDEFGHIJKLMNOPQRSTUVWXYZIO'
77          converter = utils.strLabelConverter(char_sets)
78          transformer = dataset.resizeNormalize((100, 32))
79
80          #设置模型为评估模式
81          self.model.eval()
82
83          for index, image_path in enumerate(image_paths):
84              image = Image.open(image_path).convert('L')
85              image = transformer(image)
86
87              image = image.view(1, * image.size())
88              image = Variable(image)
89
90              with torch.no_grad():
91                  #对图像进行预测
92                  result = self.model(image)
93                  _, preds = result.max(2)
94                  preds = preds.transpose(1, 0).contiguous().view( - 1)
95                  preds_size = Variable(torch.IntTensor([preds.size(0)]))
96                  raw_pred = converter.decode(preds.data, preds_size.data, raw = True)
97                  sim_pred = converter.decode(preds.data, preds_size.data, raw = False)
```

```
98
99              # 显示识别结果
100                 self.display_result(index, image_path, sim_pred)
101
102         # 显示识别结果
103         def display_result(self, index, image_path, sim_pred):
104             # 加载图片并调整大小
105             pixmap = QPixmap(image_path)
106             pixmap = pixmap.scaledToWidth(150, Qt.SmoothTransformation)
107
108             # 将图片设置到对应的 QLabel 中
109             self.image_labels[index].setPixmap(pixmap)
110
111             # 创建一个结果项,并将其添加到结果列表中
112             result_item = QListWidgetItem(f"图片{index + 1}:{image_path}\n 识别结
果:{sim_pred}")
113             self.result_list.addItem(result_item)
114
115     # 应用程序入口
116     if __name__ == '__main__':
117         app = QApplication([])
118         window = BatchRecognitionApp()
119         window.show()
120         app.exec()
```

3. 单个车牌文本识别功能

除了批量识别外,卷积神经网络模型还具备对单个车牌文本识别功能。通过简洁的界面,用户可以方便地输入单个车牌图片并获取模型的识别结果。

在单个车牌文本识别功能中,界面设计应注重用户友好性,通过直观的操作引导用户完成车牌图片的输入和识别。同时,为了提高用户信任度,可以考虑自行在结果展示中增加置信度或其他相关信息,使用户更加信任模型的识别结果。单个车牌文本识别界面如图 5-19 所示;单个车牌文本识别结果如图 5-20 所示。

图 5-19　单个车牌文本识别界面

图 5-20　单个车牌文本识别结果

单个车牌文本识别功能应用与用户界面集成，如代码 5-22 所示。

【代码 5-22】　单个车牌文本识别功能应用与用户界面集成。

```
1    #引入必要的库
2    from PySide6.QtWidgets import QApplication, QMainWindow, QVBoxLayout, QLabel, QPushButton,
QFileDialog, QWidget
3    from PySide6.QtCore import Qt
4    from PySide6.QtGui import QPixmap
5    from PIL import Image
6    import torch
7    from torchvision import transforms
8    from models.crnn import CRNN              #导入你的 CRNN 模型类
9    import utils
10   import dataset
11   from torch.autograd import Variable
12
13   #创建主窗口类
14   class BatchRecognitionApp(QMainWindow):
15       def __init__(self):
16           super(BatchRecognitionApp, self).__init__()
17
18           #加载 CRNN 模型
19           model_path = '../trained_model/netCRNN_24_10100.pth'
20           self.model = CRNN(32, 1, 77, 256)
21           self.model = torch.nn.DataParallel(self.model)
22           self.model.load_state_dict(torch.load(model_path))
23
24           #创建界面元素
25           self.image_label = QLabel()                          #用于显示图片的 QLabel
26           self.image_label.setAlignment(Qt.AlignCenter)
27           self.result_label = QLabel("识别结果将显示在这里。")        #显示识别结果
#的 QLabel
28           self.result_label.setAlignment(Qt.AlignCenter)
29           select_button = QPushButton("选择图片", self)         #选择图片的按钮
30           select_button.clicked.connect(self.select_images)    #连接按钮单击事件
31
```

```
32              #设置布局
33              layout = QVBoxLayout()
34              layout.addWidget(self.image_label)
35              layout.addWidget(select_button)
36              layout.addWidget(self.result_label)
37              central_widget = QWidget()
38              central_widget.setLayout(layout)
39              self.setCentralWidget(central_widget)
40
41      def select_images(self):
42          file_dialog = QFileDialog()                         #创建文件选择对话框
43          file_dialog.setFileMode(QFileDialog.ExistingFiles)  #设置文件选择模式为选
#择多个文件
44          file_dialog.setNameFilter("Images (*.png *.jpg *.bmp *.tif)")  #设置
#文件过滤器
45
46          if file_dialog.exec():              #如果文件对话框执行成功
47              image_paths = file_dialog.selectedFiles()       #获取选中的文件路径
48              self.process_images(image_paths)                #调用处理图像的方法
49
50      def process_images(self, image_paths):
51          #图像预处理
52          alphabet = '京沪津渝冀晋蒙辽吉黑苏浙皖闽赣鲁豫鄂湘粤桂琼川贵云藏陕甘青
#宁新港澳挂学领使临0123456789ABCDEFGHIJKLMNOPQRSTUVWXYZIO'
53          converter = utils.strLabelConverter(alphabet)       #创建字符转换器
54          transformer = dataset.resizeNormalize((100, 32))    #创建图像转换器
55          self.model.eval()                                   #设置模型为评估模式
56
57          results = []
58
59          for image_path in image_paths:
60              image = Image.open(image_path).convert('L')  #以灰度模式打开图像
61              image = transformer(image)                      #对图像进行预处理
62              image = image.view(1, *image.size())
63              image = Variable(image)
64
65              with torch.no_grad():
66                  result = self.model(image)
67                  _, preds = result.max(2)
68                  preds = preds.transpose(1, 0).contiguous().view(-1)
69                  preds_size = Variable(torch.IntTensor([preds.size(0)]))
70                  raw_pred = converter.decode(preds.data, preds_size.data, raw=True)
71                  sim_pred = converter.decode(preds.data, preds_size.data, raw=False)
72
73              results.append((image_path, sim_pred))
74
75          self.display_results(results)
76
77      def display_results(self, results):
78          for image_path, sim_pred in results:
79              pixmap = QPixmap(image_path)
```

```
80              pixmap = pixmap.scaledToWidth(200, Qt.SmoothTransformation)
81              self.image_label.setPixmap(pixmap)
82              self.result_label.setText(f"图片:{image_path}\n识别结果:{sim_pred}")
83
84  if __name__ == '__main__':
85      app = QApplication([])                    # 创建应用程序对象
86      window = BatchRecognitionApp()            # 创建主窗口对象
87      window.show()                             # 显示主窗口
88      app.exec()                                # 运行应用程序
```

5.5 本章小结

本章深入探讨了分类识别技术的应用,涵盖了多个关键方面。首先,通过 5.1 节介绍了分类识别的应用背景与动机,阐述了该技术在实际场景中的重要性和推动力。

5.2 节聚焦于卷积循环神经网络(CRNN)结构的设计与构建。解释了卷积核的作用与选择、特征图提取与表示、池化操作的降维效果以及网络结构的定义与构建等关键概念,为后续训练与评测奠定了基础。

5.3 节着重介绍了卷积神经网络的训练与评测过程。通过数据集准备与预处理,确保了输入数据的质量与一致性。接着深入探讨了数据集的解析与样本分析,帮助读者更好地理解所使用的数据。最后详细阐述了网络模型的训练过程和性能测试与评估的关键步骤,使读者能够全面了解模型的训练效果。

5.4 节聚焦于应用集成开发与界面设计。详细介绍了用户界面的设计与交互,强调了用户体验的重要性。然后展示了批量和单个车牌文本识别功能的实现,为用户提供了方便快捷的批量识别服务。

通过对本章内容的深入学习与实践,读者不仅可以掌握分类识别技术的理论知识,还可以了解其在实际应用中的具体操作和开发过程。希望本章内容能够为读者在分类识别领域的学习与应用提供一定的参考。

第  章

视频讲解

目标检测技术与应用

在当今数字化和智能化的时代,计算机视觉技术迅猛发展,目标检测作为其中的核心技术之一,正在引领一场革命。目标检测不仅能够识别图像或视频中的物体,还能精确地定位它们在图像中的位置。这种能力使得目标检测技术在各行各业中得到广泛应用,从自动驾驶汽车和安全监控,到医疗影像分析和无人机监控,再到工业自动化和增强现实,无不展现出其强大的潜力和变革力。本章将深入探讨目标检测技术的发展历程、基本原理等。此外,还将介绍一些经典和前沿的目标检测算法,如 SSD、YOLO、R-CNN 系列等,解析它们的架构、优缺点以及适用场景。

6.1 应用背景

目标检测(Object Detection)的任务是找出图像或视频中的感兴趣目标,同时实现输出检测目标的位置和类别,是机器视觉领域的核心问题之一,学术界已有将近 20 年的研究历史。随着深度学习技术的火热发展,目标检测算法也从基于手工特征的传统算法转向基于深度神经网络的检测技术。从最初 2013 年提出的 R-CNN、OverFeat,到后面的 Fast/Faster R-CNN、SSD、YOLO 系列,以及 Mask R-CNN、RefineDet、RFBNet 等。短短不到五年时间,基于深度学习的目标检测技术,在网络结构上,从两阶段到单阶段,从单尺度特征到多尺度特征,从面向计算机端到面向移动端等,都涌现出许多好的算法技术,这些算法在开放目标检测数据集上的检测效果和性能都很出色。

6.2 目标检测的候选框生成策略

6.2.1 背景和应用知识

物体检测过程中有很多不确定因素,如图像中物体数量不确定,物体有不同的外观、形状、姿态,加之物体成像时会有光照、遮挡等因素的干扰,导致检测算法有一定的难度。进入深度学习时代以来,物体检测发展主要集中在两个方向:两阶段算法如 R-CNN 系

列和单阶段算法如 YOLO、SSD 等。两者的主要区别在于两阶段算法需要先生成一个有可能包含待检物体的候选框(Proposal),然后进行细粒度的物体检测。而单阶段算法会直接在网络中提取特征来预测物体分类和位置。

两阶段算法以及部分单阶段算法(SSD 系列),都需要对 Region Proposal 去重。比如经典的 Faster RCNN 算法会生产 2000 个 Region Proposal,如果对所有的目标检测框进行分类和处理,会造成大量无效计算。使用某些算法对检测框去重,是目标检测领域的一个重要方向。

在目标检测中,常会利用非极大值抑制算法(Non Maximum Suppression,NMS)对生成的大量候选框进行后处理,去除冗余的候选框,得到最佳检测框,以加快目标检测的效率。其本质思想是搜索局部最大值,抑制非极大值。非极大值抑制,在计算机视觉任务中得到了广泛的应用,如边缘检测、人脸检测、目标检测(DPM、YOLO、SSD、Faster R-CNN)等。消除多余的候选框,找到最佳的检测框。其中,候选框被筛选实例,如图 6-1所示。

全部候选框　　　　　　可能的候选框　　　　　　选定对象

图 6-1　候选框被筛选实例

每个选出来的检测框(BBox)用(x、y、h、w、confidence score、Pdog、Pcat)表示,confidence score 表示背景(无物体)和前景(有物体)的置信度得分,取值范围为 [0,1]。Pdog、Pcat 分布代表类别是狗和猫的概率。如果是 100 类的目标检测模型,BBox 输出向量为 $5+100=105$。

6.2.2　滑窗技术

在深度神经网络算法中,目标检测算法是一种重要的技术,它能够自动识别图像或视频中的目标并对其进行定位。与传统的目标检测方法相比,深度神经网络算法能够更准确、更快速地实现目标检测,因此在计算机视觉领域得到了广泛的应用。目标检测算法与分类网络的主要区别在于网络的结构和训练方法。在分类网络中,网络主要是用来识别图像中的类别,而对目标的位置信息并不关心。然而,在目标检测算法中,不仅要识别目标类别,还要定位目标在图像中的位置。因此,目标检测算法的网络结构需要考虑到如何准确地定位目标。目标检测实例如图 6-2 所示。

在深度学习中,目标分类和回归主要在算法的第二部分实现。第一部分主要是对图像中所包含的各种复杂的信息进行提取,而第二部分则是对提取的特征进行分类或回归分析。也就是说,在深度学习算法中,实现目标的分类和定位主要是在算法的第二部分。目标检测算法中主要解决的难题是如何在图像上对目标进行定位。这需要使用一些特殊的神经网络结构和算法来实现,例如滑动窗口技术是一种常见的实现方式,它通过在目标图像上不断地进行窗口的滑动来定位目标。然而,这种实现方式通常计算量很大,

图 6-2   目标检测实例

因此需要使用一些优化技巧来加速计算过程。

除了滑动窗口技术外,还有区域归并技术、参差连接技术、锚框技术和区域生成网络等实现方式。这些技术各有优缺点,适用于不同的应用场景。例如,区域归并技术通过图像分割的方式对图像所包含的纹理、颜色等特征进行区域定位;参差连接技术则通过参差网络来增强主干网络的特征表示能力;锚框技术是一种基于预设锚框的目标检测方法,能够快速定位目标;区域生成网络则是一种基于区域生成的目标检测方法,能够生成高质量的区域生成。

边框回归算法是一种线性的回归分析方法,它通过训练神经网络来预测目标的边界框位置。该算法是目前常用的一种回归分析算法,它能够准确地预测目标的位置和大小。

主干网络是用于提取图像特征的网络结构。目前常用的主干网络有 VGG、ResNet、Inception 等。这些网络结构在目标检测算法中发挥着关键作用,能够有效地提取出图像中的特征信息,有助于提高目标检测的准确性和效率。

6.2.3   区域候选框

区域候选框生成方法在目标检测中起着至关重要的作用。它主要用于生成一系列可能的区域,这些区域可能包含图像中的目标对象。以下是四种常见的区域候选框生成方法。

(1)滑动窗口法:该方法通过在图像上滑动一个固定大小的窗口,并在每个窗口位置进行目标检测来生成候选框。在每个窗口位置,模型会对图像区域进行分类和定位。滑动窗口法是一种暴力的穷举方法,计算量较大,且由于窗口设置大小问题,可能会造成效果不准确。

(2)选择性搜索:该方法首先将图像分割成多个区域,然后通过一些启发式规则合并相似的区域来生成候选框。这些启发式规则通常基于区域的颜色、纹理、边缘等低级特征。选择性搜索能够生成多尺度和多形状的候选区域,适应不同大小和形状的目标对象,但其计算量较大且速度较慢,不适用于实时目标检测任务。

(3)锚框(Anchor)技术:该方法预先定义一系列的锚框,每个锚框对应着不同的尺寸和长宽比。通过将锚框与图像进行匹配,可以生成候选框。锚框技术的优点是计算效率较高,但需要预先定义锚框的尺寸和长宽比,且对于不同尺寸和长宽比的目标对象可能不适用。

(4)区域生成网络(Region Proposal Network,RPN):RPN是一种基于卷积神经网络的目标检测方法,能够自动生成高质量的候选框。RPN通过卷积层对图像进行特征提取,然后使用全连接层对每个位置的候选框进行分类和回归。RPN具有较高的计算效率和准确性,是目前目标检测领域的主流方法之一。

以上是常见的区域候选框生成方法,每种方法都有其优缺点,适用于不同的应用场景。在实际应用中,可以根据具体需求选择适合的方法来生成候选框。

6.2.4 基于选择性搜索的检测框架

基于选择性搜索的检测框架是一种广泛应用于目标检测任务的方法。该框架的主要思想是利用选择性搜索来生成候选框,然后通过分类器对候选框进行分类和定位。

选择性搜索是一种启发式区域提取方法,其基本原理是先对图像进行初始分割,然后通过迭代地合并相似的区域来生成候选框。在每一次迭代中,算法会根据一定的规则将相似的区域合并成一个新的区域,并计算该区域的特征。通过不断地迭代,最终可以得到一系列的候选框。

基于选择性搜索的高效检测框架主要由以下6个步骤组成。

(1)图像预处理:对输入图像进行必要的预处理操作,包括灰度化、缩放、滤波等,以便于后续的特征提取。

(2)初始分割:将图像分割成多个小的区域,这些区域可以基于颜色、纹理、形状等特征进行划分。初始分割的目的是简化后续的计算过程,提高算法的效率。

(3)迭代合并:在初始分割的基础上,通过迭代地合并相似的区域来生成候选框。这一步是选择性搜索的核心,需要根据一定的规则将相似的区域合并成一个新的区域。常见的规则包括颜色相似性、纹理相似性、边缘相似性等。

(4)特征提取:对于每个生成的候选框,提取其特征,以便于后续的分类和定位。特征的提取可以使用卷积神经网络等方法进行。

(5)分类与定位:使用分类器对提取的特征进行分类和定位。常见的分类器包括支持向量机(SVM)、随机森林、神经网络等。分类器的目的是对候选框进行分类,判断其是否包含目标对象,并确定目标对象的位置和尺寸。

(6)后处理:根据分类器和定位结果对候选框进行筛选和优化,得到最终的目标检测结果。常见的后处理方法包括非极大值抑制、阈值过滤等。

基于选择性搜索的高效检测框架具有较高的计算效率和准确性,能够适用于不同场景下的目标检测任务。然而,该框架的性能受到初始分割质量的影响,因此在实际应用中需要根据具体需求选择合适的初始分割方法。此外,为了提高算法的准确性和稳定性,还可以结合其他技术如深度学习、数据增强等来改进框架的性能。

6.3 神经网络在目标检测中的应用

6.3.1 残差连接

在目标检测中,残差连接的引入目的是解决深度神经网络中的梯度消失和性能下降问题。随着网络深度的增加,梯度在反向传播过程中逐渐消失,导致网络难以有效地学习特征表示。残差连接通过将浅层特征与深层特征进行加和,使得梯度能够绕过一些非线性层并传递到更深层,从而有助于缓解梯度消失问题。

在目标检测任务中,残差连接的常见实现方式是在卷积层之间添加跳跃连接。这些连接将较低层的特征图直接传递到较高层,与高层特征进行加和。通过这种方式,残差连接可以帮助高层特征获得更多低层特征的信息,从而更好地学习和理解目标对象的细节。

在实践中,残差连接的引入对目标检测的性能产生了积极的影响。一方面,残差连接提高了网络的非线性表示能力,使其能够更好地理解和区分不同类型的目标对象;另一方面,残差连接有助于缓解梯度消失问题,使得网络能够更好地学习到有用的特征表示,从而提高目标检测的准确性和鲁棒性。

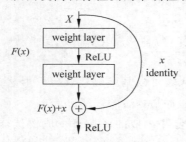

图 6-3　残差连接图的结构

为了进一步优化残差连接在目标检测中的应用,一些研究工作还探索了不同形式的残差块结构。例如,一些研究工作通过引入注意力机制来增强残差连接的效果,以便更好地聚焦于重要的特征信息。另外,还有一些研究工作通过扩展残差块的结构来提高网络的表示能力,从而进一步提升目标检测的性能。残差块结构首先被应用在 ResNet 上,其结构如图 6-3 所示,其中 weight layer 表示权重层,一般指卷积层,identity 指的是特征的分支,用来进行残差连接。

总之,残差连接在目标检测中发挥了重要的作用,为提高模型的性能和鲁棒性提供了有效的解决方案。通过不断改进和优化残差块的结构,可以进一步推动目标检测技术的发展和应用。

6.3.2 锚框

锚框(Anchor)在目标检测任务中是一种预定义框或边界框,通常用于定义目标位置和尺寸。锚框的主要作用是为模型提供不同尺度和长宽比的先验信息,使模型能够适应不同大小和形状的目标。通过使用锚框,深度学习模型能够检测多尺度和多形状的目标,从而提高目标检测的性能。候选框的置信度如图 6-4 所示。

在目标检测任务中,通常会在图像的不同区域应用锚框,并预测每个锚框内是否包含目标以及目标的位置和类别。锚框的设置合理与否,极大地影响最终模型检测性能的好坏。为了提高任务成功的概率,通常会在同一位置设置不同宽高比的锚框,同时保持

图 6-4 候选框的置信度

面积不变。这样可以覆盖图像中不同位置和大小的目标,提高目标检测的准确性和鲁棒性。在实际应用中,根据具体需求选择适合的锚框尺寸和长宽比,以及数量。同时,可以通过调整初始锚框的大小、形状、数量等参数来优化模型性能,以适应不同的应用场景和数据集。

综上所述,锚框在目标检测任务中具有重要的意义和运用,能够提高模型的性能和鲁棒性,是实现高效、准确目标检测的关键技术之一。

6.3.3 空间金字塔池化

空间金字塔池化(Spatial Pyramid Pooling,SPP)是一种多尺度的特征提取方法,常用于图像识别和目标检测等计算机视觉任务。其主要思想是通过在不同尺度的空间上对输入图像进行划分,并分别在各个尺度上进行特征提取,从而获得多尺度的特征表示。

具体来说,空间金字塔池化将输入图像划分为多个不同尺度的子区域,每个子区域的大小可以根据需要进行调整。然后,在每个子区域上采用池化操作来提取特征。池化操作可以将每个子区域内的特征进行聚合,从而获得固定长度的特征向量。通过在不同尺度的空间上进行池化操作,可以获得多个不同尺度的特征表示。

空间金字塔池化的优点在于,它能够自动地适应不同尺度的目标,并从多尺度空间中提取特征表示。这使得空间金字塔池化层在处理不同大小和形状的目标时具有较好的鲁棒性。在实际应用中,空间金字塔池化层可以与其他深度学习模型结合使用,如卷积神经网络(CNN)。通过将空间金字塔池化层应用于 CNN 的最后全连接层之前,可以将不同尺度的特征进行融合,从而提高目标检测和图像分类等任务的性能。空间金字塔池化如图 6-5 所示。

输入图像(Input Image)后,首先通过卷积层(Convolutional Layers)进行特征提取,得到 r 任意尺寸(Arbitrary Size)的特征图(Feature Maps of Conv$_5$);然后,这些特征映射通过空间金字塔池化层(Spatial Pyramid Pooling Layer)进行处理,以捕获不同尺度的特征;最后,通过一个固定长度的表示层(Fixed-length Representation),将这些特征整合并传递给全连接层(Full-connected Layers),以便进行进一步的分析或分类。

总之,空间金字塔池化是一种有效的多尺度特征提取方法,能够适应不同大小和形状的目标,提高模型的效率和鲁棒性。它在图像识别和目标检测等领域具有重要的应用价值。

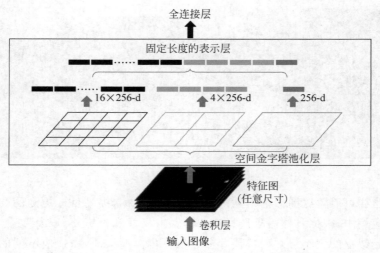

图 6-5　空间金字塔池化

6.3.4　区域生成网络

区域生成网络（Region Proposal Network，RPN）是目标检测算法中的一个重要组成部分，主要用于提取候选框。RPN 的原理和核心步骤可概括如下。

1. 原理

RPN 的原理基于卷积神经网络，通过滑动窗口在输入图像上生成候选框，并对每个候选框进行分类和回归。RPN 的目标是生成一组与目标对象大小相近的候选框，以供后续的分类和回归任务使用。

具体来说，RPN 对输入图像进行卷积操作，得到一系列的特征图。然后，通过滑动窗口在特征图上进行操作，生成一组候选框。每个候选框包含其对应的类别信息和位置信息。RPN 会对每个候选框进行分类，判断其是否包含目标对象，并进行回归调整，得到更精确的候选框位置。

2. 核心步骤

（1）网络结构：RPN 采用卷积神经网络作为基础结构，通常与 Fast R-CNN 结合使用。RPN 的网络结构相对简单，主要由卷积层和全连接层组成。卷积层用于提取特征，全连接层用于生成候选框和进行分类。

（2）候选框生成：RPN 通过滑动窗口在特征图上生成候选框，窗口的大小和步长可以根据需要进行调整。每个窗口都会生成一个或多个候选框，这些候选框会经过一系列的滤波操作，去除不合理的候选框。

（3）分类和回归：对于每个生成的候选框，RPN 会进行分类和回归操作。分类器用于判断候选框是否包含目标对象，回归器用于调整候选框的位置和大小。分类器和回归器通常共享相同的卷积层和全连接层。

（4）训练：RPN 的训练采用监督学习的方式进行。训练数据包括带有标注的图像和对应的候选框信息。训练的目标是最小化分类器和回归器的损失函数，以使得生成的候选框尽可能接近实际的目标位置。

总之,区域生成网络(RPN)是一种重要的目标检测算法组件,用于提取候选框并进行分类和回归。通过卷积神经网络和滑动窗口技术,RPN能够生成一组与目标对象大小相近的候选框,提高目标检测的性能和效率。

6.3.5 边框回归技术

边框回归技术在目标定位中起着精确定位的作用。在目标检测过程中,边框回归通过对候选框进行逼近,使得最终检测到的目标定位更加接近真实值,提高定位准确率。

在计算机视觉任务中,目标定位的准确性至关重要。通过使用边框回归技术,可以对候选框进行精确调整,从而减少定位误差。这种技术特别适用于处理具有复杂背景和多种姿态变化的目标,因为在这些情况下,目标可能与背景或其他物体混淆,导致定位困难。

在实际应用中,边框回归技术通常与深度学习模型结合使用,如卷积神经网络(CNN)。通过训练模型对大量标注数据进行学习,边框回归技术能够自动地学习到目标对象的特征和空间分布规律,并根据这些规律对候选框进行精确调整。

除了提高定位准确率,边框回归技术还可以提高目标检测的整体性能。通过对候选框进行精确调整,可以减少后续分类和回归任务的计算量和参数数量,提高模型的效率和鲁棒性。

综上所述,边框回归技术在目标定位中起着重要的作用,通过精确定位目标对象的位置,提高目标检测的准确性和鲁棒性。它在计算机视觉领域具有广泛的应用价值,随着技术的不断进步,边框回归的前景仍然充满着希望,将进一步推动对图像和视频中目标的定位与识别能力。

6.4 主干神经网络的选择与应用

6.4.1 AlexNet

AlexNet是深度学习领域的一个重要里程碑,它在2012年的ImageNet挑战赛中大放异彩,为深度卷积神经网络(CNN)在计算机视觉领域的应用打开了新的篇章。

1. AlexNet架构

AlexNet的架构相对简单,主要包括输入层、卷积层、池化层和全连接层。具体来说,它由5个卷积层(其中包括2个池化层)和3个全连接层组成。这种网络结构能够有效地从原始图像中提取层次化的特征。

AlexNet的创新之处可总结为如下3点。

(1)使用ReLU作为激活函数:在当时,大多数神经网络都使用Sigmoid或Tanh作为激活函数,但这些函数在训练过程中容易发生梯度消失问题。而ReLU激活函数能够有效地解决这个问题,因为它在输入大于0时输出为0,而输入小于0时输出为负无穷,从而提高了网络的非线性表达能力。

（2）局部响应归一化（LRN）：为了避免内部协变量偏移和加速收敛，AlexNet 在每个卷积层后都使用了 LRN 层。LRN 通过将同一通道内的神经元进行归一化处理，增强了特征的表示能力。

（3）数据增强和 Dropout：为了提高模型的泛化能力，AlexNet 采用了数据增强技术，通过对图像进行旋转、翻转等操作增加数据集的大小。此外，AlexNet 还使用了 Dropout 技术，在训练过程中随机丢弃一部分神经元，以避免过拟合问题。

2. AlexNet 在目标检测中的应用

随着深度学习技术的发展，目标检测成为计算机视觉领域的重要研究方向之一。AlexNet 作为一种具有强大特征提取能力的网络结构，也被广泛应用于目标检测任务中。

在目标检测中，AlexNet 可以作为特征提取器来使用。通过将 AlexNet 应用于目标检测任务，可以有效地提取图像中的特征信息，为后续的目标分类和位置定位提供支持。具体来说，AlexNet 可以用于提取图像中的纹理、边缘、颜色等特征，这些特征对于识别不同的目标至关重要。

3. 使用 PyTorch 搭建 AlexNet 网络

基于 PyTorch 搭建 AlexNet 网络的示例如代码 6-1 所示。

【代码 6-1】　基于 PyTorch 搭建 AlexNet 网络的示例代码。

```
1   import torch
2   import torch.nn as nn
3   # 定义 AlexNet 网络结构:
4   class AlexNet(nn.Module):
5      def __init__(self, num_classes = 1000):
6          super(AlexNet, self).__init__()
7          self.features = nn.Sequential(
8          nn.Conv2d(3, 64, kernel_size = 11, stride = 4, padding = 2),
9          nn.ReLU(inplace = True),
10         nn.MaxPool2d(kernel_size = 3, stride = 2),
11         nn.Conv2d(64, 192, kernel_size = 5, padding = 2),
12         nn.ReLU(inplace = True),
13         nn.MaxPool2d(kernel_size = 3, stride = 2),
14         nn.Conv2d(192, 384, kernel_size = 3, padding = 1),
15         nn.ReLU(inplace = True),
16         nn.Conv2d(384, 256, kernel_size = 3, padding = 1),
17         nn.ReLU(inplace = True),
18         nn.Conv2d(256, 256, kernel_size = 3, padding = 1),
19         nn.ReLU(inplace = True),
20         nn.MaxPool2d(kernel_size = 3, stride = 2),
21         )
22         self.avgpool = nn.AdaptiveAvgPool2d((6, 6))
23         self.classifier = nn.Sequential(
24         nn.Dropout(),
25         nn.Linear(256 * 6 * 6, 4096),
26         nn.ReLU(inplace = True),
27         nn.Dropout(),
28         nn.Linear(4096, 4096),
29         nn.ReLU(inplace = True),
```

```
30          nn.Linear(4096, num_classes),
31          )
32
33      def forward(self, x):
34          x = self.features(x)
35          x = self.avgpool(x)
36          x = torch.flatten(x, 1)
37          x = self.classifier(x)
38          return x
```

上述为 AlexNet 类方法,继承于 PyTorch 的 nn. Module。在类的构造函数中,定义了特征提取部分和分类器部分。模型的特征提取由数个卷积层、激活函数和池化层构成,分类器则由 Dropout 层、全连接层和 Softmax 输出层组成。在 forward 函数中,定义了数据在网络中的前向传播过程。

完成 AlexNet 模型的定义后,即可创建模型示例,并定义损失函数与优化器,如代码 6-2 所示。

【代码 6-2】 定义损失函数和优化器。

```
1   model = AlexNet()                                    ♯创建模型实例
2   criterion = nn.CrossEntropyLoss()                    ♯定义损失函数,这里使用交叉熵损失函数
3   optimizer = torch.optim.SGD(model.parameters(), lr = 0.001)      ♯定义优化器,此处使
    ♯用随机梯度下降(SGD)优化器,学习率为 0.001
```

通过迭代数据集中的数据,进行模型的训练和验证。首先,需要提供训练数据和验证数据,并在每个 epoch 后打印出损失和准确率等指标,以便监控模型的性能。具体的训练和验证代码取决于数据集和任务需求。

6.4.2 VGGNet

VGGNet,全称为 Visual Geometry Group Net,是牛津大学 Visual Geometry Group 提出的一种深度卷积神经网络(CNN)模型。它在当时是一个创举,因为在此之前,深度学习领域的许多研究都侧重于构建更深、更复杂的网络结构,以提高模型的性能。然而,VGGNet 的提出向人们展示了简单、深度和模块化的网络结构同样也可以达到优秀的性能。

1. VGGNet 网络结构

VGGNet 由多个卷积层、全连接层和非线性激活函数组成。其网络结构的特点在于每一层都使用 3×3 的卷积核进行卷积操作,然后通过 2×2 的最大池化层进行下采样。这种结构使得网络具有较高的感受野和较深的层次,能够提取到更丰富的特征。VGGNet 有多种变体,其中最著名的是 VGG16 和 VGG19,它们的区别在于网络深度和卷积层的数量。VGGNet 深度学习网络架构如图 6-6 所示。ResNet VGG19 网络架构如图 6-7 所示。

多尺度特征提取是 VGGNet 的一个重要特点。在传统的 CNN 中,随着网络深度的

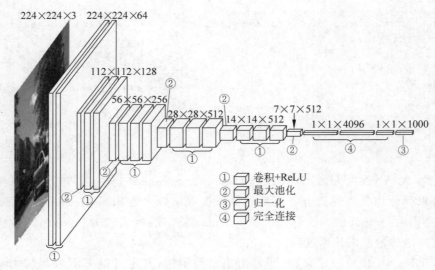

图 6-6 VGGNet 深度学习网络架构

增加,特征图的尺寸逐渐减小,这导致网络只能捕获到图像的局部特征。为了解决这个问题,VGGNet 引入了多个尺度的卷积层来同时捕获不同尺寸的特征。具体来说,VGGNet 通过将多个尺度的卷积层堆叠在一起,形成了一种类似金字塔的结构。这种结构使得网络能够同时捕获到图像的局部和全局特征,从而提高了特征的表示能力。

在训练过程中,VGGNet 使用了一种名为"多尺度训练"的方法。该方法通过将原始图像缩放到不同尺寸,然后对每个尺寸进行不同的数据增强,从而生成多个版本的数据。这些数据用于训练同一网络模型,使得模型能够适应不同尺度的输入,并从中学习到多尺度的特征表示。这种方法不仅增加了数据量,还有助于提高模型的泛化能力。

此外,VGGNet 还使用了小卷积核(3×3)代替传统的 5×5 或 7×7 的大卷积核。小卷积核能够捕获到更多的局部信息,并且减少了计算量,提高了网络的运算效率。同时,多个 3×3 卷积层可以通过堆叠来模拟大卷积核的效果,进一步增强特征表示能力。

综上所述,VGGNet 通过引入多尺度卷积层和多尺度训练方法,实现了多尺度特征提取。这种多尺度的特征提取方法提高了网络的特征表示能力,使得 VGGNet 在物体检测、图像分类等计算机视觉任务中取得了优秀的性能。同时,VGGNet 的简洁、深度和模块化的网络结构也为后续的深度学习研究提供了新的思路和启示。

在实际应用中,VGGNet 常常作为其他先进模型的基础架构。例如,在目标检测任务中,VGGNet 可以作为特征提取器用于提取图像中的特征信息,然后与其他算法结合实现目标检测。然而,随着深度学习技术的不断发展,更深的网络结构逐渐取代了VGGNet 在许多任务中的地位。

VGGNet 作为一种经典的深度学习模型,在网络结构和多尺度特征提取方面都具有重要的意义。它证明了简单、深度和模块化的网络结构同样可以达到优秀的性能,并为后续的深度学习研究提供了新的思路和启示。

2. 使用 PyTorch 搭建 VGG16 网络

基于 PyTorch 搭建 VGGNet 网络的示例如代码 6-3 所示。

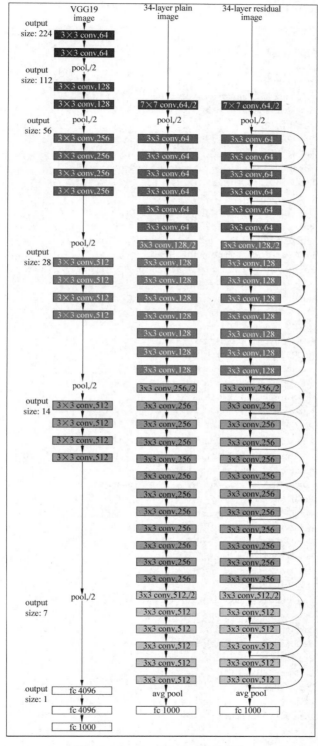

图 6-7 ResNet VGG19 网络架构

【代码6-3】　基于 PyTorch 环境下的 VGGNet 网络。

```
1    import torch
2    import torch.nn as nn
3
4    class VGG16(nn.Module):
5        def __init__(self, num_classes = 1000):
6            super(VGG16, self).__init__()
7            self.features = nn.Sequential(
8            nn.Conv2d(3, 64, kernel_size = 3, padding = 1),
9            nn.ReLU(inplace = True),
10           nn.Conv2d(64, 64, kernel_size = 3, padding = 1),
11           nn.ReLU(inplace = True),
12           nn.MaxPool2d(kernel_size = 2, stride = 2),
13           nn.Conv2d(64, 128, kernel_size = 3, padding = 1),
14           nn.ReLU(inplace = True),
15           nn.Conv2d(128, 128, kernel_size = 3, padding = 1),
16           nn.ReLU(inplace = True),
17           nn.MaxPool2d(kernel_size = 2, stride = 2),
18           nn.Conv2d(128, 256, kernel_size = 3, padding = 1),
19           nn.ReLU(inplace = True),
20           nn.Conv2d(256, 256, kernel_size = 3, padding = 1),
21           nn.ReLU(inplace = True),
22           nn.Conv2d(256, 256, kernel_size = 3, padding = 1),
23           nn.ReLU(inplace = True),
24           nn.MaxPool2d(kernel_size = 2, stride = 2),
25           nn.Conv2d(256, 512, kernel_size = 3, padding = 1),
26           nn.ReLU(inplace = True),
27           nn.Conv2d(512, 512, kernel_size = 3, padding = 1),
28           nn.ReLU(inplace = True),
29           nn.Conv2d(512, 512, kernel_size = 3, padding = 1),
30           nn.ReLU(inplace = True),
31           nn.MaxPool2d(kernel_size = 2, stride = 2),
32           nn.Conv2d(512, 512, kernel_size = 3, padding = 1),
33           nn.ReLU(inplace = True),
34           nn.Conv2d(512, 512, kernel_size = 3, padding = 1),
35           nn.ReLU(inplace = True),
36           nn.Conv2d(512, 512, kernel_size = 3, padding = 1),
37           nn.ReLU(inplace = True),
38           nn.MaxPool2d(kernel_size = (2, 1)),
39           )
40           self.avgpool = nn.AdaptiveAvgPool2d((7, 7))
41           self.classifier = nn.Sequential(
42           nn.Linear(512 * 7 * 7, 4096),
43           nn.ReLU(inplace = True),
44           nn.Dropout(),
45           nn.Linear(4096, 4096),
46           nn.ReLU(inplace = True),
47           nn.Dropout(),
48           nn.Linear(4096, num_classes),
49           )
50
```

```
51      def forward(self, x):
52          x = self.features(x)
53          x = self.avgpool(x)
54          x = torch.flatten(x, 1)
55          x = self.classifier(x)
56          return x
```

在这个示例中,定义了一个名为 VGG16 的类,继承自 torch. nn. Module。在类的构造函数中,定义了特征提取部分和分类器部分,在 forward 函数中,定义了数据在网络中的前向传播过程。需要注意的是,VGG16 网络的参数数量和结构可以根据实际需求进行调整。

6.4.3　ResNet

ResNet(深度残差网络)是一种特殊的深度神经网络,通过残差连接(Residual Connection)高效地解决了深度神经网络中的梯度消失和性能变化问题。可从如下几方面对深度残差网络展开解析。

1. ResNet50 网络

深度残差网络的基本结构单元是残差块(Residual Block),由两个卷积层和一条短路连接(Shortcut Connection)组成。短路连接将输入的特征图直接传递到输出,与输出进行加和操作,从而实现残差学习。这种设计使得梯度能够绕过非线性层并传递到更深层,缓解了梯度消失问题。

在深度残差网络中,残差连接是实现特征传播的关键机制。通过在相邻层之间添加跳跃连接,使得特征能够绕过一些层并直接传递到后续层。这种连接方式有助于缓解梯度消失问题,并提高网络的非线性表示能力。

深度残差网络的深度是其重要特性之一。通过设计较深的网络结构,ResNet 在许多计算机视觉任务中取得了优异的性能。这种深度的设计灵感来自然界的视觉系统,如猫和猴子的视觉皮层。较深的网络能够更好地理解和区分复杂的特征和模式。

在训练深度残差网络时,采用了一些策略来提高网络的性能和稳定性。常用的策略可概括为如下 6 部分。

(1)初始化策略:使用 He 初始化方法对网络参数进行初始化,以提高训练的稳定性和收敛速度。

(2)批量归一化:在每个残差块中引入批量归一化层,对输入特征进行归一化处理,有助于缓解内部协变量偏移问题,并提高网络的泛化能力。

(3)残差学习:通过优化残差函数而非全连接函数,使网络更容易学习到有用的特征表示。这有助于缓解梯度消失和性能下降问题。

(4)跳跃连接的权重初始化:将跳跃连接的权重初始化为1,以确保输入和输出之间的等价映射关系。这样可以在训练过程中更好地学习残差函数。

(5)恒等映射:为了避免由于网络深度增加而导致性能下降的问题,ResNet 采用恒等映射作为退化路径,即当网络深度增加时,退化路径可以看作是一个恒等映射,不会引入额外的参数增加计算复杂度。

（6）多分辨率特征融合：通过在不同尺度和分辨率的特征图上进行残差学习，ResNet能够更好地提取多尺度特征，并提高目标检测和图像分类等任务的性能。

2. 使用 PyTorch 搭建 ResNet50 网络

代码6-4是基于 PyTorch 搭建 ResNet50 网络的示例代码。

【代码6-4】 PyTorch 构建 ResNet50 网络示例代码。

```
1   import torch
2   import torch.nn as nn
3   import torchvision.models as models
4
5   ＃定义 ResNet50 网络
6   class ResNet50(nn.Module):
7     def __init__(self, num_classes = 1000):
8       super(ResNet50, self).__init__()
9       self.model = models.resnet50(pretrained = True)
10      self.model.fc = nn.Linear(2048, num_classes)
11
12    def forward(self, x):
13      x = self.model(x)
14      return x
```

在这个示例中，首先导入了 PyTorch 和 torchvision 中的相关模块。然后利用 PyTorch 设定了一个名为 ResNet50 的类，该类继承自 nn.Module。在类的构造函数中，创建了一个预训练的 ResNet50 模型，并将其最后一层全连接层替换为具有指定输出类别的线性层。在 forward 函数中，将输入数据传递给 ResNet50 模型，并返回模型的输出。

要使用这个 ResNet50 模型，可以按照如下4个步骤进行。

（1）导入必要的模块和定义模型。

（2）创建一个模型实例。

（3）将输入数据传递给模型进行前向传播。

（4）对模型的输出进行后处理，如使用 Softmax 函数进行分类或使用其他自定义函数进行其他任务。

此外，AlexNet 还可以与其他算法结合使用，以实现更准确的目标检测。例如，可以将 AlexNet 与支持向量机（SVM）或回归算法相结合，对提取的特征进行分类和位置定位。

然而，随着更深的网络结构的出现，AlexNet 在目标检测任务中的应用逐渐减少。这些深度的网络结构在保持高准确率的同时，进一步提高了模型和网络的性能和鲁棒性。因此，在实际应用中，需要根据不同的具体任务和数据集手动选择并调整网络结构和参数进行优化。

虽然 AlexNet 在现代深度学习模型中可能不是最先进的选择，但它在深度学习的起源和发展中起到了至关重要的作用。它的出现推动了深度卷积神经网络在计算机视觉领域的应用和发展,并为后续更先进的模型的开发奠定了基础。因此,对 AlexNet 的理解对于深入了解深度学习的工作原理和应用具有重要意义。

6.5　单阶段目标检测模型

6.5.1　SSD 模型

SSD(Single Shot MultiBox Detector)是一种实时多尺度目标检测算法。相比于其他目标检测算法,SSD 模型具有更高的精度和速度。其主要思想是在单个神经网络中同时预测多个目标的位置和类别,通过在图像上应用多个卷积层来预测不同尺度和长宽比的边界框,并使用非极大值抑制来获得最终的检测结果。

SSD 模型的结构分为两部分:特征提取网络和多尺度检测网络。特征提取网络通常采用预训练的神经网络模型,如 VGG、Inception 等,对图像进行卷积运算从而提取出高层次的特征信息。多尺度检测网络包含多个预测层,每个预测层会对特征图进行检测。由于预测的层数较多,每个层级的预测精度都不够高。因此,SSD 模型采用了一种多尺度预测的机制,即每个特征提取层都对不同大小的特征图进行检测,从而得到更加精细的预测结果。

在 SSD 算法中,预测过程分为两部分:类别预测和位置预测。对于每个锚框(Anchor),模型会预测一个类别分数和一个边界框偏移量。类别预测通过一个 Sigmoid 激活函数将概率限制在(0,1)范围内,表示该锚框中包含目标物体的概率。位置预测通过回归目标框的中心点坐标和宽高,使得模型能够自适应地调整锚框的位置和大小,从而提高检测精度。

SSD 算法的优势在于其能够快速处理图像并实现实时目标检测,同时还能检测不同尺度和长宽比的物体。这得益于其多尺度预测机制和锚框设计。然而,SSD 算法也存在一些局限性,如对于一些小目标物体的检测效果可能不够理想,还需要进一步改进和优化。

6.5.2　YOLO 模型

YOLO 是一种非常快速和准确的目标检测方法。它的核心思想是将输入图像划分为 $S \times S$ 的网格,每个网格预测 B 个边界框和 C 个类别概率。在训练过程中,YOLO 使用一个简单的神经网络来预测多边界框和分类概率。YOLOv8 网络架构如图 6-8 所示。

YOLO 算法的主要优点可概括为如下 3 点。

(1)速度快:由于 YOLO 将目标检测任务转换为回归问题,避免了传统算法中需要多次遍历图像和计算特征的步骤,从而实现了高速的目标检测。

(2)精度高:YOLO 通过回归方法预测目标的位置和类别信息,可以在单次前向传播中得到准确的结果,避免了传统算法中需要经过多次迭代和调整的步骤。

(3)适用于各种差异化的场景:YOLO 算法可以应用于不同类型和场景下的目标检测任务,如表情检测、行人跟踪、车辆识别等。由于其简单直接的设计,YOLO 模型能够

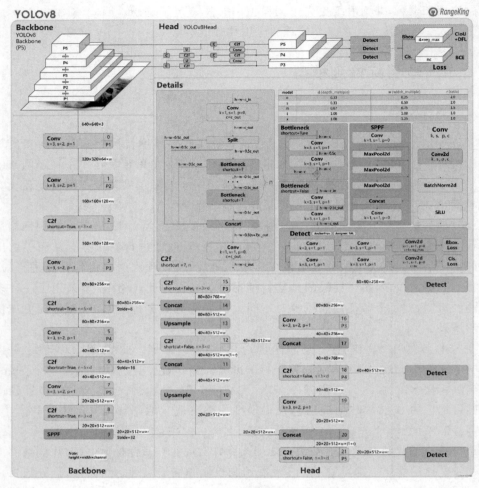

图 6-8　YOLOv8 网络架构

快速处理图像并实现实时目标检测。

然而，YOLO 算法也存在一些局限性，可概括为如下两点。

（1）对于小目标物体的检测效果可能不够理想。由于 YOLO 算法在每个网格中预测固定数量的边界框，对于较小的目标物体可能会出现漏检或误检的情况。

（2）对于重叠比较大的目标物体可能会出现误检的情况。由于 YOLO 算法采用网格划分的方式进行预测，当两个目标物体存在较大程度的重叠时，可能会出现误检的情况。

为了解决这些问题，提出了一些改进的 YOLO 算法，如 YOLOv2、YOLOv3 和 YOLOv4 等。这些改进的算法在原有的基础上进行了改进和优化，如增加特征提取网络的结构、使用多尺度预测、引入非极大值抑制等方法，提高了目标检测的精度和鲁棒性。

总之，YOLO 算法是一种快速、高效的目标检测算法，具有广泛的应用前景。虽然算法仍然存在一些局限性，但随着技术的不断发展和改进，相信这些局限性会得到有效的解决。

6.6 双阶段目标检测模型

6.6.1 R-CNN 模型

R-CNN(Region-CNN)区域卷积神经网络模型是一种开创性的目标检测算法,它将深度学习与传统的计算机视觉方法相结合,实现了在图像中识别和定位目标物体的强大功能。该模型的出现标志着目标检测领域的一个重大突破,为后续的深度学习目标检测算法奠定了基础。

1. R-CNN 模型的基本原理

R-CNN 模型的基本思想是将目标检测问题转换为一系列区域生成的问题,然后使用卷积神经网络(CNN)对每个区域进行特征提取和分类。具体来说,R-CNN 模型包括以下 3 个主要步骤。

(1)区域生成:使用诸如 Selective Search、EdgeBoxes 等传统算法来生成候选区域(Region Proposals),这些候选区域被认为是包含图像中目标物体的潜在区域。

(2)特征提取:对每个候选区域进行特征提取。R-CNN 通过截断一个预训练的CNN 模型,将每个候选区域作为输入,获得相应的特征向量。这一步避免了在全图上执行耗时的卷积操作,显著提高了计算效率。

(3)分类与位置修正:使用支持向量机(SVM)对提取的特征进行分类,以确定每个候选区域是否包含目标物体以及物体的类别。同时,通过回归方法对候选区域的边界框进行微调,以更精确地定位目标物体的位置。

2. R-CNN 模型的优缺点

(1)优点。

① 准确度高:R-CNN 模型通过结合深度学习和传统计算机视觉技术,实现了较高的目标检测准确率,为后续的目标检测算法提供了基准。

② 适用性强:R-CNN 模型可以应用于各种场景下的目标检测任务,如人脸识别、行人检测、物体跟踪等。

③ 高度灵活:R-CNN 模型可以轻松地与其他计算机视觉技术融合,如物体跟踪和关键点检测,从而实现更全面的视觉分析功能。

(2)缺点。

① 计算量大:由于需要对每个区域提议进行特征提取和分类,R-CNN 模型的计算量较大,导致处理速度相对较慢。

② 参数调整复杂:R-CNN 模型涉及多个参数和步骤,如区域提议算法、CNN 模型选择、SVM 分类器等,参数调整相对复杂。

③ 对数据量有较高要求:为了获得优良的检测效果,R-CNN 模型需要大量标注数据进行训练。这种依赖大量数据的特性不仅增加了数据收集和预处理的工作量,也显著提高了数据标注的负担和成本。在实际应用中,标注大量的高质量数据需要专业的知识和大量的人力资源,这对于资源有限的项目来说可能是一个重大的挑战。此外,数据的

多样性和代表性对模型的泛化能力也至关重要,这意味着仅仅收集大量数据还不够,还需要确保数据能够覆盖各种各样的情况和场景,进一步增加了数据准备的难度和成本。

3. R-CNN 模型的改进与发展

针对 R-CNN 模型的缺点,研究者提出了多种改进方法,以提高目标检测的速度和效率。其中,Faster R-CNN 和 Mask R-CNN 是代表性的改进算法。这些算法在保持较高检测准确率的同时,显著减少了计算量,降低了参数调整的复杂性。此外,还有一些研究工作将深度学习技术与传统的特征提取方法相结合,以实现更高效的目标检测。

R-CNN 模型作为目标检测领域的里程碑式算法,为后续研究提供了坚实的基础。虽然该模型存在一些缺点和局限性,但随着技术的不断发展和改进,相信这些问题将得到有效解决。相关的改进研究也可从如下 4 方面进一步展开。

(1) 优化计算效率:针对 R-CNN 模型计算量大的问题,可进一步探索高效的特征提取方法和优化策略,减少计算量和处理时间。

(2) 轻量级模型设计:为了满足实时性和资源限制的需求,研究轻量级的目标检测模型是未来的一个重要方向。通过对模型结构的优化和剪枝等技术,实现小规模模型的高效目标检测。

(3) 多模态信息融合:结合图像的多种信息(如颜色、纹理、上下文等),进一步提高目标检测的准确性和鲁棒性。利用不同模态信息的互补性,可以更全面地理解图像内容并提升目标检测的性能。

(4) 数据增强与迁移学习:通过数据增强技术生成大规模标注数据的变种,提高模型的泛化能力。同时,利用迁移学习技术将预训练模型应用于新任务场景,减少对新任务的标注需求和训练时间。

6.6.2 Faster R-CNN 模型

Faster R-CNN 模型通过共享卷积层和区域生成网络(RPN)等方法,提高了目标检测的速度和准确性,其网络架构如图 6-9 所示。

与 R-CNN 模型相比,Faster R-CNN 主要有以下改进。

1. Faster R-CNN 模型的实现细节

(1) 输入预处理:Faster R-CNN 模型的输入通常为原始图像或经过预处理的图像。对于原始图像,可能需要进行缩放、归一化等预处理操作,以便于后续的卷积操作。这一步骤是至关重要的,因为它确保了图像数据在网络中传递时能保持一致性和有效性。归一化处理通常包括调整图像的亮度和对比度,以及将像素值缩放到模型训练时使用的相同范围。此外,可能还会应用一些数据增强技术,如随机裁剪、翻转等,以提高模型对不同视角和条件的适应性。对于预处理过的图像,可以直接将其作为输入,这有助于缩短处理时间和提高计算效率。

(2) 共享卷积层:Faster R-CNN 模型使用预先训练的深度卷积网络(如 VGG 或 ResNet)作为特征提取器。这些网络通常包含多个卷积层,用于从原始图像中提取高层语义特征。在 Faster R-CNN 中,这些卷积层被设置为共享层,对所有区域生成统一进行

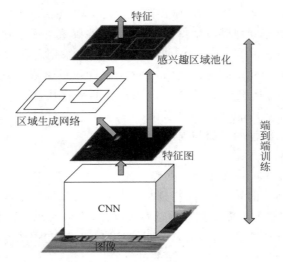

图 6-9 Faster R-CNN 网络架构

卷积操作。这种共享机制不仅提高了特征提取的效率,也减少了模型的计算需求,因为它避免了对每个区域生成重复进行相同的卷积计算。

（3）区域生成网络（RPN）：RPN 是 Faster R-CNN 模型中的关键组件之一,用于生成高质量的候选区域。RPN 通过卷积神经网络对每个像素进行分类,判断其是否属于目标物体,并生成一系列候选区域。这些候选区域可以是矩形或其他形状,根据任务需求进行选择。RPN 通常采用 Anchor 机制,根据先验知识设定不同大小和宽高比的矩形框作为候选框,以覆盖不同大小的物体。RPN 输出的候选区域通过 Softmax 分类器进行分类,确定每个区域是否包含目标物体。同时,RPN 还输出每个候选区域的边界框偏移量,用于微调候选区域的边界框位置。

（4）全局特征融合：为了提高目标检测的准确率,Faster R-CNN 采用全局特征融合策略,将全图特征与局部特征相结合。具体来说,Faster R-CNN 将共享卷积层生成的特征图与每个候选区域的特征进行融合,以获得更全面的特征表示。这样可以更好地捕捉图像中的上下文信息,提高目标检测的准确性。这种融合方式不仅增强了模型对目标的局部细节的理解,同时也利用了整个图像的背景和环境信息,为模型提供了更为丰富和综合的数据视角。

输出层：Faster R-CNN 模型的输出通常包括每个候选区域的类别信息和边界框位置信息。对于每个候选区域,通过分类器判断其所属类别,并使用回归器微调其边界框位置。输出的边界框位置信息可以是矩形框的中心点坐标、宽度和高度等参数,也可以是像素级的边界框坐标。最终,将这些信息整合在一起形成完整的目标检测结果。

（5）训练与优化：Faster R-CNN 模型的训练与优化是确保模型高效运行的关键步骤。在训练过程中,模型采用了精心设计的损失函数,主要包括两部分:分类损失和边界框回归损失。分类损失负责优化模型在正确分类图像区域的能力,通常使用交叉熵损失来衡量预测类别与实际类别之间的差异;边界框回归损失则用于精确调整每个候选区域的位置和尺寸,通常采用平滑 L1 损失来减少预测边界框与真实边界框之间的偏差。

在优化算法方面,Faster R-CNN常用随机梯度下降(SGD)方法更新模型的权重,这是因为SGD能有效处理大规模数据集,通过逐步调整权重来最小化损失函数。此外,为了避免过拟合并增强模型的泛化能力,训练过程中还会采用各种数据增强技术(如图像旋转、裁剪、颜色变换等)和正则化方法(如Dropout和权重衰减)。这些技术不仅能提高模型对新数据的适应能力,还有助于维持训练过程的稳定性,防止训练过程中的梯度爆炸或消失问题,从而保证模型训练的效率和效果。

2. Faster R-CNN 模型的优势与局限性

1)优势

(1)计算速度快:Faster R-CNN模型在速度上相比传统的R-CNN模型有显著提升,这主要得益于其高效的架构设计,特别是共享卷积层和区域生成网络(RPN)的使用。在R-CNN中,每个候选区域需要独立进行卷积操作,这导致大量的重复计算和高昂的时间成本。相反,Faster R-CNN通过对整个图像只执行一次卷积操作,然后将得到的特征图用于所有的候选区域,极大地减少了重复的计算。

(2)准确度更高:通过全局特征融合等技术手段。

2)局限性

(1)计算复杂度较高:尽管相比R-CNN有了很大的改进,但Faster R-CNN仍然需要进行大量的卷积和池化操作,计算复杂度较高,尤其是在处理大量生成区域时。

(2)训练和推理阶段速度不一致:Faster R-CNN在训练和推理阶段具有不一致的速度,因为在训练阶段需要为每个图像生成区域,而在推理阶段则不需要。

6.6.3 R-FCN 模型

R-FCN(Region-based Fully Convolutional Network)模型是一种区域全卷积神经网络,旨在提高目标检测的速度和准确性。该模型的核心思想是将卷积神经网络与区域生成网络(RPN)相结合,实现快速、准确的目标检测。R-FCN网络架构,如图6-10所示。

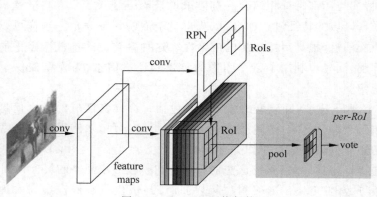

图 6-10　R-FCN 网络架构

1. R-FCN 模型的实现步骤

(1)输入预处理:R-FCN模型的输入通常为原始图像或经过预处理的图像。原始图像一般会进行缩放、归一化等预处理操作。对于预处理过的图像,可以直接将其作为输入。

（2）共享卷积层：R-FCN 模型使用预先训练的深度卷积网络（如 VGG 或 ResNet）作为特征提取器。其中含有的卷积层是为了提取原始图像中的高层语义特征。在 R-FCN 中，这些卷积层被设置为共享层，对所有区域生成进行卷积操作。共享卷积层可以减少大量重复计算，提高计算效率。同时，共享卷积层还能够提取更丰富的特征信息，提高目标检测的准确性。

（3）区域生成网络（RPN）：RPN 是 R-FCN 模型中的核心组件，负责生成高质量的候选区域，这些区域是目标检测的先决条件。RPN 通过一个精心设计的卷积神经网络对整个输入图像的每个像素点进行细致的分析。它使用一系列卷积层来提取特征，并在这些特征上应用分类器，以判断每个像素是否可能是某个目标物体的一部分。为了适应不同尺寸和形状的目标，RPN 采用了一种称为 Anchor 机制的策略。这种机制预设了多种尺寸和宽高比的矩形框（anchors），覆盖了潜在目标可能出现的各种情况。每个 anchor 代表一个候选区域的模板，RPN 在每个位置上都尝试这些模板，并通过训练学习到哪些模板最可能框住真实的目标物体。候选区域一旦被识别，RPN 就使用 Softmax 分类器对每个候选区进行评分，判断它们是否包含目标物体。此外，RPN 还负责输出每个候选区域的边界框偏移量。这些偏移量是通过回归模型预测的，用于校正候选框的位置和尺寸，使其更准确地对齐到实际的目标物体上。RPN 的这种设计极大地优化了目标检测流程。在传统的目标检测方法中，候选区域的生成和筛选往往需要多步骤处理，既耗时又低效。RPN 通过直接在特征图上生成候选区域，并同时进行目标预测和边界框调整，显著提高了检测的速度和效率。这种一体化的处理不仅简化了工作流程，还因其高效的候选区生成机制，提高了整个模型的性能和实用性。

（4）全局特征融合：为了提高目标检测的准确率，R-FCN 模型采用全局特征融合策略，将不同特征层的输出进行融合，以捕捉图像中的丰富信息。全局特征整合通常通过上采样或下采样技术对特征图的尺寸进行调整，并采用逐点相加或拼接的方式进行操作。这种方法有助于增强模型对不同尺寸目标的识别能力，进一步提升目标检测的精确度。

（5）分类器和回归器：该模型利用预先训练好的分类器和回归器对潜在的目标区域执行细致的类别划分和边界框的微调。分类任务通过全连接层结合 Softmax 函数来实现，以确定区域内物体的具体类别。同时，回归器对边界框进行精确调整，确保其严密贴合目标物体的轮廓。

（6）损失函数的复合设计：R-FCN 采用综合损失函数，涵盖分类损失和边界框回归损失，分别对分类器和回归器的性能进行优化。这种设计旨在平衡各类目标物体的检测以及边界框定位的精确度，常采用的损失函数包括交叉熵损失和 Smooth L1 损失等。

（7）训练与优化的策略：R-FCN 的训练过程涉及精细的参数调整，包括损失函数的构造和优化算法的选择，以实现模型性能的最大化。R-FCN 模型使用的损失函数通常包括两个主要部分：分类损失和边界框回归损失。分类损失（通常采用交叉熵损失）针对的是正确标记候选区域中是否包含目标物体，其目的是提高模型在目标分类上的精确度。边界框回归损失（如 Smooth L1 损失）则用于优化模型在预测目标物体精确位置方面的性能,确保候选框与真实目标之间的最大对齐。

2. R-FCN 模型的优势与局限性

1)优势

(1)高效率:与 R-CNN 和 Faster R-CNN 相比,R-FCN 通过卷积层共享和区域生成网络(RPN)优化,减少了冗余计算,提升了检测效率。

(2)高精度:利用全局特征融合技术,增强了对目标的识别能力,从而提高了检测的准确度。

(3)高兼容性:R-FCN 模型易于与多种计算机视觉技术集成,如物体追踪和关键点定位,扩展了其在视觉分析领域的应用范围。

2)局限性

(1)计算需求:尽管速度得到提升,但在处理大规模数据或需要实时响应的场景时,R-FCN 的计算需求依然较高。

(2)数据依赖性:为了实现优秀的检测性能,模型需要大量的标注数据进行训练,这可能导致数据准备的成本和工作量增加。

(3)参数调优难度:R-FCN 模型包含多个参数和组件,如 RPN、共享卷积层、分类器和回归器,这些都需要精心调整以获得最佳性能。

尽管存在局限性,R-FCN 模型仍然是目标检测领域中的一个有力工具。未来的研究可以集中在开发更高效的网络结构、改进区域生成技术,以及优化训练流程,以进一步提升目标检测的效率和准确性。未来的研究方向可以包括探索更高效的卷积神经网络结构、改进区域生成网络的方法以及优化训练和优化算法等,以提高目标检测的性能和效率。

6.7　本章小结

目标检测技术是计算机视觉领域的重要分支,旨在识别图像或视频中出现的物体并准确定位其位置。随着深度学习技术的不断发展,目标检测算法取得了显著的进步,广泛应用于安全监控、智能交通、无人驾驶、智能机器人等领域。

目标检测技术作为计算机视觉领域的重要分支,在理论和应用方面仍需不断探索和创新。通过改进算法、增强鲁棒性、多模态信息融合、嵌入式应用和跨领域应用等方面的研究,可以推动目标检测技术的发展,为人类的视觉感知和智能化决策提供有力支持。

第 **7** 章

视频讲解

基于视觉大数据检索的图搜图应用

信息技术的持续进步已经引领多媒体数据如图像、视频和音频等的爆炸式增长，这些数据成为人们日常生活中主要的信息载体，如热门的短视频、社交网络图片和语音消息等。这种趋势使得信息的交流方式不再仅局限于文本，而是越来越多地采用图像、视频和语音等多媒体形式进行，从而形成了迅速扩大的视觉大数据。然而，在庞大的多媒体数据中迅速找到目标信息变得十分困难，这一挑战推动了图像搜索技术的发展。本章将采用经典深度学习模型分析网络结构，通过激活中间层特征图进行可视化，探索深度学习背后的原理，从而选择适合的特征层进行图像描述，并应用于经典数据集以实现综合图像搜索功能。

7.1 应用背景

图像和视频等多媒体数据属于非结构化数据类型，它们之间存在的"语义鸿沟"使得直接利用图像像素内容进行搜索变得不现实。因此，需要创建一个有效的机制来桥接图像的表层特征与深层意义。深度学习技术通过自适应地学习视觉数据，"理解"并"概括"图像特征，建立起浅层特征与深层语义之间的联系，进而应用于分类识别、目标检测等场景。图像搜索技术通常是通过提取待搜索图像的特征描述，并与现有图像库中的索引进行比较排序，实现直观的检索，现已应用于多种实际场景如图像识别服务、图像匹配服装、车辆识别等。

图像搜索技术，不仅提升了视觉信息检索的效率，同时也推动了智能化信息处理技术的发展，极大地改变了用户与信息交互的方式。随着深度学习技术的不断进步和大数据处理能力的提升，基于视觉大数据检索的图搜图应用将在未来展现出更为强大的功能和更广泛的应用场景。

7.2 视觉特征提取

7.2.1 CNN 模型选择

卷积神经网络(Convolutional Neural Network,CNN)作为机器学习中的经典模型,早已被应用于图像分类等问题。杨立昆(Yann LeCun)设计了 CNN 模型 LeNet,并将其用于手写数字分类,成功应用于银行支票数字识别,显示了其商业价值。尽管后续对CNN 模型的探索由于计算能力和数据量的限制而进展缓慢,但近年来,随着计算硬件的发展和大数据技术的应用,CNN 能够训练更深层次的网络结构和更大规模的数据集,从而实现了实用的应用,并促进了 CNN 技术的进一步发展。著名的深度神经网络 AlexNet在 2012 年的 ImageNet 挑战赛中大幅提高了识别精度,随后 VGGNet、GoogLeNet、ResNet等经典模型在深度和识别性能上都有显著的进步,甚至超过了人眼识别的准确度。这证明了深度学习结构在特征提取上具有强大的能力和通用性,CNN 由于其深度结构特性在视觉特征提取、模型调优和实际应用等方面展现出了独特优势,因此受到了广泛研究和应用。

在本章中,将分析经典的 CNN 模型如 AlexNet、VGGNet 和 GoogLeNet,通过激活其中间层来提取特征向量,并将这些特征应用于图像搜索任务。

1. AlexNet

2012 年被看作是深度学习领域的转折点,由亚历克斯·克里兹赫夫斯基(Alex Krizhevsky)设计的 AlexNet 在 ImageNet 挑战赛中以 15.3% 的 Top-5 错误率赢得冠军,显著低于第二名 26.2% 的错误率,这一成绩当时引发了巨大震动并开启了深度学习的新纪元。加载 AlexNet 模型并绘制网络结构的代码如代码 7-1 所示。

【代码 7-1】 加载 AlexNet 模型并绘制网络结构。

```
# 导入模型
from torchvision.models import alexnet
alex = alexnet()
# 加载模型权重
weights = torch.load('checkpoints/alexnet-owt-7be5be79.pth')
alex.load_state_dict(weights)
# 切换至预测模式
alex.eval()
analyze_network(alex)
```

运行代码 7-1 后,程序会自行启动浏览器,并在浏览器中展示绘制好的 AlexNet 网络结构图,如图 7-1 所示。

AlexNet 共包括 25 层,呈现串行的网络分布。观察右侧信息栏,可以发现 AlexNet的输入大小为 $1 \times 3 \times 224 \times 224$,分别对应批次数量、通道数、图像的高、图像的宽,输出大小为 1×1000,分别对应批次数量、输出类别。

2. VGGNet

2014 年牛津大学计算机视觉组(Visual Geometry Group,VGG)与 DeepMind 公司

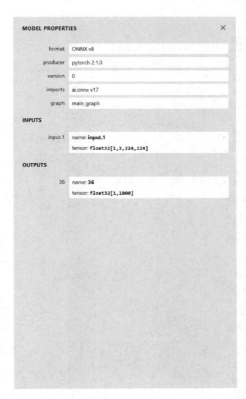

图 7-1 AlexNet 模型结构

合作推出了 VGGNet 深度卷积神经网络模型,将其应用于 ImageNet 挑战赛,获得分类项目的亚军和定位项目的冠军,在 Top-5 评测中的错误率为 7.5%。VGGNet 在 AlexNet 基础上做了改进,基于 3×3 的小型卷积核和 2×2 的最大池化层构建了 16～19 层的卷积神经网络,典型的有 VGG16、VGG19 网络结构。VGGNet 结构简洁,具有更强的特征学习能力,易于与其他网络结构进行融合,广泛应用于图像的特征提取模块。加载 VGG19 模型并绘制网络结构的代码如代码 7-2 所示。

【代码 7-2】 加载 VGG19 模型并绘制网络结构。

```
# 导入模型
from torchvision.models import vgg11
vgg = vgg11()
# 加载模型权重
weights = torch.load('checkpoints/vgg11 - 8a719046.pth')
vgg.load_state_dict(weights)
# 切换至预测模式
vgg.eval()
analyze_network(vgg)
```

运行代码 7-2 后,将会得到 VGGNet 的网络结构图,如图 7-2 所示。

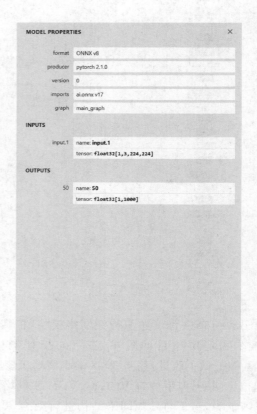

图 7-2　VGGNet 模型网络结构

VGGNet 共包括 47 层,呈现串行的网络分布。VGGNet 的输入与输出均与 AlexNet 相同,即输入大小为 $1\times3\times224\times224$,输出大小为 1×1000。

3. GoogLeNet

2014 年 Google 推出了基于 Inception 模块的深度卷积神经网络模型,将其应用于 ImageNet 挑战赛,获得分类项目的冠军,在 Top-5 评测中的错误率为 6.67%。 GoogLeNet 的命名源自 Google 和经典的 LeNet 模型,通过 Inception 模块增强卷积的特征提取功能,在增加网络深度和宽度的同时减少参数。GoogLeNet 设计团队在其初始版本取得 ImageNet 竞赛冠军后,又对其进行了一系列的改进,形成了 Inception V2、Inception V3、Inception V4 等版本。加载原始 GoogLeNet 模型并绘制网络结构的代码如代码 7-3 所示。

【代码 7-3】 加载 GoogLeNet 模型并绘制网络结构。

```
# 导入模型
from torchvision.models import googlenet
google = googlenet()
# 加载模型权重
weights = torch.load('checkpoints/googlenet－1378be20.pth')
google.load_state_dict(weights)
# 切换至预测模式
google.eval()
analyze_network(google)
```

运行代码 7-3 后，即可加载 GoogLeNet 模型预训练权重，并绘制网络结构。GoogLeNet 模型网络结构如图 7-3 所示。

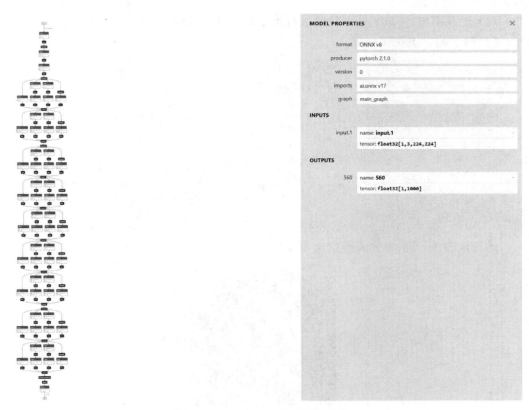

图 7-3　GoogLeNet 模型网络结构

GoogLeNet 共包括 144 层，呈现多分支的网络分布。相同地，GoogLeNet 输入层为 $1 \times 3 \times 224 \times 224$ 维度，输出层为 1×1000 维度的类别标签。

综上所述，对 AlexNet、VGGNet 和 GoogLeNet 这 3 个经典的 CNN 模型进行了调用，可以发现这 3 个模型对应的输出层都是 1×1000 维度的类别标签，这也是为了对应 ImageNet 挑战赛的类别列表。

7.2.2 CNN 深度特征

CNN 通常采取卷积层和采样层交替排列的设计结构,它通过对大量图像数据的学习,能够萃取各个层级的特征并将这些特征结合起来,从而形成更为抽象的图像特征表示,以此更准确地捕捉图像的核心内容。CNN 的应用场景非常广泛,包括文字识别、动物和植物的识别,以及人脸识别等方面。特别是在人脸识别技术方面,已被广泛集成到人们的日常生活中,如人脸识别门禁系统和面部识别支付技术,这些应用均利用人脸这一独特的生物识别标志来进行安全验证。为了验证深度神经网络在特征提取方面的效果,采用人脸图像和著名的 AlexNet 模型进行实验,将人脸图像输入 AlexNet 模型中,并激活模型中的 conv 层和 ReLU 层,同时生成并展示相关的特征图。获取激活层可以概括为如下 4 个步骤。

（1）加载模型,读取人脸图像并进行维度对应,如代码 7-4 所示。

【代码 7-4】 图像预处理。

```
# 读取图像
image = Image.open('face.png').convert('RGB')
# 数据转换
t = transforms.Compose([
    transforms.Resize(224),
    transforms.ToTensor(),
    transforms.Normalize((0.5, 0.5, 0.5), (0.5, 0.5, 0.5))
])
image = t(image)
# 扩展 batch 维度
image = torch.unsqueeze(image, 0)
```

运行代码 7-4 后,得到人脸图像如图 7-4 所示。

图 7-4　待测人脸图像

（2）激活 conv1 层,按照卷积核的个数进行维数转换,并进行可视化,如代码 7-5 所示。

【代码 7-5】 激活 conv1 层。

```
# 取 conv1
conv1 = alex.features[:1]
```

```
# 图像输入至第一层卷积
output = conv1(image)
# 将图片拼成网格
output = make_grid(output.permute(1, 0, 2, 3), nrow = 8, normalize = True, scale_each =
True)[0]
# 显示图像
plt.imshow(output.numpy(), aspect = 'auto')
plt.title('conv1 特征图')
plt.axis('off')
plt.savefig('conv1.png', dpi = 200)
plt.show()
```

运行代码 7-5 后,得到特征图 7-5 所示。

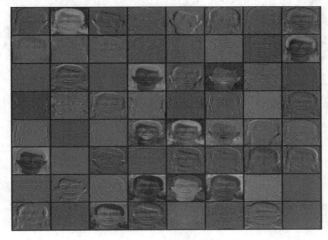

图 7-5　conv1 特征图

conv1 特征图呈现不同视角的梯度化特性,较为清晰地反映出图像的内容,为了分析更为抽象的特征,尝试对其他的卷积层进行激活并可视化。

(3) 按照相同方式激活 conv5 层,调整通道顺序,生成可视化网格图像,如代码 7-6 所示。

【代码 7-6】　激活 conv5 层。

```
# 取 conv5
conv5 = alex.features[: - 2]
# 图像输入至第一层卷积
output = conv5(image)
# 将图片拼成网格
output = make_grid(output.permute(1, 0, 2, 3), nrow = 16, normalize = True, scale_each =
True, padding = 0)[0]
# 显示图像
plt.imshow(output.numpy(), aspect = 'auto')
plt.title('conv5 特征图')
plt.axis('off')
plt.savefig('conv5.png', dpi = 200)
plt.show()
```

运行代码 7-6 后,得到特征图如图 7-6 所示。

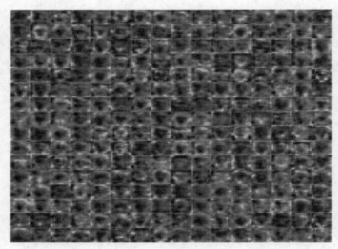

图 7-6　conv5 特征图

conv5 特征图呈现出更为抽象的特征。由此可见,AlexNet 的卷积层从不同的尺度对图像进行特征提取和抽象结构化,以尽可能保持图像的全局特征。

(4) 激活 ReLU5 层,并进行可视化,如代码 7-7 所示。

【代码 7-7】　激活 ReLU5 层。

```python
# 取 conv5
conv5 = alex.features[:-2]
# 图像输入至第一层卷积
output = conv5(image)
output = torch.relu(output)
# 将图片拼成网格
output = make_grid(output.permute(1, 0, 2, 3), nrow = 16, normalize = True, scale_each =
True, padding = 0)[0]
# 显示图像
plt.imshow(output.numpy(), aspect = 'auto')
plt.title('activations')
plt.axis('off')
plt.savefig('activations.png', dpi = 200)
plt.show()
```

运行代码 7-7 后,得到特征图如图 7-7 所示。

ReLU5 特征图呈现出池化后的黑白特征,并且部分图像能对应到人脸的特点。

综上所述,通过对输入图像和 CNN 模型的中间层激活,可以对模型中间层的处理过程进行可视化分析,这也增加了 CNN 模型的可解释性。从实验效果图可以发现,CNN 模型通过一系列的特征提取和抽象化处理,可以将输入图像的关键特征保留并抽象化,这也正是深度学习进行分类识别的优势所在。

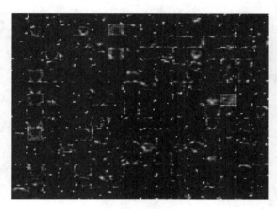

图 7-7 ReLU5 特征图

7.3 视觉特征索引

本节利用前面提到的 AlexNet、VGGNet 和 GoogLeNet 模型,结合中间层激活方法对设定层通过激活来获取特征向量,3 个模型的选取规则如下。

1. AlexNet

选择 AlexNet 分类层的上一层全连接层作为激活层,提取特征向量,特征向量的维度为 1×4096。

2. VGGNet

对于 VGGNet,可以使用与 AlexNet 相同的策略,即使用倒数第二层的全连接层作为激活层,VGGNet 中倒数第二层的全连接层输出与 AlexNet 的激活输出一致,返回维度均为 1×4096。

3. GoogLeNet

GoogLeNet 网络结构复杂,可选择激活 GoogLeNet 的 pool5-drop_7×7_s1 层作为激活层,并提取其特征向量,GoogLeNet 激活层返回维度较小,其维度为 1×1024。

综上所述,可对输入图像按照 CNN 模型的网络输入层大小进行维度对应,再对设定层的特征进行激活和输出,得到相应的特征向量。

本案例选择 TensorFlow 提供的 flower_photos 花卉数据集进行分析,提供了 5 类花卉图像,共有 3670 幅 JPG 格式的图像,如图 7-8 所示。

数据集中共有 5 个子文件夹,分别对应 5 类花卉,可利用前面封装的特征提取函数 get_cnn_vec 遍历这些花卉图像提取 AlexNet、VGGNet 和 GoogLeNet 这 3 种激活特征,关键代码如代码 7-8 所示。

【代码 7-8】 遍历并储存数据集特征。

```
# 得到指定层输出
self.alex = nn.Sequential( * (list(self.alex.children())[: - 2]), nn.AdaptiveAvgPool2d
((1, 1)), nn.Flatten()).to(self.device)
```

图 7-8　花卉数据集

```
self.vgg = nn.Sequential( * (list(self.vgg.children( ))[: - 2]), nn.AdaptiveAvgPool2d((1,
1)), nn.Flatten( )).to(self.device)
self.google = nn.Sequential( * (list(self.google.children( ))[: - 5]), nn.AdaptiveAvgPool2d((1,
1)), nn.Flatten( )).to(self.device)

#获取花卉特征
"""产生图像数据库"""
images_path = Path(images_path)
#保存所有的特征
features = {'db': []}
#遍历所有的图片
for i, im_path in enumerate(images_path.glob(" ** / * .jpg")):
    d = dict( )
    image = self.imread(im_path)
    d['path'] = str(im_path)
    d['alex_feature'] = torch.flatten(self.alex(image)).cpu( ).detach( ).numpy( ).tolist( )
    d['vgg_feature'] = torch.flatten(self.vgg(image)).cpu( ).detach( ).numpy( ).tolist( )
    d['google_feature'] = torch.flatten(self.google(image)).detach( ).cpu( ).numpy( ).
tolist( )
    features['db'].append(d)
    print(i, f'finish progress {str(im_path)}')
features_json = json.dumps(features)
with open('db.json', 'w', encoding = 'utf - 8') as file:
    file.write(features_json)
```

　　运行此段代码,将对数据集进行遍历,分别提取 AlexNet、VGGNet 和 GoogLeNet 这 3 种激活特征并存储,得到视觉特征索引文件。

7.4　视觉搜索引擎

视觉搜索的关键步骤是判断待搜索图像与已知图像的相似性,按设定的规则返回排序后的图像列表。视觉特征索引由图像特征向量构成,而图像间的相似性可由特征向量之间的距离进行度量,因此可选择不同的向量距离计算方法来分析图像的相似性,进而得到视觉搜索结果。本案例选择经典的余弦距离、闵可夫斯基距离和马氏距离进行分析,主要内容如下。

1. 余弦距离

余弦距离(Cosine Distance),也称为余弦相似度。余弦距离通过计算两个向量在向量空间中夹角的余弦值,来判断两个向量的相似程度,相似程度越高,余弦距离越近。余弦距离以向量夹角作为计算依据,所以向量在方向上的差异影响比较大,但是对向量的绝对值大小并不敏感。假设输入向量为 $\boldsymbol{x}_i$、$\boldsymbol{x}_j$,则余弦距离计算公式为

$$d_{ij} = \cos(\boldsymbol{x}_i, \boldsymbol{x}_j) = \frac{\boldsymbol{x}_i \cdot \boldsymbol{x}_j}{\parallel \boldsymbol{x}_i \parallel \cdot \parallel \boldsymbol{x}_j \parallel} \tag{7-1}$$

2. 闵可夫斯基距离

闵可夫斯基距离(Minkowski Distance),也称为闵氏距离。闵可夫斯基距离计算两个向量之间差值的 L_p 范数,通过改变 p 值可衍生出多种距离模式。距离越小,表示两个向量越相近。余弦距离以向量范数作为计算依据,具有较强的直观性,但对向量的内在分布特性不敏感,具有一定的局限性。假设输入向量为 $\boldsymbol{x}_i$、$\boldsymbol{x}_j$,维度为 n,则闵可夫斯基距离计算公式为

$$d_{ij} = L_p(\boldsymbol{x}_i, \boldsymbol{x}_j) = \left[\sum_{k=1}^{n} |\boldsymbol{x}_i^k - \boldsymbol{x}_j^k|^p \right]^{\frac{1}{p}} \tag{7-2}$$

当 $p=1$ 时,称为城区(City-block distance)距离,公式如下:

$$d_{ij} = L_1(\boldsymbol{x}_i, \boldsymbol{x}_j) = \sum_{k=1}^{n} |\boldsymbol{x}_i^k - \boldsymbol{x}_j^k| \tag{7-3}$$

当 $p=2$ 时,称为欧氏距离(Euclidean distance),公式如下:

$$d_{ij} = L_2(\boldsymbol{x}_i, \boldsymbol{x}_j) = \sqrt{\sum_{k=1}^{n} (\boldsymbol{x}_i^k - \boldsymbol{x}_j^k)^2} \tag{7-4}$$

当 $p \to \infty$ 时,称为切比雪夫距离(Chebyshev distance),公式如下:

$$d_{ij} = L_\infty(\boldsymbol{x}_i, \boldsymbol{x}_j) = \max_{k=1}^{n} |\boldsymbol{x}_i^k - \boldsymbol{x}_j^k| \tag{7-5}$$

3. 马氏距离

马氏距离(Mahalanobis Distance),也称为二次式距离。马氏距离计算两个向量之间的分离程度,距离越小表示两个向量越相近。马氏距离可视作对欧氏距离的一种修正,能够兼容处理各分量间尺度不一致且相关的情况。假设输入向量为 $\boldsymbol{x}_i$、$\boldsymbol{x}_j$,维度为 n,则马氏距离计算公式为

$$d_{ij} = \sqrt{(\boldsymbol{x}_i - \boldsymbol{x}_j)^{\mathrm{T}} \boldsymbol{S}^{-1} (\boldsymbol{x}_i - \boldsymbol{x}_j)} \tag{7-6}$$

其中，S 为多维随机变量的协方差矩阵。可以发现，如果 S 为单位矩阵，则马氏距离就变成了欧氏距离。

综上所述，在计算向量相似性度量时，可选择不同的距离计算方法，需结合实际情况进行充分考虑。特征提取过程中得到了 AlexNet、VGGNet 和 GoogLeNet 三种特征向量，可选择计算余弦距离并加权求和的方法进行处理，关键步骤可以概括为以下 5 步。

（1）定义相似度函数，如代码 7-9 所示。

【代码 7-9】 相似度函数。

```
def cosine_similarity(self, a, b):
    """计算余弦相似度"""
    dot_product = np.dot(a, b)
    norm_a = np.linalg.norm(a)
    norm_b = np.linalg.norm(b)
    similarity = dot_product / (norm_a * norm_b)
    return similarity
```

（2）加载视觉特征，如代码 7-10 所示。

【代码 7-10】 加载视觉特征。

```
alex_feature = self.feature_dict['alex_feature']
vgg_feature = self.feature_dict['vgg_feature']
google_feature = self.feature_dict['google_feature']
```

（3）遍历数据库并计算相似度，如代码 7-11 所示。

【代码 7-11】 计算相似度。

```
#列表内保存元组类型（图像路径，相似度）
features_similarity = []
#遍历数据库
for item in self.db['db']:
    #获取每一项的特征
    alex_feature_db = np.array(item['alex_feature'])
    vgg_feature_db = np.array(item['vgg_feature'])
    google_feature_db = np.array(item['google_feature'])

    #分别计算每一项特征的相似度
    alex_similarity = self.cosine_similarity(alex_feature, alex_feature_db)
    vgg_similarity = self.cosine_similarity(vgg_feature, vgg_feature_db)
    google_similarity = self.cosine_similarity(google_feature, google_feature_db)
```

（4）相似度加权求和，如代码 7-12 所示。

【代码 7-12】 相似度加权求和。

```
similarity = alex_similarity * rates[0] + vgg_similarity * rates[1] + google_
similarity * rates[2]
#保存结果
features_similarity.append((item['path'], similarity))
```

（5）返回相似度排序结果，如代码 7-13 所示。

【代码 7-13】 返回相似度排序结果。

```
features_similarity = sorted(features_similarity, key = lambda x: x[1], reverse = True)
```

7.5 集成应用开发

为了体现案例在实际中的应用，集成对比不同步骤的处理效果，案例开发 GUI 界面，贯通整体的处理流程，同时集成了加载图像索引库、加载待检索图像、配置不同模型权值、以图搜图等关键步骤，并且对图像的搜索结果进行展示。集成应用的界面设计如图 7-9 所示。

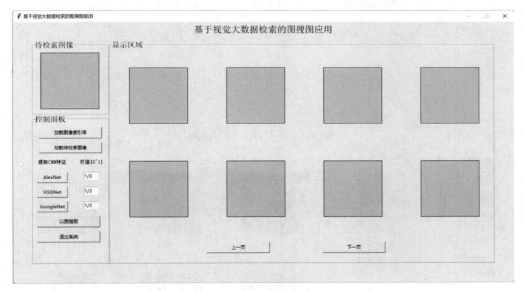

图 7-9 界面设计

应用整体包括图像显示区、功能控制区。通过加载图像索引库按钮可读取已有的特征索引库；加载待检索图像按钮可弹出文件选择对话框，可选择待处理图片并显示到上方的独立窗口；AlexNet 特征、VGGNet 特征和 GoogLeNet 特征按钮可分别提取三个 CNN 特征；以图搜图按钮将按照设置的权重进行检索并将返回结果列表在显示区域进行显示。为了验证处理流程的有效性，选择某测试图像进行实验，具体效果如图 7-10 所示。

对待检索的郁金香图像进行检索可获得正确的检索结果，这也表明了 CNN 特征具有良好的普适性，可以对图像进行深度抽象以得到匹配的特征表达，并得到了较为准确的检索结果。为了验证不同图片、不同参数配置下的检索效果，对互联网上采集的蒲公英图像、手绘的模拟图像进行 CNN 特征提取及图像检索，运行效果如图 7-11 所示。

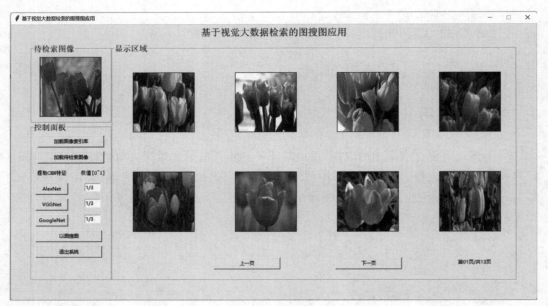

(a) 检索结果第1页

(b) 检索结果第2页

图 7-10　检索结果

如图 7-11 所示，对新增加的蒲公英图像和手绘模拟图进行搜索后，可以找到与其在形状和颜色上相似的图片。这充分体现了此前提到的 CNN 的深层特征抽象化能力，这对扩展深度学习在各领域的应用提供了实用的参考。

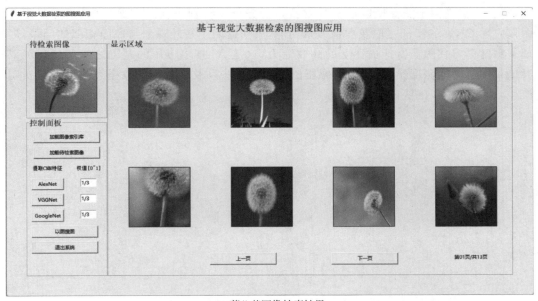

(a) 蒲公英图像检索结果

(b) 模拟手绘图像检索结果

图 7-11 采集图像与手绘图像检索结果

7.6 本章小结

最近几年,随着人工智能技术的持续进步,将 AI 技术应用到各个行业的实践越发受到关注。本章主要分析了 CNN 模型的架构,对其中间层的特征图进行解构、激活及可视化处理,并将其用于图像搜索这一视觉检索任务中。特别是在应用案例中,通过对手绘图像应用 CNN 的特征提取及图像搜索功能,成功返回了在外观上与原图相似的结果,展现了深度学习在图像特征描述上的高效能力,这是 AI 技术应用的基础之一。读者可以尝试采用不同的深度学习模型、图像相似度评价方法以及多样化的数据集来个性化实验流程,从而进一步扩展该应用的实践范围。

第 **8** 章

视频讲解

验证码AI识别

随着互联网技术的快速进步,网络不仅为人们带来了丰富的资源和便利,同时也引发了许多安全问题,如频繁的账户创建、垃圾广告帖子滥发以及密码攻击等恶意活动。为了增强网络系统的安全性并阻止自动化的机器人干扰,验证码系统应运而生。验证码通常通过图像展示一项任务,要求用户识别并回答,通过系统自动检测答案来验证用户的合法性。本章以系统安全模拟为出发点,首先自动生成特定类型的验证码数据集,然后应用深度学习方法进行模型训练,最终达到自动识别验证码的目的。

8.1 应用背景

验证码设计多样,可以是输入字母和数字、解答成语或数学题等不同类型。随着验证码和网络安全技术的持续进步,出现了更多复杂形式的验证码,如选择特定物体的交互式验证或将滑块拖至指定位置等。尽管目前还没有能够普遍识别所有类型验证码的自动化服务,但对于传统的静态验证码,通过分析其结构特性并采用图像处理技术,通常可以实现自动识别。

验证码融入了大数据特性,可以通过编程手段收集、标记或生成大量数据,结合计算机视觉和机器学习技术,形成有效的自动识别方案。深度学习模型通过大规模的数据训练,具备极强的图像和文本识别能力,这使得利用 AI 技术识别验证码成为可能,并且这种技术在破解复杂验证码方面表现出色。通过构建并训练卷积神经网络等模型,AI 系统能够自动化地识别各种类型的验证码。

验证码 AI 识别技术的应用,既揭示了传统验证码机制的脆弱性,也推动了更为安全和智能的验证码设计的需求。同时,这项技术在学术研究、网络安全和人工智能领域都有着重要的意义。它不仅为研究人员提供了验证和提升深度学习模型性能的实际场景,还促使安全领域不断创新,以应对不断演变的安全挑战。验证码 AI 识别项目不仅是对现有验证码系统的一种挑战和检验,也是推动验证码技术和网络安全领域不断发展的重要动力。

8.2　验证码图像生成

文本型验证码是最常用的一种验证码形式,它通常显示一串字符构成的图片,要求用户准确输入这些字符以完成验证。如图 8-1 所示的验证码主要由英文字符和数字组成,并通过添加颜色、干扰线和文字扭曲等手段来提高识别难度。此类验证码不区分大小写字母,因其生成简单、效率高、传输快捷等优点,广泛应用于多数在线平台。

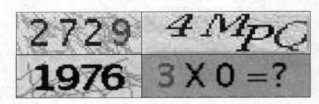

图 8-1　文本验证码示例

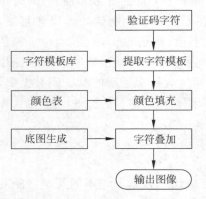

图 8-2　验证码图像生成流程图

图 8-1 所示的验证码选择英文字母和数字,并结合颜色和干扰点生成 4 个字符的文本验证码,其生成流程如图 8-2 所示。

图 8-1 中的示例选择的文本验证码生成,主要是根据设置的字符模板和输入的验证码字符串,通过设置底图、颜色填充和叠加生成的方式获得验证码图像。因此,将其总结为三部分:生成基础字符模板、生成文本验证码图和生成验证码数据库。

8.2.1　基础字符模板

选择字符 a~z、A~Z 和 0~9,设置字体格式,自动化生成字符模板库,关键代码如代码 8-1 所示。

【代码 8-1】　生成字符模板库。

```python
# 设置字符列表:大写字母、小写字母、数字
chars = []
for c in list(range(97, 123)) + list(range(65, 91)) + list(range(48, 58)):
    chars.append(chr(c))
db = './db'
if not os.path.exists(db):
    os.mkdir(db)


for i, c in enumerate(chars):
    # 初始化图像
    image = Image.new('L', (50, 50))
    # 初始化字体
    font = ImageFont.truetype('simhei.ttf', 20)
```

```
#初始化画板
draw = ImageDraw.Draw(image)
#绘制字体
draw.text((0, 0), c, fill = 255, font = font)
#获取字体大小
w, h = font.getsize(c)
#裁剪图像
image_crop = image.crop([0, 0, w, h])
#二值化
image_crop = image_crop.convert('1')
#保存图像
image_crop.save(f'{db}/{i:02d}.jpg')
```

运行代码8-1,可以生成a～z、A～Z和0～9的标准字符模板图像,保存到指定的文件夹,如图8-3所示。

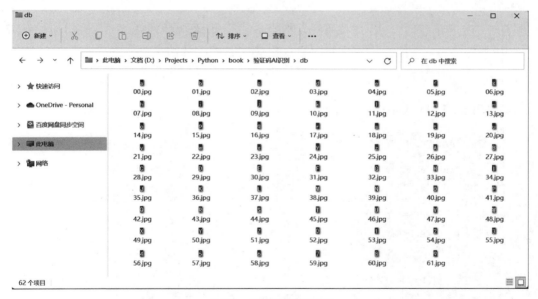

图8-3 标准字符模板库

生成的统一高度的标准字符模板库图像,均为黑底白字的二值化图,可方便地进行字符组合和颜色设置,为下一步的文本验证码生成提供基础字符库。

8.2.2 验证码图模拟

本实验模拟生成4个字符的验证码图像,增加斑点型的噪声干扰,最终得到统一尺寸的文本验证码图像,具体步骤如下。

(1)生成设定大小的底图,增加噪声点干扰,如代码8-2所示。

【代码8-2】 生成底图和噪点。

```
#设置斑点
bd = np.ones((2, 2, 3), dtype = 'uint8')
```

```
bd[:, :, 0] = 139
bd[:, :, 1] = 139
bd[:, :, 2] = 0

# 设置白色底图
sz = (30, 93, 3)
bg = np.ones(shape = sz, dtype = 'uint8') * 225

# 设置随机斑点位置
num = 35
for _ in range(num):
    r = random.randint(0, sz[0] - 2)
    c = random.randint(0, sz[1] - 2)
    bg[r: r + 2, c: c + 2, :] = bd
# Image.fromarray(bg).show()
```

图 8-4 验证码底图设置

代码 8-2 中设置了高 93、宽 30 的白色底图,且增加了设定密度的噪声点,运行结果如图 8-4 所示。

(2) 设置验证码字符内容,并对应到字符模板库,如代码 8-3 所示。

【代码 8-3】 对应字符模板库。

```
# 设置字符列表:大写字母、小写字母、数字
char_list = []
for c in list(range(97, 97 + 26)):
    char_list.append(chr(c))

for c in list(range(65, 65 + 26)):
    char_list.append(chr(c))

for c in list(range(48, 48 + 10)):
    char_list.append(chr(c))
# 验证码字符内容
char_info = '8CG4'
# 对应到字符模板库
int_info = [char_list.index(c) for c in char_info]
```

设置的验证码字符内容,可对应到字符模板信息。例如,"8CG4"对应的字符模板名称为 60、28、32、56,如图 8-5 所示。

C   G   4   8
28.jpg   32.jpg   56.jpg   60.jpg

图 8-5 验证码字符模板对应示意图

将设置的验证码字符串对应到字符模板库,进而能够对其进行颜色、位置的调整,叠加到图 8-4 所示生成的底图得到验证码图像。

(3) 设置字符填充参数,并生成字符颜色列表,如代码 8-4 所示。

【代码 8-4】 设置参数。

```
# 起始列位置
x_s = 4
# 颜色库
colors = [
    [0, 0, 255],
    [58, 95, 205],
    [105, 89, 205],
    [131, 111, 255],
    [0, 0, 139],
    [16, 78, 139],
    [54, 100, 139],
    ]
```

代码 8-4 所示的处理过程选择从第 5 列开始填充，并生成了 7 种颜色，用于字符图像的颜色设置。

（4）遍历每个字符生成彩色的验证码字符图像，填充到底图，如代码 8-5 所示。

【代码 8-5】 生成验证码。

```
for i in int_info:
    # 读取字符模板
    im_path = f'./db/{i:02d}.jpg'
    img = np.array(Image.open(im_path).convert('1'))

    # 随机提取颜色库的颜色
    co = random.choice(colors)

    # 设置 r 颜色通道
    imi_r = np.ones(img.shape) * 255
    imi_r[img] = co[0]

    # 设置 g 颜色通道
    imi_g = np.ones(img.shape) * 255
    imi_g[img] = co[1]

    # 设置 b 颜色通道
    imi_b = np.ones(img.shape) * 255
    imi_b[img] = co[2]

    # 合并 RGB 三通道
    imi = np.concatenate([np.expand_dims(imi_r, -1), np.expand_dims(imi_g, -1), np.
expand_dims(imi_b, -1)], 2)

    # 设置纵向的位置
    r_si = random.randint(4, sz[0] - img.shape[0] - 2)
    c_si = x_s

    # 字符图像填充到底图
    bg[r_si: r_si + img.shape[0], c_si: c_si + img.shape[1], :][img] = imi[img]
```

```
#更新起始列,中间设置隔10列
x_s = c_si + img.shape[1] + 10
```

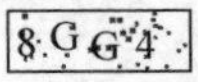

图 8-6　验证码生成
效果图

代码 8-5 所示的处理过程遍历每个验证码字符,读取模板图像并随机选择颜色进而生成彩色的字符图像,然后将其填充到前面得到的底图中,最终得到彩色的验证码图像,结果如图 8-6 所示。

如图 8-6 所示,按照设置的验证码字符串生成了彩色验证码图像,其中的字符图像上下错位摆放且整体上带有斑点噪声的干扰,这样就得到了文本验证码的模拟图自动生成模块,可将其按照 im = gen_yzm(char_info)的形式封装为子函数,供其他模块传入验证码字符串进行调用。

8.2.3　验证码数据库

验证码模拟生成后,可通过字符随机生成的方式获得验证码大数据集合,为后面的 AI 识别提供数据支撑。在实际应用中,考虑到字符图像"o""O"与"0","l""I"与"1","i""j"的顶部点状区域与斑点噪声在呈现形式上的相似性,将在字符随机生成时将"o""O""l""I""i""j"排除,步骤如下。

(1) 设置字符集合和排除字符,生成数据集存储目录,如代码 8-6 所示。

【代码 8-6】　排除不需要的字母。

```
#设置字符列表:大写字母、小写字母、数字
cns = [chr(c) for c in list(range(97, 97 + 26)) + list(range(65, 65 + 26)) + list(range(48, 48 + 10))]
#排除字母 o、O、l、I、i、j
exclude_cns = 'oOlIij'
cns = [c for c in cns if c not in exclude_cns]
#print(cns)


#设置目录
db = './yzms'
if not os.path.exists(db):
    os.mkdir(db)
```

代码 8-6 所示的处理过程设置了字符集合,将字母"oOlI"设置为排除字符,设置当前子文件夹 yzms 为存储目录。

(2) 循环生成验证码大数据样本集合,如代码 8-7 所示。

【代码 8-7】　生成验证码样本。

```
#循环生成 4 位验证码字符图像
for k in range(5000):
    #产生字符
    cs = random.sample(cns, 4)
    char_info = ''.join(cs)
    #生成验证码
    im = gen_yzm(cs)
```

```
#保存验证码
im.save(f"{db}/{char_info}_{k:04d}.jpg")
```

代码 8-7 的处理过程通过循环生成得到了 5000 幅样本图,并存储到了指定的文件夹,且文件名前 4 位为验证码图像的字符内容,运行结果如图 8-7 所示。

图 8-7 验证码大数据样本集合

(3)验证码样本字符分割。

分析前面生成的验证码图像,呈现白色底图、斑点噪声和彩色字符的特点,且字符排列具有水平均匀摆放的形态。因此,可采用阈值分割及区域面积筛选的思路消除斑点干扰,再利用连通域属性分析提取单字符图像,主要过程如下。

首先,读取验证码图像,采用阈值分割及区域面积筛选的方式消除大部分斑点噪声。

其次,对图像进行连通域分析,提取连通域属性获取面积排在前 4 位的区域作为字符候选区域。

最后,分割样本字符,按照文件名保存到指定目录。

验证码字符分割的关键在于利用了斑点噪声和字符排列的特点,通过对小面积斑点的筛除可保留字符区域,通过连通域分析可提取字符区域的位置信息,最终进行字符分割。验证码字符分割的关键代码如代码 8-8 所示。

【代码 8-8】 字符分割。

```
#将 rgb 图像转为灰度图
image_gray = cv2.cvtColor(image_bgr, cv2.COLOR_BGR2GRAY)
```

```
#对灰度图进行均值滤波
image_gray = cv2.blur(image_gray, (2, 2))

#二值化
_, image_bin = cv2.threshold(image_gray, int(255 * 0.8), 255, cv2.THRESH_BINARY_INV)
#对图像进行连通域分析
_, _, stats, _ = cv2.connectedComponentsWithStats(image_bin, connectivity = 4)

stats = list(stats)
#按照面积进行排序
stats.sort(key = lambda x: x[-1])

boxes = []
#遍历连通域检测结果
for s in stats:
    x, y, w, h, area = s
    #过滤掉表面积小的连通域
    if area < 30 or area > 1000:
        continue
    #保存外接矩形
    boxes.append([x, y, w, h])
    #分割完成
    if len(boxes) == 4:
        break

#从左向右排序
boxes = sorted(boxes, key = lambda x: x[0])
```

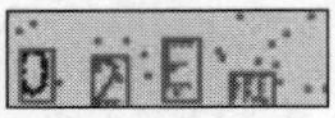

图 8-8   验证码图像
字符定位示例

考虑到验证码校验机制中对英文字母大小写兼容的情况,这里可将英文字母的标签统一为大写形式。因此,按照上面的处理过程能进行验证码图像字符定位分割(见图 8-8),然后再将裁剪结果保存到文件夹中,作为训练数据。

经过对样本图库的字符定位和分割存储,结合前面设置的排除字符列表,最终得到 34 个类别的验证码字符集合。

8.3   验证码识别模型

8.3.1   CNN 模型训练

本章涉及的验证码图像经字符分割后可转换为 4 个字符图像的分类识别问题,考虑到字符图像本身的颜色和噪声因素,可利用卷积神经网络强大的特征提取和抽象能力进行分类模型的设计。因此,结合之前的手写数字识别应用,可直接复用自定义的卷积神经网络模型,设置对应的输入层、输出层参数,最终得到验证码识别模型,具体操作步骤如下。

（1）读取已有的字符数据集，如代码 8-9 所示。

【代码 8-9】 构建数据集。

```
# 分割数据集
train_data, val_data, cls2idx = split_data(data_dir = 'dbc', train_size = 0.9)
# 加载数据集
train_set = DataSet(train_data, cls2idx, transform = transforms.Compose([
    transforms.Resize((28, 28)),
    transforms.ToTensor(),
    transforms.Normalize((0.5, 0.5, 0.5), (0.5, 0.5, 0.5)),
]))
val_set = DataSet(val_data, cls2idx, transform = transforms.Compose([
    transforms.Resize((28, 28)),
    transforms.ToTensor(),
    transforms.Normalize((0.5, 0.5, 0.5), (0.5, 0.5, 0.5)),
]))
# 数据迭代器
train_loader = DataLoader(train_set, batch_size = batch_size,
    shuffle = True, num_workers = num_workers)
val_loader = DataLoader(val_set, batch_size = batch_size,
    shuffle = True, num_workers = num_workers)
```

运行代码 8-9 后可得到训练集、验证集。显示部分样本图像，如图 8-9 所示。

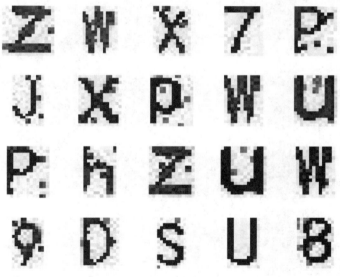

图 8-9　字符样本图像

（2）定义 CNN 网络模型，如代码 8-10 所示。

【代码 8-10】 网络模型定义。

```
class CNN(nn.Module):
    def __init__(self, num_classes = 34):
        super(CNN, self).__init__()
```

```python
        # 第一个卷积层
        self.conv1 = nn.Conv2d(in_channels = 3, out_channels = 16, kernel_size = 3,
stride = 1, padding = 1)
        self.bn1 = nn.BatchNorm2d(16)
        self.relu1 = nn.ReLU()
        self.pool1 = nn.MaxPool2d(kernel_size = 2, stride = 2)

        # 第二个卷积层
        self.conv2 = nn.Conv2d(in_channels = 16, out_channels = 32, kernel_size = 3,
stride = 1, padding = 1)
        self.bn2 = nn.BatchNorm2d(32)
        self.relu2 = nn.ReLU()
        self.pool2 = nn.MaxPool2d(kernel_size = 2, stride = 2)

        # 第三个卷积层
        self.conv3 = nn.Conv2d(in_channels = 32, out_channels = 64, kernel_size = 3,
stride = 1, padding = 1)
        self.bn3 = nn.BatchNorm2d(64)
        self.relu3 = nn.ReLU()
        self.pool3 = nn.MaxPool2d(kernel_size = 2, stride = 2)

        # 第四个卷积层
        self.conv4 = nn.Conv2d(in_channels = 64, out_channels = 128, kernel_size = 3,
stride = 1, padding = 1)
        self.bn4 = nn.BatchNorm2d(128)
        self.relu4 = nn.ReLU()
        self.pool4 = nn.MaxPool2d(kernel_size = 2, stride = 2)

        # 全连接分类层
        self.fc = nn.Linear(128 * 1 * 1, num_classes)  # 输入大小根据卷积层的设置而定

    def forward(self, x):
        x = self.conv1(x)
        x = self.bn1(x)
        x = self.relu1(x)
        x = self.pool1(x)

        x = self.conv2(x)
        x = self.bn2(x)
        x = self.relu2(x)
        x = self.pool2(x)

        x = self.conv3(x)
        x = self.bn3(x)
        x = self.relu3(x)
        x = self.pool3(x)

        x = self.conv4(x)
        x = self.bn4(x)
        x = self.relu4(x)
        x = self.pool4(x)
```

```
#将特征图展平为一维向量
x = x.view(x.size(0), -1)

#全连接分类层
x = self.fc(x)

return x
```

运行代码 8-10 后可得到自定义 CNN 模型。

(3) 执行 CNN 模型训练,存储模型参数,如代码 8-11 所示。

【代码 8-11】 训练模型。

```
#加载模型
model = CNN()
model.to(device)

#损失函数
criterion = nn.CrossEntropyLoss().to(device)
#优化器
optimizer = optim.SGD(model.parameters(), lr = lr, weight_decay = wd)

#训练指标
metrics = []
#进行迭代训练
for epoch in range(1, epochs + 1):
    #训练模型
    train_loss, train_acc = train_one_epoch()
    #评估模型
    val_loss, val_acc = val_one_epoch()
    #保存指标
    metrics.append((train_loss, train_acc, val_loss, val_acc))
    #保存模型
    torch.save(model.state_dict(), 'model.pth')
```

运行代码 8-11 后可加载前面设置的训练集、验证集,对自定义的 CNN 网络模型进行训练,最终得到训练后的模型并存储,训练过程如图 8-10 所示。

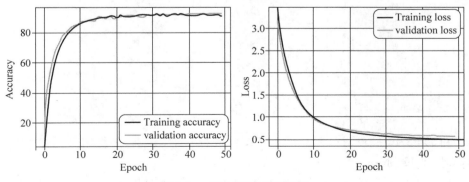

图 8-10 CNN 网络模型训练

图 8-10 显示，CNN 网络模型在 20 轮迭代后，呈现稳定的收敛状态，CNN 模型对验证集的识别准确率高于 90%，表明该模型对此单字符图像能达到较好的识别效果。

8.3.2 CNN 模型测试

前面设计的 CNN 模型是针对单个字符图像的识别，并且当前的验证码图像由 4 个字符构成，所以对验证码图像进行字符分割后再调用 CNN 模型对 4 个字符分别进行分类识别，最终可得到组合后的识别结果。下面以某样本图像为例，通过字符分割、字符识别得到对应的验证码识别结果，关键代码如代码 8-12 所示。

【代码 8-12】 模型预测。

```
# 类别标签
cls2idx = {'0': 0, '1': 1, '2': 2, '3': 3, '4': 4, '5': 5, '6': 6, '7': 7, '8': 8, '9': 9, 'A': 10,
'B': 11,
           'C': 12, 'D': 13, 'E': 14, 'F': 15, 'G': 16, 'H': 17, 'J': 18, 'K': 19, 'L': 20,
'M': 21, 'N': 22,
           'P': 23, 'Q': 24, 'R': 25, 'S': 26, 'T': 27, 'U': 28, 'V': 29, 'W': 30, 'X': 31,
'Y': 32, 'Z': 33}
idx2cls = {v: k for k, v in cls2idx.items()}

# 对图像进行分割
crops, boxes, orig_image = char_segment(image)
# 数据预处理
crops_tensor = preprocess(crops)

# 模型预测
preds = model(crops_tensor)
# 获取预测类别
preds_cls = []
for pred in preds:
    idx = torch.argmax(pred)
    c = idx2cls[int(idx)]
    preds_cls.append(c)
    # print(preds_cls)

if show:
    for box, c in zip(boxes, preds_cls):
        x, y, w, h = box
        cv2.rectangle(orig_image, (x, y), (x + w, y + h), (0, 0, 255), 1)
        cv2.putText(orig_image, c, (x, y), cv2.FONT_HERSHEY_PLAIN, 0.5, (0, 0, 255), 1)

    cv2.imshow('result', orig_image)
    cv2.waitKey()
```

运行代码 8-12 后可对分割后的字符图像进行 CNN 识别，并将结果进行可视化，具体效果如图 8-11 所示。

从图 8-11 所示的对验证码图像的识别结果进行标记显示，可以看到识别结果是"6AQN"，这也能对应验证码图像的大写字母的内容，能够通过校验。

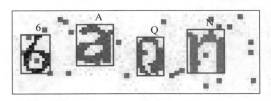

图 8-11 验证码图像 CNN 识别结果

8.4 集成应用开发

8.4.1 数据集标注

8.3 节介绍了对可分割的验证码字符图像进行 CNN 训练和识别的方案,这个处理过程可延伸应用到其他的可分割验证码数据集。为此,收集其他类型的验证码图像,分析其内部组成结构并进行标注,生成对应的字符数据集进行 CNN 训练和识别。将验证码图像字符信息作为其文件名进行标注,处理后的数据集如图 8-12 所示。

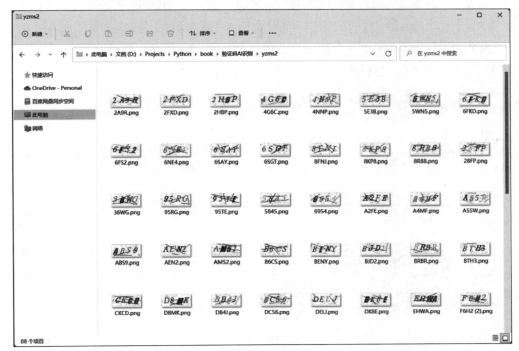

图 8-12 数据集标注示例

新增的验证码数据集由 4 位英文大写字母和数字构成,存在斑点和干扰线噪声,且 4 个字符呈现水平均匀排列的特点。

8.4.2 数据集分割

通过对此数据集样本分析,可使用灰度化统一颜色信息、使用设定的间隔分割提取字符图像,关键代码如代码 8-13 所示。

【代码 8-13】 分割图像。

```
# 将 rgb 图像转为灰度图
image_gray = cv2.cvtColor(image_bgr, cv2.COLOR_BGR2GRAY)
# 裁剪间隔
szs = np.linspace(2, 94, 5)

ims = []
for i in range(len(szs) - 1):
    i = int(i)
    ims.append(cv2.cvtColor(image_gray[:, int(szs[i]) - 2: int(szs[i + 1]) + 2], cv2.
COLOR_GRAY2BGR))
```

运行代码 8-13 后可得到验证码的灰度图,并对其进行字符切割得到单字符的序列图,效果如图 8-13 所示。

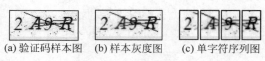

(a)验证码样本图　　(b)样本灰度图　　(c)单字符序列图

图 8-13　字符分割效果

通过灰度化可统一将彩色图转换为灰度图,再通过位置区间的切割可得到单字符图像序列,因此可以将该数据集进行遍历处理来得到对应的字符训练集,如图 8-14 所示。

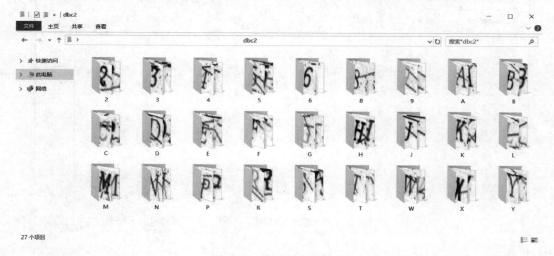

图 8-14　验证码字符集合

如图 8-14 所示,经过遍历处理可得到该验证码的单字符集合,因此可参考前面的CNN 处理过程进行模型的训练和识别。

8.4.3　CNN 模型训练

当前验证码字符集合与前面的字符数据集差异主要表现在图片路径、图片颜色和分类数目上,因此可直接参考前面的参数配置和模型搭建训练方法进行处理,如代码 8-14 所示。

【代码 8-14】 构建数据集。

```
# 分割数据集
train_data, val_data, cls2idx = split_data(data_dir = 'dbc', train_size = 0.9)
# 加载数据集
train_set = DataSet(train_data, cls2idx, transform = transforms.Compose([
    transforms.Resize((28, 28)),
    transforms.ToTensor(),
    transforms.Normalize((0.5, 0.5, 0.5), (0.5, 0.5, 0.5)),
]))
val_set = DataSet(val_data, cls2idx, transform = transforms.Compose([
    transforms.Resize((28, 28)),
    transforms.ToTensor(),
    transforms.Normalize((0.5, 0.5, 0.5), (0.5, 0.5, 0.5)),
]))
# 数据迭代器
train_loader = DataLoader(train_set, batch_size = batch_size,
    shuffle = True, num_workers = num_workers)
val_loader = DataLoader(val_set, batch_size = batch_size,
    shuffle = True, num_workers = num_workers)
```

运行代码 8-14 后得到当前字符集合的样本列表，如图 8-15 所示。

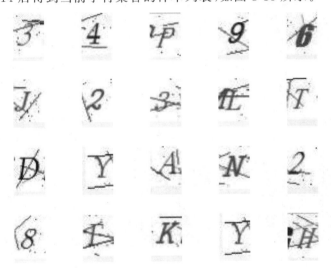

图 8-15　字符样本图像

如图 8-15 所示，当前的字符样本图像呈现灰度化、倾斜且存在噪声点和干扰线因素。随后对模型进行训练，关键代码如代码 8-15 所示。

【代码 8-15】 训练模型。

```
# 加载模型
model = CNN()
model.to(device)

# 损失函数
```

```
criterion = nn.CrossEntropyLoss().to(device)
#优化器
optimizer = optim.SGD(model.parameters(), lr = lr, weight_decay = wd)

#训练指标
metrics = []
#进行迭代训练
for epoch in range(1, epochs + 1):
    #训练模型
    train_loss, train_acc = train_one_epoch()
    #评估模型
    val_loss, val_acc = val_one_epoch()
    #保存指标
    metrics.append((train_loss, train_acc, val_loss, val_acc))
    #保存模型
    torch.save(model.state_dict(), 'model.pth')
```

运行代码 8-15 后可生成 CNN 网络模型,并加载当前的数据集进行训练,最后将训练结果保存到模型文件,方便后面的加载调用。

如图 8-16 所示,该 CNN 模型为 15 层结构且最终的训练曲线呈现收敛的状态,且对验证集的识别准确率达 99% 以上,实现了更高的准确率,说明该 CNN 模型具有更高的性能。

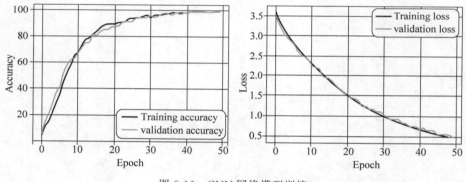

图 8-16　CNN 网络模型训练

8.4.4　CNN 模型应用

在 AI 模型训练好后,需要对模型进行部署,才可投入应用。本案例开发 GUI 界面对训练好的 AI 模型进行部署,同时集成验证码识别中的关键步骤,如字符分割、CNN 识别等,GUI 将会及时展示处理过程中产生的中间结果。集成应用的界面设计如图 8-17 所示。

应用界面包括控制面板和显示面板两个区域,用户可选择验证码图片并自动调用 CNN 模型进行识别,最终在右侧显示区域显示中间的字符分割步骤和识别结果。图 8-18 所示为验证码识别样例。

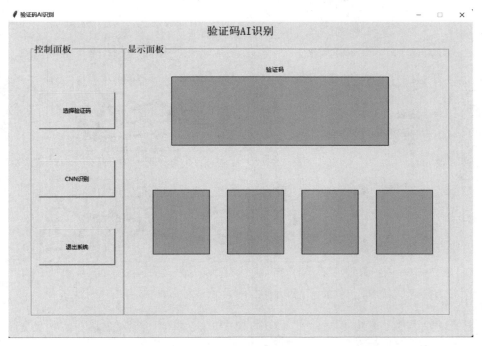

图 8-17 界面设计

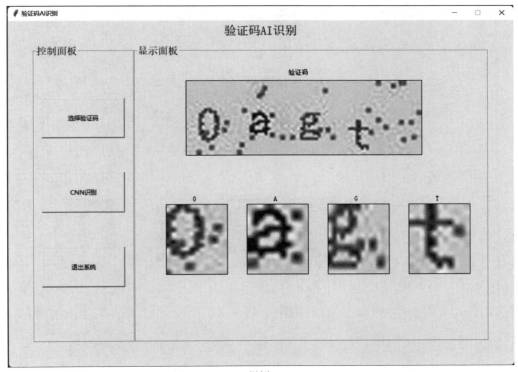

(a) 样例1

图 8-18 验证码识别样例

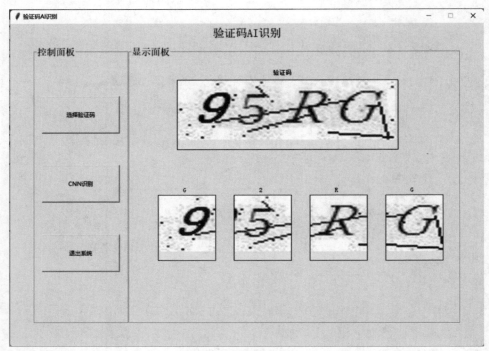

(b) 样例2

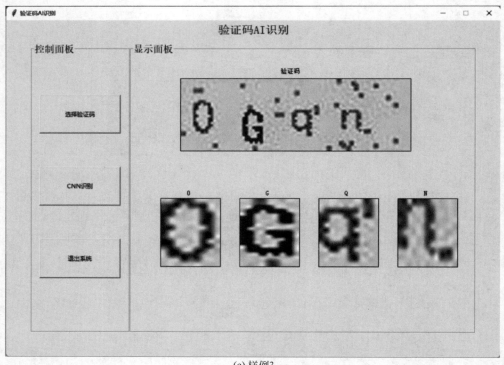

(c) 样例3

图 8-18（续）

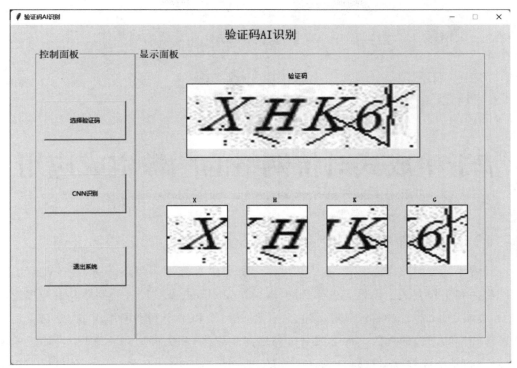

(d) 样例4

图 8-18(续)

　　如图 8-18 所展示的,对数据集之外的一些验证码图像使用 CNN 进行识别,结果显示它们都被准确识别,这也证明了模型的有效性。

8.5　本章小结

　　互联网的快速扩展不仅带来了便捷,也提高了网络安全的关注度,验证码作为网络访问中的常见安全校验手段,其应用日趋广泛。为了有效防止恶意软件攻击和提高网络安全,验证码的复杂性也在不断增加,促进了验证码识别技术的进步。以传统的静态文本验证码为例,通常的识别流程包括图像预处理、字符分离和最终的识别步骤,而基于深度学习的端到端识别方法近年来也逐渐兴起,对现有的安全性校验机制构成挑战。

　　在本章中,针对一种典型的静态文本验证码进行了研究,通过字符分离方法构建了训练数据集,并使用了一个较小的 CNN 网络来进行模型训练和识别,即便是基于有限的数据集,也能达到令人满意的识别效果,显示了 CNN 模型的强大能力。因此,在实践中,如果能够对验证码图像进行准确的字符分离,采用不同的 CNN 模型架构就可能实现高准确率的识别。读者可以通过设计不同的网络架构或者利用其他验证码数据集来扩展这一研究。

第 **9** 章

视频讲解

基于生成式对抗网络的图像生成应用

随着人工智能的飞速发展,基于深度学习的各类智能应用层出不穷,显著改变了人们的生活和工作方式。伊恩·古德费洛(Ian Goodfellow)及其同事受到零和游戏理论的启发,提出了生成对抗网络。该网络由一个生成网络和一个判别网络组成,分别负责生成图像和判断图像的真伪。自生成对抗网络诞生以来,相关的应用逐渐增多,如图像风格转换、自动图像修复、电影角色 AI 替换等,吸引了广泛的社会关注。本章将重点介绍如何使用现有的深度学习工具进行生成对抗网络的设计与训练,结合经典的动漫头像数据集进行实践,创建一个能自动生成卡通头像的模型。

9.1 应用背景

生成式对抗网络(Generative Adversarial Networks,GAN)自从 2014 年由伊恩·古德费洛提出以来,在人工智能和计算机视觉领域引起了广泛关注。GAN 通过生成器与判别器相互对抗,生成逼真的图像、音频和文本等数据。这种方法在理论上有重要的创新意义,并在多个实际应用领域展现了巨大的潜力。

在图像生成方面,GAN 已经取得了显著的成果。例如,在艺术创作领域,GAN 能够生成独特的艺术作品,模仿不同画家的风格;在游戏和影视制作中,GAN 被用来生成逼真的场景和角色,大幅降低了制作成本;在医学影像处理上,GAN 可以生成高分辨率的病灶图像,辅助医生进行诊断和研究;在时尚行业,GAN 被用于设计新颖的服装和配饰样式。此外,GAN 在数据增强和图像修复方面也展现了强大的能力,通过生成大量高质量的训练数据,提升机器学习模型的性能。

基于生成式对抗网络的图像生成应用,不仅展示了深度学习技术的前沿发展,也为各行各业带来了全新的创作和应用模式。

9.2 生成式对抗网络模型

9.2.1 卡通头像大数据

Anime-faces 数据集是一个著名的动漫头像集合,含有成千上万张高清的动漫角色头像,部分样本展示如图 9-1 所示。

图 9-1 卡通头像样本图像示例

图 9-1 所示的样本图像背景清晰且颜色信息丰富,头像占据了图像的主要区域。

9.2.2 GAN 网络设计

设计 GAN 网络旨在通过真实数据的训练,最终生成与之高度相似的仿真数据,它由生成器和判别器两个独立的子模型组成。

(1)生成器模型。

从输入的随机数字向量出发,生成器能够自动产生与训练样本具有相似属性的图片。

(2)判别器模型。

将实际训练样本和由生成器产生的仿真样本作为输入,判别器负责判断这些图像是真实(输出 1)还是虚假(输出 0)。

GAN 网络流程图如图 9-2 所示。

图 9-2 GAN 网络流程图

正如图 9-2 所示的,训练 GAN 网络的目的是通过一种类似博弈的机制,同时优化生成器和判别器:

(1)生成器努力生产的仿真数据需要尽量"欺骗"判别器,使其被认定为真实。

(2)判别器需要尽力识别出哪些是真实数据,哪些是仿真数据。因此,优化生成器的关键是让判别器将其产生的仿真图像判断为真实,即尽量增加判别器的判错率;而优化判别器的目标,则是正确区分出真实与仿真数据,即最小化其错误率。这表明直接训练 GAN 可能是一个挑战,需要在生成器和判别器的设计中考虑平衡,并且两者的损失函数应指导整个训练过程,防止样本多样性丢失。WGAN,即 Wasserstein GAN,通过引入"梯度惩罚"机制优化了原有 GAN 模型,自动平衡了生成器与判别器的优化过程,并确保了样本多样性,简化了网络结构的设计。因此,在本章中采用 WGAN 来设计网络,并将图像格式统一调整至 $64 \times 64 \times 3$ 的彩色图像规格。

下面将分别构建生成器和判别器的模型,并详细解析其网络结构。

(1)生成器。

定义一个生成器模型,该模型将以随机数向量作为输入,并通过投影重构、反卷积层和激活层的序列,最终产生 $64 \times 64 \times 3$ 尺寸的仿真图像。生成器网络结构图如图 9-3 所示。

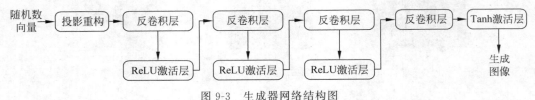

图 9-3 生成器网络结构图

生成器模型输入向量,经投影重构、反卷积、激活后生成模拟图像,网络定义的详细代码如代码 9-1 所示。

【代码 9-1】 生成器模型。

```
generator = nn.Sequential(
    # in: noise_size x 1 x 1
    nn.ConvTranspose2d(noise_size, 512, kernel_size = 4, stride = 1, padding = 0, bias =
False),
    nn.BatchNorm2d(512),
    nn.ReLU(True),
    # out: 512 × 4 × 4

    nn.ConvTranspose2d(512, 256, kernel_size = 4, stride = 2, padding = 1, bias = False),
    nn.BatchNorm2d(256),
    nn.ReLU(True),
    # out: 256 × 8 × 8

    nn.ConvTranspose2d(256, 128, kernel_size = 4, stride = 2, padding = 1, bias = False),
    nn.BatchNorm2d(128),
    nn.ReLU(True),
    # out: 128 × 16 × 16
```

```
    nn.ConvTranspose2d(128, 64, kernel_size = 4, stride = 2, padding = 1, bias = False),
    nn.BatchNorm2d(64),
    nn.ReLU(True),
    # out: 64 × 32 × 32

    nn.ConvTranspose2d(64, 3, kernel_size = 4, stride = 2, padding = 1, bias = False),
    nn.BatchNorm2d(3),
    nn.Tanh()
    # out: 3 × 64 × 64
)
```

生成器网络模型结构如图 9-4 所示。

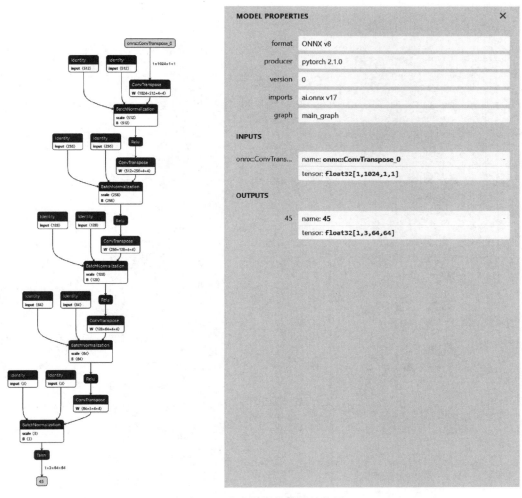

图 9-4 生成器网络模型结构图

（2）判别器。

定义判别器模型，设置输入 64×64×3 的彩色图像矩阵，经卷积层、正则化层和激活层，最终输出图像的鉴定结果，其网络结构图如图 9-5 所示。

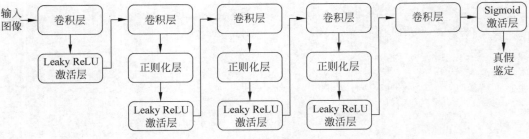

图 9-5　判别器网络结构图

判别器模型输入图像,经卷积、激活、正则化后得到鉴定结果,网络定义的详细代码如代码 9-2 所示。

【代码 9-2】 判别器模型。

```python
discriminator = nn.Sequential(
    # in: 3 × 64 × 64

    nn.Conv2d(3, 32, kernel_size = 3, stride = 2, padding = 1, bias = False),
    nn.BatchNorm2d(32),
    nn.LeakyReLU(0.2, inplace = True),
    # out: 64 × 32 × 32

    nn.Conv2d(32, 64, kernel_size = 3, stride = 2, padding = 1, bias = False),
    nn.BatchNorm2d(64),
    nn.LeakyReLU(0.2, inplace = True),
    # out: 128 × 16 × 16

    nn.Conv2d(64, 128, kernel_size = 3, stride = 2, padding = 1, bias = False),
    nn.BatchNorm2d(128),
    nn.LeakyReLU(0.2, inplace = True),
    # out: 256 × 8 × 8

    nn.Conv2d(128, 256, kernel_size = 3, stride = 2, padding = 1, bias = False),
    nn.BatchNorm2d(256),
    nn.LeakyReLU(0.2, inplace = True),
    # out: 512 × 4 × 4

    nn.Conv2d(256, 1, kernel_size = 4, stride = 1, padding = 0, bias = False),
    # out: 1 × 1 × 1

    nn.Flatten(),
    nn.Sigmoid()
)
```

判别器网络模型结构如图 9-6 所示。

生成器和判别器模型的结构相对较为简单,由此也可看出 GAN 网络的高效、简洁和易编辑的特点。

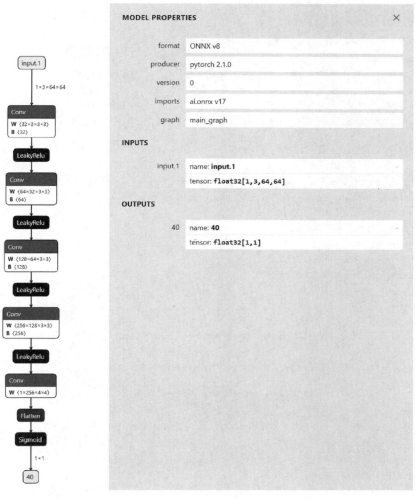

图 9-6 判别器网络模型结构图

9.2.3 GAN 网络训练

定义了 GAN 网络的生成器和判别器模型后,可加载 9.2.1 节中的卡通头像大数据,设置训练参数进行网络模型的训练,具体步骤如下。

(1) 设置训练参数,初始化模型、损失函数、优化器、数据读取接口,如代码 9-3 所示。

【代码 9-3】 设置训练参数。

```
# 生成图像大小
image_size = 64
# batch 大小
batch_size = 128
# 噪声的大小
noise_size = 1024
# 设置归一化参数
```

```
stats = (0.5, 0.5, 0.5), (0.5, 0.5, 0.5)

#学习率
lr = 0.001
#训练轮数
epochs = 20
#训练设备
device = torch.device('cuda') if torch.cuda.is_available() else torch.device('cpu')

#加载模型
model = {
    "discriminator": get_discriminator().to(device),
    "generator": get_generator(noise_size).to(device)
}
#设置损失函数
criterion = {
    "discriminator": nn.BCELoss(),
    "generator": nn.BCELoss()
}
#设置优化器
optimizer = {
    "discriminator": torch.optim.Adam(model["discriminator"].parameters(),
                                      lr = lr, betas = (0.5, 0.999)),
    "generator": torch.optim.Adam(model["generator"].parameters(),
                                  lr = lr, betas = (0.5, 0.999))
}


#设置训练数据集
train_dataset = ImageFolder(DATA_DIR, transform = tt.Compose([
    tt.Resize(image_size),
    tt.ToTensor(),
    tt.Normalize( * stats)]))

#训练数据加载器
train_dataloader = DataLoader(train_dataset, batch_size, shuffle = True, num_workers = 2,
pin_memory = True)

#产生随机噪声向量
test_tensor = torch.randn(batch_size, noise_size, 1, 1)

#产生一个固定的随机数,用于评估每轮图像产生的效果
fixed_noise = torch.randn(64, noise_size, 1, 1, device = device)
```

代码 9-3 所示的处理过程设置了数据批次规模、训练轮数和学习率等参数,并定义了模型、损失函数、优化器、数据读取接口队列,为后面的网络模型训练设置进行参数初始化。

（2）循环训练判别器和生成器模型,更新模型参数,如代码 9-4 所示。

【代码 9-4】 训练模型。

```python
"""训练模型"""
model["discriminator"].train()
model["generator"].train()
torch.cuda.empty_cache()

# Losses & scores
losses_g = []
losses_d = []
real_scores = []
fake_scores = []

print('start training')

for epoch in range(epochs):
loss_d_per_epoch = []
loss_g_per_epoch = []
real_score_per_epoch = []
fake_score_per_epoch = []
for real_images, _ in tqdm(train_dataloader):
    real_images = real_images.to(device)
    # Train discriminator
    # Clear discriminator gradients
    optimizer["discriminator"].zero_grad()

    # Pass real images through discriminator
    real_preds = model["discriminator"](real_images)
    real_targets = torch.ones(real_images.size(0), 1, device = device)
    real_loss = criterion["discriminator"](real_preds, real_targets)
    cur_real_score = torch.mean(real_preds).item()

    # Generate fake images
    noise = torch.randn(batch_size, noise_size, 1, 1, device = device)
    fake_images = model["generator"](noise)

    # Pass fake images through discriminator
    fake_targets = torch.zeros(fake_images.size(0), 1, device = device)
    fake_preds = model["discriminator"](fake_images)
    fake_loss = criterion["discriminator"](fake_preds, fake_targets)
    cur_fake_score = torch.mean(fake_preds).item()

    real_score_per_epoch.append(cur_real_score)
    fake_score_per_epoch.append(cur_fake_score)

    # Update discriminator weights
    loss_d = real_loss + fake_loss
    loss_d.backward()
    optimizer["discriminator"].step()
    loss_d_per_epoch.append(loss_d.item())
```

```
        # Train generator
        # Clear generator gradients
        optimizer["generator"].zero_grad()

        # Generate fake images
        noise = torch.randn(batch_size, noise_size, 1, 1, device = device)
        fake_images = model["generator"](noise)

        # Try to fool the discriminator
        preds = model["discriminator"](fake_images)
        targets = torch.ones(batch_size, 1, device = device)
        loss_g = criterion["generator"](preds, targets)

        # Update generator weights
        loss_g.backward()
        optimizer["generator"].step()
        loss_g_per_epoch.append(loss_g.item())

        torch.save(model['generator'].state_dict(), f'generator{epoch}.pth')

    # Record losses & scores
    losses_g.append(np.mean(loss_g_per_epoch))
    losses_d.append(np.mean(loss_d_per_epoch))
    real_scores.append(np.mean(real_score_per_epoch))
    fake_scores.append(np.mean(fake_score_per_epoch))

    # Log losses & scores (last batch)
    print("Epoch [{}/{}], loss_g: {:.4f}, loss_d: {:.4f}, real_score: {:.4f}, fake_score:
    {:.4f}".format(
        epoch + 1, epochs,
        losses_g[-1], losses_d[-1], real_scores[-1], fake_scores[-1]))

    # Save generated images
    # if epoch == epochs - 1:
    save_samples(epoch + start_idx, fixed_noise, model['generator'], sample_dir, show = False)
```

代码 9-4 为循环体内进行判别器和生成器训练的过程，可以发现生成器模型的输入为随机向量，判别器模型的输入为同一维度的图像矩阵，经优化器迭代计算后进行网络模型参数的更新。

（3）循环验证生成器模型，可视化中间训练状态，具体效果如图 9-7 所示。

随着训练步数的增加，图 9-7 中右侧的 Loss 曲线呈现逐步下降的趋势，左侧的验证生成图也逐步呈现出卡通头像的效果。

9.2.4 GAN 网络测试

网络模型训练后可将其存储到本地文件，按照对应的输入维度要求生成随机向量，然后调用生成器模型获得卡通头像的生成图，如代码 9-5 所示。

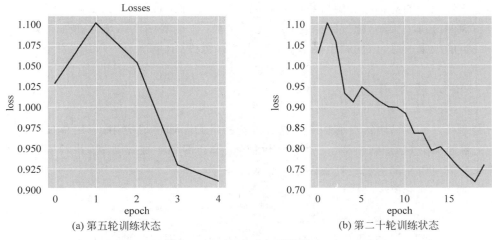

(a) 第五轮训练状态   (b) 第二十轮训练状态

图 9-7　可视化中间训练状态

【代码 9-5】　可视化生成的头像。

```python
def denorm(img_tensors):
    """反归一化"""
    return img_tensors * 0.5 + 0.5

num = 64          # 生成 64 张图像
torch.manual_seed(int(self.seed_value.get()))              # 设置随机数种子
noise = torch.randn(num, 1024, 1, 1)                       # 产生随机数

fake_images = self.model(noise)                            # 生成图像
save_image(denorm(fake_images), 'samples/show.jpg', nrow = 8)  # 将图像保存到本地
```

代码 9-5 所示的处理过程加载已训练的生成器模型，设置随机输入向量进行卡通头像生成，运行效果如图 9-8 所示。

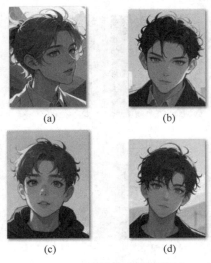

(a)   (b)

(c)   (d)

图 9-8　生成器模型测试样例

生成器模型能对输入的随机数向量生成对应的卡通头像模拟图,受限于训练步数和生成图像的分辨率大小,测试结果存在一定的模糊,通过增加训练步数和提高分辨率可以有一定的效果改进,但同时也会增加新的训练资源投入。

9.3　集成应用开发

本章开发 GUI 界面,实现基于生成式对抗网络的图像生成应用,应用集成了图像生成的关键步骤,包括加载模型、设置随机数种子、卡通图像生成等步骤,并对生成图像进行展示。集成应用的界面设计如图 9-9 所示。

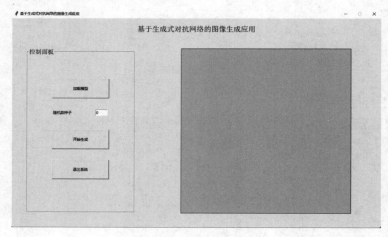

图 9-9　界面设计

应用界面包括控制面板和显示面板两个区域,单击"加载模型"按钮会将 GAN 模型加载至内存,单击"开始"按钮生成则会根据随机数种子,调用生成器模型获取批量的卡通头像仿真图,最终在右侧区域显示处理结果。卡通头像生成样例如图 9-10 所示。

图 9-10　卡通头像生成样例

　　通过运行卡通头像生成程序,能批量获得仿真卡通头像,显示出生成器模型的有效性。这些头像捕捉了卡通形象的主要特征。然而,由于训练次数限制和图像分辨率的限制,生成的头像可能会有一些模糊,读者可以考虑提升图像分辨率或增加训练的次数等措施来改善。

9.4 本章小结

　　近几年,伴随着大数据和人工智能技术的进步,多种 AI 应用已融入大家日常生活的多个方面,比如面部识别支付系统、AI 国际象棋对手和智能客户服务代表等。生成对抗网络(GAN)由于其出色的数据模拟能力,在图像和视频生成、文图转换、人脸替换等热门应用领域获得了广泛应用,并正在扩展至自然语言处理和人机交互等领域。在本章中,选用了特定的卡通图像数据集,并利用 WGAN 技术设计和训练生成器与判别器模型,成功实现了自动生成卡通头像的功能,展现了 WGAN 的简易设计和高效运作特性。但是,由于训练周期和图像分辨率的限制,生成效果可能会有所模糊,读者可以通过采取不同的网络设计或使用不同的数据集来扩展这一实验。

第 **10** 章

视频讲解

肺炎感染影像智能识别

肺炎作为一种常见且严重的呼吸系统疾病,尤其在儿童、老年人和免疫力低下的人群中,具有较高的发病率和致死率。传统的肺炎诊断主要依赖放射科医生对胸部 X 光片或 CT 影像的分析。然而,由于影像诊断需要专业的知识和丰富的经验,加之医疗资源分布不均,许多地区特别是偏远和资源匮乏的地方,常常难以及时获得准确的诊断,导致患者得不到及时有效的治疗。本章主要介绍如何使用现有深度学习模型进行迁移学习,评估不同模型在肺炎感染影像分析中的表现,并开发出一套针对肺炎感染的智能诊断工具。

10.1 应用背景

肺炎是指肺内的小气囊(肺泡)及其周围组织的感染。通常是在微生物从上呼吸道被吸入肺部后开始的,是全球范围内最常见的病种之一。肺炎的诊断方式通常是进行胸部 X 光片检查,医生通过分析胸部 X 光片来确定是否感染肺炎。然而,由于医疗资源的分布不均和医生工作量的增加,特别是在偏远和资源有限的地区,准确、及时地诊断肺炎面临着巨大的挑战。

基于深度学习的肺炎感染影像智能识别技术,通过利用卷积神经网络模型,可以对大量标注过的医学影像数据进行训练,能够自动识别和分析肺部影像中的异常特征,从而辅助医生进行肺炎诊断。有利于显著提高诊断的速度和准确度,减轻医生的工作负担,提升医疗服务的效率。

10.2 肺炎感染影像识别

10.2.1 肺炎感染影像大数据

人的肺部由左右两部分组成,它们看起来像两个空气囊,正常情况下,健康的肺泡充满空气,因此具有较低的密度。在 X 光的照射下,健康的肺泡能有效地让 X 光穿过,使得健康的肺部在 X 光图像中呈现为深色。然而,如果肺部受到病毒侵袭导致感染,其密度就会相应增加,导致 X 光的穿透力下降,从而在 X 光图像上形成异常的亮白色区域。特别是当肺部 X 光图像显示大面积的白色时,也就是"白肺"时,这通常表明病情已经相当严重。图 10-1 所示为肺炎在 CT 影像中的早期影像表现及其演变过程。

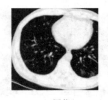 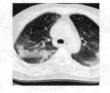 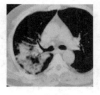 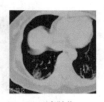

(a) 早期　　　　　　(b) 进展期　　　　　　(c) 重症期　　　　　　(d) 消散期

图 10-1　肺炎患者发病不同阶段 CT 影像图

图 10-1 展示了肺炎在不同发病阶段的 CT 影像差异,其中显著特征是病灶区域出现白色块状扩散,这是该疾病在 CT 扫描中的一种常见表现形式。遵循开源和透明原则,选用了加州大学圣地亚哥分校与 Petuum 研究团队开发的公开肺炎数据集,此数据集包括 349 张证实为肺炎阳性的 CT 扫描图像和 397 张肺炎阴性的 CT 图像。为了确保实验数据的相关性和比例准确,筛选了这些影像资料并进行了重新命名,整理后的数据集图示如图 10-2 所示。

"肺炎阳性"文件夹内包含 349 张确诊为肺炎阳性的 CT 扫描图像,而"肺炎阴性"文件夹则含有 397 张肺炎阴性的 CT 图像,明确地构成了一个经典的二元分类问题。鉴于数据集的规模较小,选择采用迁移学习技术,对现有的卷积神经网络(CNN)模型进行修改,并使用这些数据进行训练,从而得到经过迁移学习的 CNN 分类模型。

10.2.2　CNN 迁移设计

迁移学习是一种方法,它涉及修改和重新训练已经预训练好的模型,以适应新的数据集。这种方法可以利用预训练模型原有的结构和参数,使其适应新的应用场景,非常适合于小型数据集。迁移学习通常包括编辑全连接层、激活特征向量以及微调卷积层等策略。下面以 CNN 分类模型为例说明这些方法。

(1) 编辑全连接层,涉及选择 CNN 模型的全连接层,保留模型中的其他层,并根据新的数据集重新配置全连接层,然后重新训练 CNN 模型。

(2) 激活特征向量,包括选择 CNN 模型中的一个中间层,并保留该层之前的所有层。然后用输入数据激活这个中间层,并使用激活后的特征向量作为其他机器学习模型(如 SVM、BP、CNN 等)的输入进行进一步训练。

(3) 微调卷积层,包括保留模型接近输入端的大部分卷积层,并对其余的层进行训练。

在本章中,选择了第一种方法,即对 AlexNet、GoogLeNet 和 VGGNet 这几种预训练模型进行修改,并将其应用于当前的肺炎感染 CT 影像数据集进行再训练,以得到适应肺炎感染诊断的迁移学习模型。

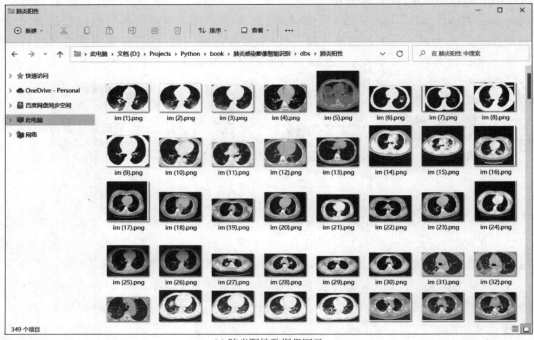

(a) 肺炎阳性数据集图示

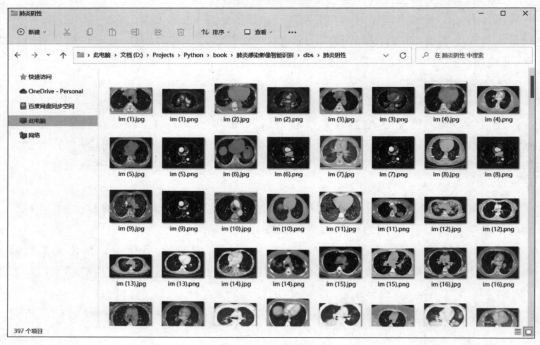

(b) 肺炎阴性数据集图示

图 10-2　数据集图示

（1）AlexNet。

AlexNet 是一个著名的 CNN 模型，以其设计者 Alex Krizhevsky 命名，该模型在 2012 年的 ImageNet 比赛中取得了压倒性的胜利，并引发了深度学习技术的广泛关注。在此案例中，选择使用 AlexNet，并将其调整以适用于肺炎感染的 CT 影像分类。加载 AlexNet 模型在 ImageNet 数据集上的预训练权重，同时分析其网络结构，如图 10-3 所示。

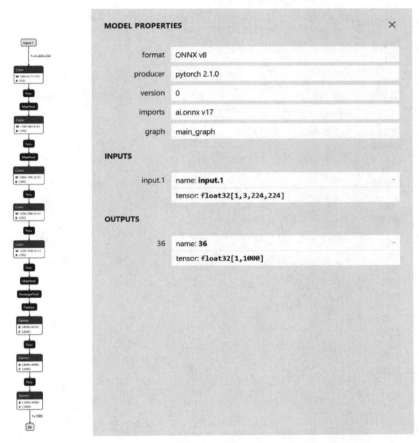

图 10-3　AlexNet 网络结构分析图示

从图 10-3 右侧的信息栏中可以看出，AlexNet 模型全连接层输出维度是 1000，对应了原模型的 1000 个类别，可以直接修改 AlexNet 模型中分类层的结构，将其迁移到当前的二分类应用，关键代码如代码 10-1 所示。

【代码 10-1】　AlexNet 迁移学习，并修改类别。

```
model = alexnet(weights = AlexNet_Weights.IMAGENET1K_V1)
model.classifier = nn.Sequential(
    nn.Dropout(p = 0.5),
    nn.Linear(256 * 6 * 6, 4096),
    nn.ReLU(inplace = True),
```

```
nn.Dropout(p = 0.5),
nn.Linear(4096, 4096),
nn.ReLU(inplace = True),
nn.Linear(4096, 2),)
```

修改分类层结构后,再次分析 AlexNet 模型结构图,如图 10-4 所示。

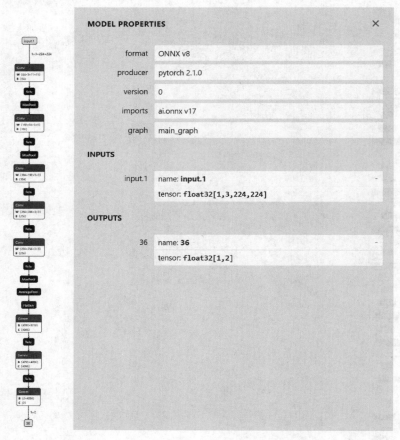

图 10-4　AlexNet 迁移后的网络结构分析图示

修改 AlexNet 的输出层后,模型输出维度为 2,对应了当前肺炎感染影像数据集的二分类应用。

（2）GoogLeNet。

GoogLeNet 是 Google 推出的 CNN 模型,通过 Inception 模块提高卷积的特征提取能力,在 2014 年的 ImageNet 竞赛中 GoogLeNet 获得分类项目的冠军。选择 GoogLeNet 进行编辑,将其应用于肺炎感染影像数据集的分类识别。加载 GoogLeNet 预训练模型,并分析其网络结构,如图 10-5 所示。

GoogLeNet 输出层的输出维度为 1000,对应 ImageNet 数据集中的 1000 个类别,为了将 GoogLeNet 迁移至肺炎感染识别任务中,需要对输出层进行替换,关键代码如代码 10-2 所示。

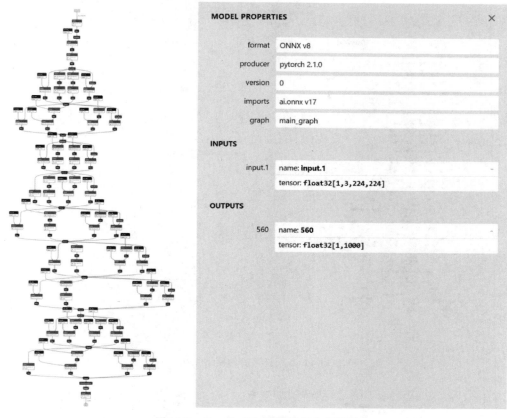

图 10-5　GoogLeNet 网络结构分析图示

【代码 10-2】　GoogLeNet 迁移学习,并修改类别。

```
model = googlenet(weights = GoogLeNet_Weights.IMAGENET1K_V1)
model.fc = nn.Linear(1024, 2)
```

分析 GoogLeNet 迁移模型,其结构如图 10-6 所示。

GoogLeNet 迁移模型输出层的输出维度是 2,与肺炎感染影像数据集中的两个类别相对应。

(3) VGGNet。

VGGNet 是牛津大学和 DeepMind 联合研发的 CNN 模型,具有结构简洁、特征学习能力强的特点,在 2014 年的 ImageNet 竞赛中,VGGNet 获得分类项目的亚军和定位项目的冠军。常见的 VGGNet 包括 VGG16 和 VGG19 两种结构,选择 VGG19 进行编辑,将其应用于肺炎感染影像数据集的分类识别。加载 VGG19 的预训练模型,同时对 VGG19 的网络模型结构进行分析,其结构图如图 10-7 所示。

ImageNet 有 1000 个类别,因此 VGG19 模型的输出维度是 1000,若将 VGG19 迁移至肺炎感染识别任务中,需要将分类层进行替换,因此这里对 VGG19 的分类层进行编辑,将其迁移到当前的二分类应用,关键代码如代码 10-3 所示。

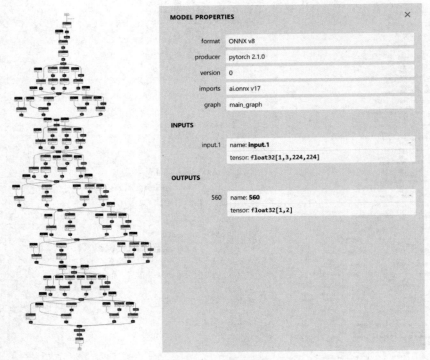

图 10-6　GoogLeNet 迁移后的网络结构分析图示

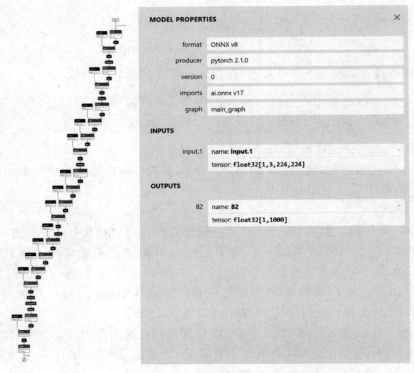

图 10-7　VGG19 网络结构分析图示

【代码10-3】 VGG迁移学习,并修改类别。

```
#VGGNet迁移
model = vgg19(weights = VGG19_Weights.IMAGENET1K_V1)
model.classifier = nn.Sequential(
    nn.Linear(512 * 7 * 7, 4096),
    nn.ReLU(True),
    nn.Dropout(p = 0.5),
    nn.Linear(4096, 4096),
    nn.ReLU(True),
    nn.Dropout(p = 0.5),
    nn.Linear(4096, 2),)
```

运行后可得到VGG19迁移模型,其结构如图10-8所示。

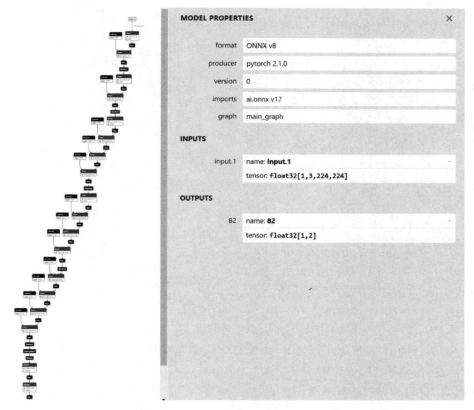

图10-8　VGG19迁移后的网络结构分析图示

　　VGG19迁移模型的输出层为全连接层"fc8",其输出维度为2,说明VGG19的分类层替换成功,能够输出二分类预测。

10.2.3　CNN迁移训练

　　设计了3个CNN迁移模型后,加载肺炎感染影像数据集分别进行训练得到3个迁移模型,并将其以文件的形式进行保存,具体步骤如下。

（1）加载数据，如代码 10-4 所示。

【代码 10-4】 加载数据。

```python
# 设置随机数种子
random.seed(seed)
# 获取路径
data_dir = Path(data_dir)
# 获取类别
cls = [p.stem for p in data_dir.glob('*')]
cls2idx = {c: i for i, c in enumerate(cls)}
# 训练集
train_set = []
# 验证集
val_set = []
for c in cls:
    cls_dir = data_dir / c
    # 获取所有图像路径
    images = list(cls_dir.glob('*'))
    # 打乱路径
    random.shuffle(images)

    # 计算训练集的数量
    n_train = int(train_size * len(images))
    # 获取训练集图像
    train_images = images[:n_train]
    # 获取验证集图像
    val_images = images[n_train:]

    # 产生标签
    train_labels = [c] * n_train
    val_labels = [c] * (len(images) - n_train)

    # 保存训练集与验证集
    train_set.extend(list(zip(train_images, train_labels)))
    val_set.extend(list(zip(val_images, val_labels)))
```

代码 10-4 的处理过程加载肺炎感染影像数据集，以文件夹名称"肺炎阳性""肺炎阴性"作为类别信息，并将数据集按照 9∶1 拆分为训练集和验证集。

（2）加载迁移模型，如代码 10-5 所示。

【代码 10-5】 加载迁移模型。

```python
# alexnet 迁移
model = alexnet(weights = AlexNet_Weights.IMAGENET1K_V1)
model.classifier = nn.Sequential(
    nn.Dropout(p = 0.5),
    nn.Linear(256 * 6 * 6, 4096),
    nn.ReLU(inplace = True),
    nn.Dropout(p = 0.5),
    nn.Linear(4096, 4096),
    nn.ReLU(inplace = True),
```

```
    nn.Linear(4096, 2),)
    model.to(device)
    # VGGNet 迁移
model = vgg19(weights = VGG19_Weights.IMAGENET1K_V1)
model.classifier = nn.Sequential(
    nn.Linear(512 * 7 * 7, 4096),
    nn.ReLU(True),
    nn.Dropout(p = 0.5),
    nn.Linear(4096, 4096),
    nn.ReLU(True),
    nn.Dropout(p = 0.5),
    nn.Linear(4096, 2),)
model.to(device)
# googlenet 迁移
model = googlenet(weights = GoogLeNet_Weights.IMAGENET1K_V1)
model.fc = nn.Linear(1024, 2)
model.to(device)
```

代码 10-5 所示的处理过程获取 3 个迁移模型，并且各自的输出层类别数目均为 2，这也对应了肺炎感染影像数据集的类别数目。各个迁移模型的网络示意图如图 10-9 所示。

(a) AlexNet迁移网络结构图

图 10-9　迁移模型的网络示意图

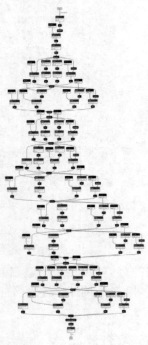

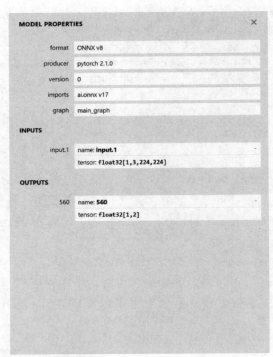

(b) GoogLeNet迁移网络结构图

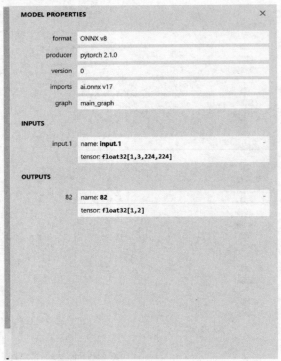

(c) VGG19迁移网络结构图

图 10-9(续)

3 个迁移模型的网络层和结构复杂度数逐渐增加,对训练资源的消耗也随之增多。

(3) 训练模型,如代码 10-6 所示。

【代码 10-6】 训练模型。

```
# 训练集
train_set = DataSet(train_data, cls2idx, transform = transforms.Compose([
    transforms.Resize((224, 224)),
    transforms.RandomHorizontalFlip(),
    transforms.ToTensor(),
    transforms.Normalize((0.5, 0.5, 0.5), (0.5, 0.5, 0.5)),
]))
# 测试集
val_set = DataSet(val_data, cls2idx, transform = transforms.Compose([
    transforms.Resize((224, 224)),
    transforms.ToTensor(),
    transforms.Normalize((0.5, 0.5, 0.5), (0.5, 0.5, 0.5)),
]))
# 训练数据加载器
train_loader = DataLoader(train_set, batch_size = batch_size,
                            shuffle = True, num_workers = num_workers)
# 验证数据加载器
val_loader = DataLoader(val_set, batch_size = batch_size,
                            shuffle = True, num_workers = num_workers)
# 损失函数
criterion = nn.CrossEntropyLoss().to(device)
# 优化器
optimizer = optim.SGD(model.parameters(), lr = lr, weight_decay = wd)

metrics = []
best_acc = 0
# 开始迭代训练
for epoch in range(1, epochs + 1):
    train_loss, train_acc = train_one_epoch()
    val_loss, val_acc = val_one_epoch()
    metrics.append((train_loss, train_acc, val_loss, val_acc))
```

代码 10-6 所示的处理过程中,考虑到肺部影像的左右对称特点,将训练集进行了数据左右对换方式的增广处理,进一步丰富了训练集的构成。同时,由于 3 个网络迁移默认的输入都是 3 通道的彩色图像形式,所以对训练集和验证集都进行了颜色空间的设置,将其统一转换为 RGB 颜色空间的输入。

代码 10-6 所示的处理过程训练了 3 个迁移模型,并将其保存到模型文件,各个模型的训练过程如图 10-10 所示。

相同条件下,AlexNet 迁移模型验证集识别率为 85.96%,GoogLeNet 迁移模型验证集识别率为 89.38%,VGG19 迁移模型验证集识别率为 93.39%。

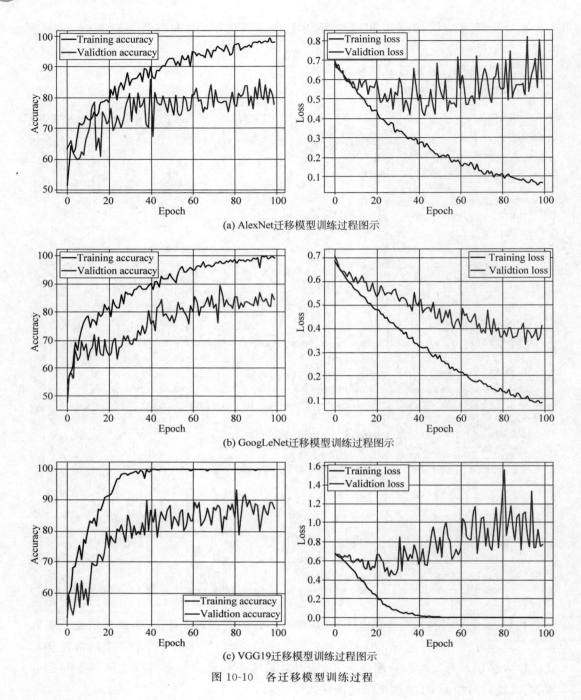

(a) AlexNet迁移模型训练过程图示

(b) GoogLeNet迁移模型训练过程图示

(c) VGG19迁移模型训练过程图示

图 10-10　各迁移模型训练过程

10.2.4　CNN 迁移评测

前面训练了 3 个 CNN 迁移模型,为了进行模型评测,在相同数据条件下对训练集和验证集进行测试,并绘制在验证集下识别的混淆矩阵,具体步骤如下。

（1）封装评测函数，对输入的模型和数据集进行数据维度转换、计算正确率，并绘制混淆矩阵，如代码 10-7 所示。

【代码 10-7】 封装评测函数。

```
def eval(model):
    #切换模型为预测模式
    model.eval()

    #保存所有标签及预测
    targets = []
    preds = []
    #预测时不需要梯度
    with torch.no_grad():
        #遍历加载数据
        for i, (images, labels) in enumerate(val_loader):
            #加载数据至设备
            images = images.to(device)
            #获取模型输出
            outputs = model(images)
            #保存标签
            labels = labels.detach().cpu().numpy().tolist()
            #获取预测
            _, predicted = torch.max(outputs.data, 1)
            predicted = predicted.detach().cpu().numpy().tolist()
            targets.extend(labels)
            preds.extend(predicted)
        #计算正确率
        correct = np.sum(np.array(targets) == np.array(preds))
        acc = correct / len(targets)
        print(acc)
    #计算混淆矩阵
    m = confusion_matrix(targets, preds, normalize = 'true')
    #绘制混淆矩阵
    fig, ax = plt.subplots()
    ax.matshow(m, cmap = 'Blues')
    for i in range(len(m)):
        for j in range(len(m)):
            plt.annotate(round(m[j, i], 2), xy = (i, j), horizontalalignment = 'center',
verticalalignment = 'center')

    ax.set_ylabel('True label')
    ax.set_xlabel('Predicted label')
    ax.set_xticks([0, 1], labels = ['肺炎阳性', '肺炎阴性'], fontsize = 10)
    ax.set_yticks([0, 1])
    ax.set_yticklabels(['肺炎阳性', '肺炎阴性'], fontsize = 10)
```

函数 eval 可对传入的模型和数据集进行测试，并根据设置的绘图标记显示混淆矩阵，最终返回验证集的测试结果。

（2）调用评测函数，加载已保存的 CNN 迁移模型，分别调用评测函数进行测试，如图 10-11 所示。

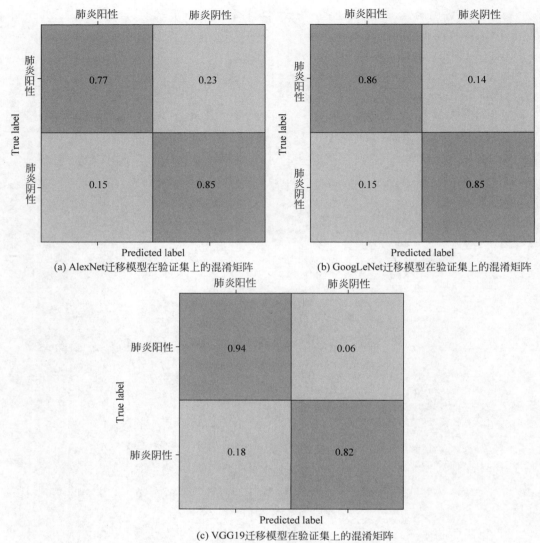

(a) AlexNet迁移模型在验证集上的混淆矩阵　　(b) GoogLeNet迁移模型在验证集上的混淆矩阵

(c) VGG19迁移模型在验证集上的混淆矩阵

图 10-11　各迁移模型在验证集上的混淆矩阵

由图 10-11 可以发现，VGG19 迁移模型对"肺炎阴性"类别的识别率相对较高，且 3 个模型对"肺炎阳性"类别的识别率相近，可以考虑对这 3 个模型的识别结果进行投票组合，最终获取融合后的识别结果。

10.2.5　CNN 融合识别

获取了 3 个迁移模型的识别结果后，考虑对其进行投票组合，提高识别率。根据 10.2.4 节混淆矩阵的分析结果，可对"肺炎阳性"类别的情况计算 3 个识别结果的众数作为最终输出，对"肺炎阴性"类别的情况则选择 VGG19 迁移模型的识别结果作为最终输出，如代码 10-8 所示。

【代码 10-8】　决策融合。

```
# 获取3个模型的预测结果
alex_outputs = alex(images)
_, predicted = torch.max(alex_outputs.data, 1)
alex_predicted = predicted.detach().cpu().numpy().tolist()

google_outputs = google(images)
_, predicted = torch.max(google_outputs.data, 1)
google_predicted = predicted.detach().cpu().numpy().tolist()

vgg_outputs = vgg(images)
_, predicted = torch.max(vgg_outputs.data, 1)
vgg_predicted = predicted.detach().cpu().numpy().tolist()

predicted = []
for a, g, v in zip(alex_predicted, google_predicted, vgg_predicted):
    # 众数
    zs = 1 if sum([a, g, v]) >= 2 else 0
    # 对类别0迁移VGG结果
    if zs == 0:
        zs = v

    predicted.append(zs)
    labels = labels.detach().cpu().numpy().tolist()
    targets.extend(labels)
    preds.extend(predicted)
```

运行代码 10-8 后可得到融合后识别结果，其识别率和混淆矩阵如图 10-12 所示。

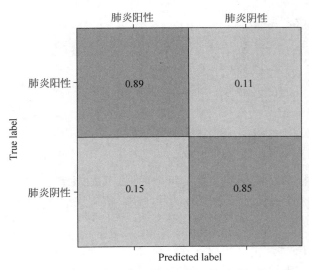

图 10-12　融合模型在验证集上的混淆矩阵

由图 10-12 可见，通过对模型识别效果的分析和融合，最终可在一定程度上提高识别效果。不同的数据集和模型训练参数可能得到的结果也有所差异，但这种多模型融合方式相对简单，对于其他相关应用也有一定的借鉴意义。

10.3　集成应用开发

为了更好地展示肺炎感染的识别效果,显示不同模型的处理结果,本案例开发了一个 GUI 界面供用户操作。GUI 界面中集成了模型加载、影像选择和智能识别等关键步骤,集成应用的界面设计如图 10-13 所示。

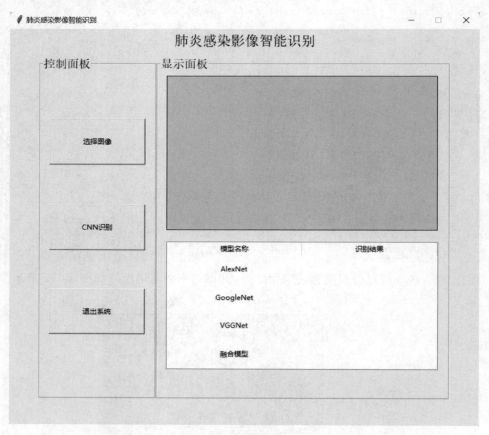

图 10-13　界面设计

应用界面包括控制面板和显示面板两个区域,可先选择待测影像并在右侧显示,再单击"CNN 识别"按钮调用 3 个模型进行识别并融合处理,最终在右侧区域显示处理结果。

如图 10-14 所示,选择了待测样本进行肺炎感染的智能识别,可以发现阳性图例呈现了明显的区域"白化"现象,这也是肺部炎症在 CT 影像下的表征。

由于数据集的规模限制,自动化的智能识别还需要进一步地优化,如增加其他的数据集、引入多种数据增广策略、加载更多的 CNN 模型等,读者可以尝试不同的方法进行实验的延伸。

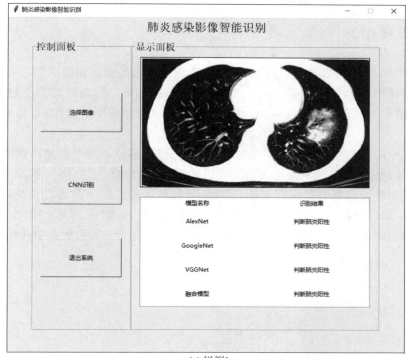

(a) 样例1

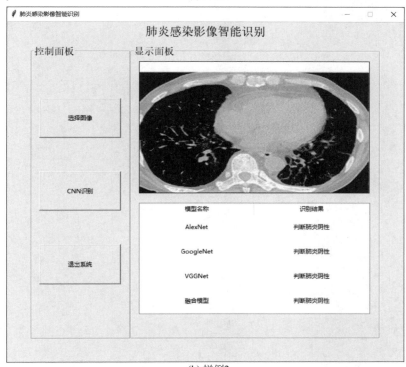

(b) 样例2

图 10-14 肺炎影像智能识别样例

10.4　本章小结

在医学 CT 影像分析领域,重点关注的是医学图像内的器官和组织形态,并对其进行病理分析。使用医学影像技术对肺炎感染患者进行初期筛选和防控尤为关键,尤其是将 AI 技术应用于肺部影像的辅助检测,可以显著提升诊疗过程中的效率,帮助医生快速做出诊断。

在本章中对公开的肺炎感染影像数据集进行分析,通过采用数据增强技术来扩大训练样本量,并利用多种 CNN 架构来训练和识别模型,最后将这些 CNN 模型整合成一个综合的多模型肺炎感染影像识别工具。然而,目前的实验仅限于对影像作整体的分类与识别,而没有对具体的病变区域进行细致的检测与分割,这留给了未来研究的空间。读者可以通过自定义设计或选用不同的网络架构、引入其他 CT 影像数据集等手段,来扩展本次实验。

第 **11** 章

视频讲解

基于深度学习的人脸二维码识别

随着科技的迅猛发展和智能设备的普及,人脸识别技术的进步和普及,也为安全和便捷的身份验证提供了新的途径。同时,二维码已经成为人们日常生活中不可或缺的一部分,被广泛应用于支付、信息共享、身份验证等多个领域。本章利用降维、加密、二维码编解码技术,构建基于深度学习的人脸二维码识别系统。

11.1 应用背景

随着人工智能领域的不断进步,以人脸识别为核心的生物识别技术已广泛被应用于各种便利生活的场景,如面部支付系统、人脸门禁系统和面部识别通行等。尽管这些技术为人们日常生活提供了极大的方便,但也伴随着一些安全问题,比如面部识别系统的欺骗问题和隐私泄露等问题。这些问题突显了加强人脸识别系统加密的必要性。二维码,作为一种流行的信息编码方式,因其高可靠性、大信息量和快速识别特性,在多种场景下得到广泛应用,成为现代人生活的一部分。将人脸图像与二维码结合,通过将处理后的人脸生物信息嵌入二维码中,并利用专用工具进行解码和重构,可以建立一个独特的人脸二维码验证系统。

本章将探讨基本的人脸识别技术,选择标准人脸数据集进行特征降维和 Base64 编码转换,从而生成加密字符串。这些字符串随后被用来生成二维码图像,并建立一个双向的操作流程,支持从人脸到二维码的转换以及反向解码过程。通过使用典型的 CNN 模型对重建的人脸图像进行识别,最终实现一个基于深度学习的人脸二维码识别系统。

11.2 QR 编译码

QR 码(Quick Response Code)的全称为"快速响应矩阵码",最早由日本 Denso 公司于 1994 年为追踪汽车零件而开发的一种矩阵式二维码,其结构说明如图 11-1 所示。QR

图 11-1　QR 码结构说明

码是最常用的二维码编码方式,具有制作成本低和存储容量大的特点,可方便地进行多种类型的信息存储和提取,应用场景非常广泛。本案例不过多地介绍 QR 码的原理,重点叙述如何利用二维码编译工具 qrcode 与 pyzbar 进行集成应用。

qrcode 与 pyzbar 是经典的条码/二维码处理类库,可用于解析多种格式的条形码、二维码,能够方便地对 QR 码进行编译处理。读者可以通过 pip install qrcode pyzbar 命令,对两个库进行安装。

11.2.1　QR 编码

QR 编码的主要实现方式是对输入的字符串进行编码,调用 qrcode 的编码接口生成二维码图像,这里需要参考工具包的数据格式进行统一的参数传递,具体步骤如下。

（1）参数设置。

设置二维码图片的宽度和高度,初始化待编码的字符串,这里以常见的汉字、英文、数字构成字符串组合,如代码 11-1 所示。

【代码 11-1】　参数设置。

```
#设置宽度和高度
qr_height = 400
qr_width = 400
#设置字符串内容
text = '刘衍琦, Computer Vision'
```

（2）初始化接口。

进行相关的接口初始化,如代码 11-2 所示。

【代码 11-2】　初始化接口。

```
#初始化接口
qr = qrcode.QRCode()
```

（3）QR 编码。

设置编码的字符,调用编码接口进行图像生成,如代码 11-3 所示。

【代码 11-3】　生成二维码图像。

```
#添加字符串
qr.add_data(text)
#产生二维码
qr.make(fit = True)
#产生图像
img = qr.make_image(fill_color = 'black', back_color = 'white')
```

（4）图像转换。

将 PIL 格式的图像转换为 OpencCV 格式的图像,如代码 11-4 所示。

【代码 11-4】 图像转换。

```
#转换为图像数组
img = np.array(img, dtype = 'uint8') * 255
#改变图像大小
img = cv2.resize(img, (qr_width, qr_height))
#保存图像
cv2.imwrite('qrcode.jpg', img)
#显示图像
cv2.imshow('qrcode', img)
cv2.waitKey()
```

经过以上处理,可得到编码后的二维码图像矩阵,将其保存为 demo.jpg,具体如图 11-2 所示。注意,图 11-2 二维码可用手机自带的二维码识别器扫码获取文本。

得到了所设置字符串的二维码图像,可以用微信等工具的二维码扫描服务进行验证,查看识别效果。如图 11-3 所示,通过微信扫描自定义生成的二维码图像进行解码得到了相匹配的字符串内容,这也表明了二维码编码过程的有效性。

刘衍琦, Computer Vision

如需使用,可通过复制获取内容

图 11-2　QR 码编码图例　　　　图 11-3　微信扫码结果图示

11.2.2　QR 译码

QR 译码的主要实现方式是对输入的二维码图像进行读取,调用 pyzbar 的解码接口获取字符串内容,这里需要参考工具包的数据格式进行统一的参数传递,具体步骤如下。

(1) 读取图像,如代码 11-5 所示。

【代码 11-5】 读取图像。

```
#读取图像
image = Image.open('qrcode.jpg')
```

(2) 图像解码,如代码 11-6 所示。

【代码 11-6】 图像解码。

```
#图像解码
result = pyzbar.decode(image)[0]
text = result.data.decode("utf - 8")
```

由此可见,通过调用解码工具包可对自定义生成的二维码图像进行解码得到相匹配的字符串内容,这也表明了二维码解码过程的有效性。

11.2.3　内容加密

通过设置的明文字符串进行编码得到的二维码图像,采用普通的二维码扫描工具即可容易地获得明文信息,这也容易出现信息泄露的情况。为此,选择经典的 Base64 加解密进行内容转码来提高安全性,即对字符串经 Base64 加密后再进行 QR 编码,同理对图像 QR 译码后再进行 Base64 解密来得到明文字符串,如代码 11-7 所示。

【**代码 11-7**】　Base64 加密。

```
# Base64 加密
text = base64.b64encode(text.encode('utf-8'))
# Base64 解密
text_b64 = base64.b64decode(text).decode('utf-8')
```

因此,将字符串的 QR 编译码加入 Base64 编解码过程,可得到统一的加解密处理,具体过程如图 11-4 所示。

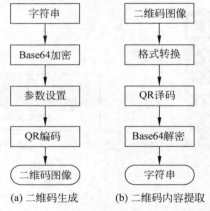

图 11-4　QR 编译码加入 Base64 编解码过程

如图 11-4 所示,分别表示二维码生成、二维码内容提取的流程,为方便调用可将二者封装为子函数,具体内容如下。

(1)二维码生成,如代码 11-8 所示。

【**代码 11-8**】　二维码生成。

```
def mk_qr(text, b64 = True):
    if b64:
        # Base64 加密
        text = base64.b64encode(text.encode('utf-8'))
    # 初始化接口
    qr = qrcode.QRCode()
    # 添加字符串
    qr.add_data(text)
    # 产生二维码
    qr.make(fit = True)
    # 产生图像
```

```
        img = qr.make_image(fill_color = 'black', back_color = 'white')
        return img
```

（2）二维码内容提取，如代码 11-9 所示。

【代码 11-9】 二维码内容提取。

```
def read_qr(image: Image, b64 = True):
    #图像解码
    result = pyzbar.decode(np.array(image, dtype = 'uint8') * 255)[0]
    text = result.data.decode("utf - 8")
    text_b64 = ''
    if b64:
        #Base64 解密
        text_b64 = base64.b64decode(text).decode('utf - 8')
    return text, text_b64
```

代码 11-8、代码 11-9 分别定义了函数 mk_qr 进行二维码生成、函数 read_qr 进行二维码内容提取，设置了是否进行 Base64 加解密的标志位，方便进行二维码的生成和内容提取。

11.3　人脸压缩

11.3.1　人脸建库

ORL（Olivetti Research Laboratory）人脸数据库是一个著名的人脸识别数据集，它起源于英国剑桥的 Olivetti 实验室。该数据库含有 40 个不同人物的人脸数据，每个人物由 10 张正面人脸照片组成，总共包含 400 张图片。这些人脸图片的分辨率为 92 像素×112 像素，并在拍摄时间、光照等方面有细微的变化，而同一人物的各张照片中可能会呈现出不同的表情、光照条件和面部角度。ORL 人脸数据库由于其典型性，已经成为进行人脸识别研究的常用标准数据库。参考 ORL 来制作数据集，其详细结构如图 11-5 所示。

数据库共包含 40 个子文件夹，每个文件夹以类别标签命名，且均为灰度人脸图像。

11.3.2　人脸降维

主成分分析（Principal Component Analysis，PCA）是一种广泛使用的数据简化和特征萃取技术。基于 Karhunen-Loeve 变换或 Hotelling 变换，PCA 通过计算数据集的最优正交基，实现了降维，同时最小化了原始数据和降维后数据之间的均方误差。此过程创建了一个新的坐标系统，减少了数据各个组成部分之间的相关性，并且可以去除较少包含信息的成分，以达到减少特征空间维度的目的。PCA 应用于多个领域，如在数据压缩和降噪中，其以简便和高效的优点，成为数据处理的重要工具。

在处理人脸数据降维的场景中，PCA 的核心步骤包括：①加载人脸数据集，将其转换为数值矩阵形式；②计算平均脸并建立协方差矩阵；③提取特征向量以形成特征脸空间，其核心步骤具体介绍如下。

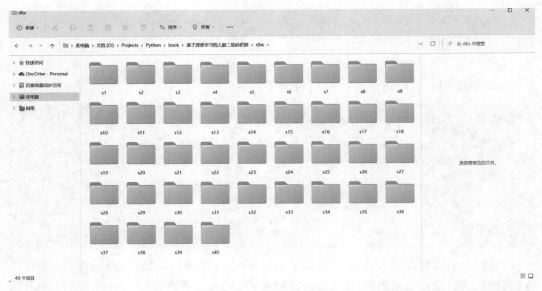

图 11-5　人脸数据库图示

（1）加载人脸数据集以形成数值矩阵。

如图 11-5 所示，每一个子文件夹代表一个人脸类别。图像的读取可以通过遍历各个文件夹完成，只选取特定比例的图像进行后续处理，实现此步骤的关键代码如代码 11-10 所示。

【代码 11-10】　转换人脸数据集为矩阵。

```python
data_dir = Path(data_dir)
# 遍历所有图片
all_data = []
for p in data_dir.glob("**/*.BMP"):
    image = cv2.imread(str(p), cv2.IMREAD_GRAYSCALE)
    # 拉平图像
    image_flatten = np.reshape(image, -1)

    # 归一化
    max_value = image_flatten.max()
    min_value = image_flatten.min()
    image_flatten = (image_flatten - min_value) / (max_value - min_value)

    all_data.append(image_flatten)

    all_data = np.array(all_data)
```

数据集共包括 40 个子文件夹，每个子文件夹包括 10 张图片，程序进行遍历读取共得到 400 张图片参与计算。由于都是 $112×92$ 维度的灰度人脸图，所以最终得到的数字矩阵维度为 $400×10\ 304$，其中 $10\ 304=112×92$ 表示将灰度图像进行了向量化。

（2）计算平均脸，构建协方差矩阵。

PCA 的主要思想是保留数据集中对方差贡献最大的特征进而简化数据，达到降维的目的。因此,对人脸数据先计算平均脸向量,然后构造协方差矩阵,为计算特征脸提供基础,如代码 11-11 所示。

【代码 11-11】 计算平均脸与协方差矩阵。

```
#计算平均脸
mean_face = np.mean(all_data, 0)
#利用广播机制 每一种图像减去平均脸
all_data2 = all_data - mean_face
#可视化图像
cv2.imshow('mean_face', mean_face.reshape(112, 92).astype('uint8'))
cv2.waitKey()
```

经过代码 11-10 和代码 11-11 所示的步骤处理后,可以得到 $1 \times 10\,304$ 维的平均脸向量和 400×400 维的协方差矩阵。为了进一步观察平均脸的特点,可以将其重构为 112×92 维度的图像矩阵,可视化显示效果如图 11-6 所示。

图 11-6 平均脸

(3)提取特征向量,获得特征脸空间。

针对协方差矩阵可计算其特征值和特征向量,通过选择要保留的特征向量维度来生成特征脸子空间,将其用于原始人脸数据的降维处理,关键代码如代码 11-12 所示。

【代码 11-12】 人脸降维。

```
#计算协方差矩阵
cov_matrix = all_data2.dot(all_data2.T)

#保留 k 维
k = round(people_num * sample_num * 0.7)
ds, v = np.linalg.eig(cov_matrix)

#按照设置的范围计算特征脸空间
face_space = all_data2.T.dot(v[:, :k]).dot(np.diag(ds[0: k] ** (-1/2)))
#人脸降维
data_pca = all_data2.dot(face_space)
```

经过代码 11-12 所示的步骤处理后,可以得到 $10\,304 \times 280$ 维的特征脸子空间 V,以及 400×280 维的人脸特征,达到人脸图像的降维目标。此外,为了进一步观察特征脸空间的特点,可以将其重构为 112×92 维的图像矩阵,进行可视化显示,关键代码如代码 11-13 所示。

【代码 11-13】 人脸可视化。

```
for i in range(1, 20 + 1):
    plt.subplot(5, 4, i)
    plt.imshow(face_space[:, i - 1].reshape(112, 92), cmap = 'gray')
    plt.axis('off')
plt.show()
```

运行代码11-13,可将生成的特征脸子空间进行重构,得到二维人脸图像,具体效果如图 11-7 所示。

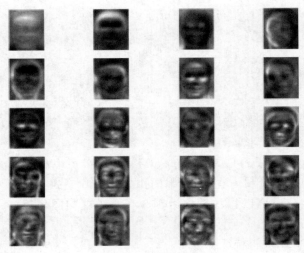

图 11-7　特征脸子空间

对应设置的降维参数,特征脸子空间由 20 幅特征脸构成,可将原始的图像数据投影到此空间获得1×280维的特征向量,进而可方便地用于人脸降维压缩。

11.3.3　人脸重构

通过 PCA 进行人脸降维后可将原始112×92维的图像转换为1×280维的向量,达到降维压缩的目标。同理,基于特征脸空间进行逆操作也可以将1×280的向量还原为人脸图像,达到人脸重构的目标。下面以库内的某样本图像为例进行降维和重构的说明,人脸降维压缩如代码 11-14 所示。

【代码 11-14】　人脸降维压缩。

```
#拉平图像
image_flatten = np.reshape(image, -1)

#归一化
max_value = image_flatten.max()
min_value = image_flatten.min()
image_flatten = (image_flatten - min_value) / (max_value - min_value)

#减去平均脸
b = image_flatten - mean_face
#投影到特征脸空间
image_vector = b.dot(face_space)
#保留 1 位小数
image_vector = np.round(image_vector * 10) / 10
```

在人脸库中随机选择某样本图,按照代码 11-14 所示的降维过程将其投影到特征脸空间,得到1×280维的特征向量,将其绘制曲线如图 11-8 所示。

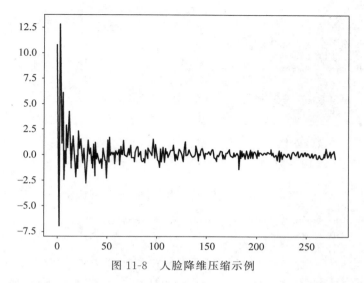

图 11-8 人脸降维压缩示例

下面按照逆操作对降维后的向量进行还原,并将其按照图像矩阵的维度进行重构得到图像,关键代码如代码 11-15 所示。

【代码 11-15】 人脸重构。

```
♯人脸重构
temp = face_space[:, :len(image_pac)].dot(image_pac.T)
temp = temp + mean_face
♯重构图像矩阵
image = Image.fromarray((temp * 255).astype('uint8').reshape(112, 92))
```

选择人脸数据库中的一个样本,通过逆向操作,可以得到重构后的人脸图像,如图 11-9 所示。

将 1×280 维的特征向量经特征脸、平均脸进行重构可得到图像结果,这也说明了人脸降维和重构过程的有效性。

综合以上的处理过程,可以将人脸图像降维压缩和重构过程封装为函数,通过调用已保存的模型文件进行降维和重构处理,具体如下所示。

图 11-9 人脸重构示例

(1) 人脸降维函数,如代码 11-16 所示。

【代码 11-16】 降维函数封装。

```
def image_dimensionality_reduction(image: np.ndarray, mean_face, face_space):
    ♯拉平图像
    image_flatten = np.reshape(image, -1)

    ♯归一化
    max_value = image_flatten.max()
    min_value = image_flatten.min()
    image_flatten = (image_flatten - min_value) / (max_value - min_value)
```

```
#减去平均脸
b = image_flatten - mean_face
#投影到特征脸空间
image_vector = b.dot(face_space)
#保留1位小数
image_vector = np.round(image_vector * 10) / 10
return image_vector
```

（2）人脸重构函数，如代码11-17所示。

【代码11-17】 重构函数封装。

```
def image_rebuild(image_pac: np.ndarray, mean_face, face_space):
    #人脸还原
    temp = face_space[:, :len(image_pac)].dot(image_pac.T)
    temp = temp + mean_face
    #重构图像矩阵
    image = Image.fromarray((temp * 255).astype('uint8').reshape(112, 92))
    return image
```

代码11-16和代码11-17分别定义了函数 image_dimensionality_reduction 进行人脸图像降维、子函数 image_rebuild 进行人脸图像重构，方便进行图像的压缩和还原。

11.3.4 人脸转码

人脸经降维压缩后可转换为固定长度的一维向量，可考虑将其传入前面设置的二维码编码函数获取二维码图像，达到人脸转码效果。

（1）读取人脸图像，降维压缩，如代码11-18所示。

【代码11-18】 读取图像并降维。

```
#读取一张图片
image = cv2.imread('images/01.BMP', cv2.IMREAD_GRAYSCALE)

#图像降维
image_vector = image_dimensionality_reduction(image, mean_face, face_space)
#将向量转换为字符串
text = vector2str(image_vector)
```

运行代码11-18读取样本图像并进行降维压缩，得到1×280维的压缩向量后进行字符串转换，得到待编码的字符串。选择人脸数据库中的一个样本作为待测样本，待测样本图像如图11-10所示。

（2）对降维向量得到的字符串进行二维码编码，如代码11-19所示。

图11-10 待测样本图像

【代码11-19】 二维码编码。

```
#生成二维码
qr_im = mk_qr(text, True)
qr_im.show()
```

运行代码 11-19 后对运行代码 11-18 转换得到的字符串进行 Base64 加密及 QR 编码,得到的二维码图像如图 11-11 所示。

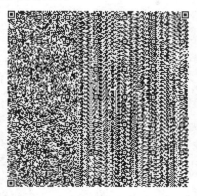

图 11-11　生成的二维码图像

（3）对二维码图像进行解码,将其转换为数值向量,如代码 11-20 所示。

【代码 11-20】　二维码解码。

```
# 二维码解码
text, text64 = read_qr(qr_im, True)
image_vector = str2vector(text)
```

运行代码 11-20 对运行代码 11-19 得到的二维码图像进行 QR 解码及 Base64 解密,得到字符串后再转换为数值向量。

（4）对得到的数值向量进行人脸重构,如代码 11-21 所示。

【代码 11-21】　人脸重构。

```
# 图像重建
image = image_rebuild(image_vector, mean_face, face_space)

# 显示重建结果
plt.imshow(image, cmap = 'gray')
plt.axis('off')
plt.show()
```

运行代码 11-21 对运行代码 11-20 得到的数值向量调用人脸重构函数得到人脸图像,最终结果如图 11-12 所示。

重构得到的人脸图像与原图保持一致,但在视觉上呈现一定的模糊现象,这也体现出 PCA 压缩引起的信息丢失情况,不过这不影响人脸的分类识别应用。

图 11-12　重构得到的
人脸图像

11.4　CNN 分类识别

通过分析人脸数据集可以发现,对其进行人脸识别本质上是一个分类识别应用,可以考虑直接使用 CNN 迁移学习进行模型训练,进而快速得到基于深度学习的分类识别模型。因此,选择经典的 AlexNet 模型进行编辑,将其应用于 ORL 人脸数据集的分类识别。

(1) 数据集读取,如代码 11-22 所示。

【代码 11-22】 数据集读取。

```
#获取数据集
train_data, val_data, cls2idx = split_data()
#设置训练参数
epochs = 100
device = 'cuda' if torch.cuda.is_available() else 'cpu'
lr = 1e - 3
wd = 1e - 5
batch_size = 32
num_workers = 0

#设置数据集和迭代器
train_set = DataSet(train_data, cls2idx, transform = transforms.Compose([
    transforms.ToTensor(),
    transforms.Normalize((0.5, 0.5, 0.5), (0.5, 0.5, 0.5)),]))
val_set = DataSet(val_data, cls2idx, transform = transforms.Compose([
    transforms.ToTensor(),
    transforms.Normalize((0.5, 0.5, 0.5), (0.5, 0.5, 0.5)),]))
train_loader = DataLoader(train_set, batch_size = batch_size,
    shuffle = True, num_workers = num_workers)
val_loader = DataLoader(val_set, batch_size = batch_size, shuffle = True, num_workers = num_
workers)
```

(2) 模型定义。

设置数据集的类别数目,并进行网络编辑得到迁移后的网络模型,如代码 11-23 所示。

【代码 11-23】 模型定义。

```
#定义模型
model = alexnet(weights = AlexNet_Weights.IMAGENET1K_V1)
#修改模型输出类别
model.classifier = nn.Sequential(
    nn.Dropout(p = 0.5),
    nn.Linear(256 * 6 * 6, 4096),
    nn.ReLU(inplace = True),
    nn.Dropout(p = 0.5),
    nn.Linear(4096, 4096),
    nn.ReLU(inplace = True),
    nn.Linear(4096, 40),)
model.to(device)
```

(3) 模型训练。

设置损失函数与优化器,执行模型训练,如代码 11-24 所示。

【**代码 11-24**】　模型训练。

```
# 损失函数
criterion = nn.CrossEntropyLoss().to(device)
# 优化器
optimizer = optim.SGD(model.parameters(), lr = lr, weight_decay = wd)
# 评估指标
metrics = []
# 开始迭代训练
for epoch in range(1, epochs + 1):
    train_loss, train_acc = train_one_epoch()
    val_loss, val_acc = val_one_epoch()
    Wmetrics.append((train_loss, train_acc, val_loss, val_acc))
```

（4）模型存储。

将训练好的模型进行存储，如代码 11-25 所示。

【**代码 11-25**】　模型存储。

```
torch.save(model.state_dict(), 'model.pth')
```

将训练后的模型存储到本地文件，方便模型调用。

训练模型完成后，可以得到训练过程的准确率与损失曲线，如图 11-13 所示。

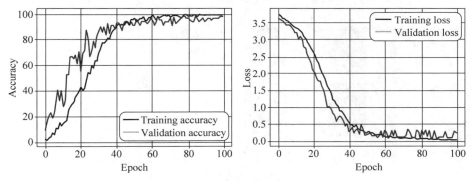

图 11-13　CNN 模型训练迁移过程图示

由于当前数据集规模有限，所以模型训练速度较快并能达到理想的识别率。下面调用模型对 11.3 节中得到的解码图片进行识别测试，如代码 11-26 所示。

【**代码 11-26**】　识别测试。

```
# 转换图像格式
image = image.convert('RGB')
# 对数据进行预处理
t = transforms.Compose([
    transforms.ToTensor(),
    transforms.Normalize((0.5, 0.5, 0.5), (0.5, 0.5, 0.5)),])
image = t(image)
# 扩展数据维度
image = torch.unsqueeze(image, 0)
```

```
#模型预测
pred = cnn_model(image)
#获取概率最大索引
idx = int(torch.argmax(pred))
#获取类别
c = cls[idx]
```

运行代码11-22～代码11-26对待测图像进行CNN识别,得到对应的类别为"s24",可将其对应到数据集,结果如图11-14所示。

(a) 待测图像

(b) 选中类别的样本图集合

图11-14　待测图像与样本集合

虽然降维后的图像存在一定的模糊现象,但通过CNN模型进行识别依然能得到正确的识别结果,这样表明了CNN模型的有效性。

11.5　集成应用开发

为了展示基于深度学习的人脸二维码识别的全部流程,对比不同步骤的处理效果,本案例开发了一个GUI界面,集成二维码生成、二维码解码和CNN识别等关键步骤,并通过显示面板展示处理过程中产生的中间结果。集成应用的界面设计如图11-15所示。

应用界面包括控制面板和显示面板两个区域,选择人脸图像后会在右侧自动显示图像,单击"人脸压缩"按钮会调用PCA模型进行降维压缩,单击"二维码生成"按钮会生成二维码图像并在右侧显示,单击"二维码解码"按钮会对二维码图像进行直接解码获取字

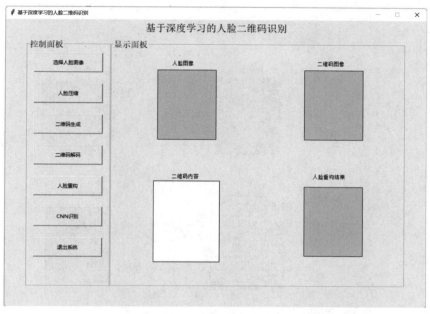

图 11-15 界面设计

符串内容并显示,单击"人脸重构"按钮会重构人脸图像并显示,单击"CNN 识别"按钮会识别重构出的人脸图像并在右侧显示该类别的代表图。下面在人脸数据库中选择不同的图像进行实验,演示处理效果如图 11-16 和图 11-17 所示。

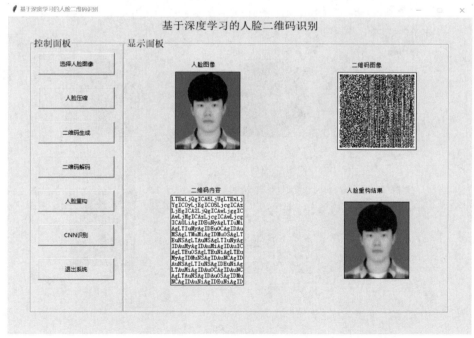

(a) 编解码

图 11-16 人脸二维码实验 1

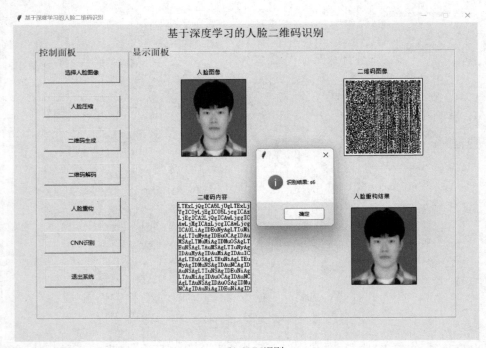

(b) CNN识别

图 11-16（续）

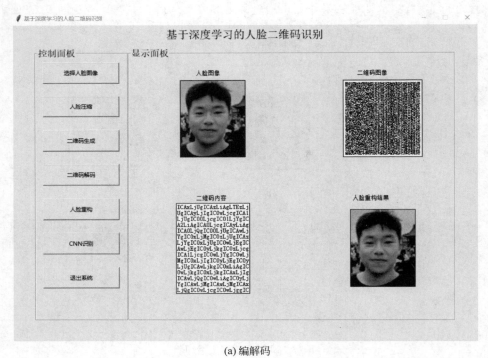

(a) 编解码

图 11-17　人脸二维码实验 2

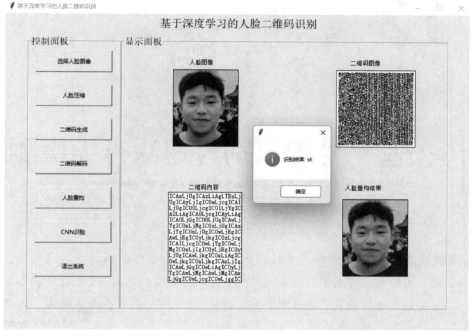

(b) CNN识别

图 11-17（续）

如图 11-16 和图 11-17 所示，可以通过对待测人脸图像执行降维和编码过程以生成对应的二维码图像。解码这些二维码图像后，所得到的信息呈现为 Base64 字符串序列，这一步骤有效地遮蔽了原始数据。通过对这些二维码进行解码并重建人脸，可以获得模糊的重构人脸图像。接下来，利用 CNN 分类模型，可以准确地确定人脸的类别，并展示对应的分类图像。在这一过程中，使用了传统的 PCA 方法来压缩和重建人脸图像，并采用了基本的 Base64 编解码方法进行数据的加密与解密。读者可以考虑采用其他技术如压缩感知、神经网络的自编码器或稀疏重建来优化过程，并可以尝试应用其他可逆加密技术以增强信息传输的安全性。

11.6　本章小结

二维码因其传输便利性和大容量存储特性，非常适用于处理各种数据格式。本章利用降维、加密、二维码等学习技术，构建了基于深度学习的人脸二维码识别系统。人脸图像因其私密性，尤其在面部识别应用中，信息安全显得尤为重要。因此，结合二维码的编解码、数据加密解密以及人脸图像的压缩重建技术，形成了一条完整的将人脸图像进行压缩并加密的处理流程，并通过二维码形式进行信息传输与自定义解码和人脸重建。这个流程中的每一个环节都可以更新改进，例如，在图像压缩重建方面可以探索压缩感知、自编码器神经网络和稀疏重建等技术，在数据加密解密方面可以考虑使用 AES、DES 和 RSA 等更安全的可逆加密方法，从而扩展应用的可能性和安全性。

第**12**章

视频讲解

污损遮挡号牌识别与违法行为检测

随着交通道路的建设,汽车产业也进入快速发展时期,然而机动车数量的逐年增加给城市道路交通的发展带来了巨大的压力,进而引发城市道路拥堵、交通事故等一系列问题。发生交通事故的数量呈现逐年上升的趋势,每年因交通事故导致的死亡人数约占意外死亡人数的 30%,其中机动车发生交通事故的数量约占全年发生交通事故数量的80%,非机动车造成的交通事故的数量则远低于机动车造成的交通事故的数量。由此可见,真正减少交通事故发生的举措在于机动车的治理,在交通管理方面,除了对非机动车的治理外,更要加强对机动车的管理措施。本章通过讲述项目的实际需求,介绍如何对图像进行标注和处理,以及了解 YOLOv8 算法和 OCR 算法的原理和网络结构,并将两个算法进行结合,从而实现目标的检测和分类。

12.1 应用背景

根据国家统计局发布的数据,2018 年由于汽车导致的事故已经达到 166 960 起,调查发现,汽车发生事故数量居高不下的一个重要的原因在于,驾驶员在驾驶过程中存在制动不及时、疲劳驾驶、酒驾等违法行为,随着机动车限行措施的日益严格,驾驶员逐渐开始利用一系列违法手段来逃避处罚,常用的方式包括伪造、套用其他车辆的号牌等涉牌违法行为,而这种行为会给社会带来严重损害,给道路安全管理带来不利。

涉牌违法是指与机动车辆号牌相关的一些违法行为的统称,涉牌违法行为具体包括:无牌无证,如伪造车辆号牌、不悬挂号牌等;不按照规定使用,如故意遮挡号牌和使用污损的号牌,以及套用其他车辆号牌三类。涉牌违法行为不仅侵犯了其他人的合法权益,也给道路交通安全带来隐患,因此,识别涉牌违法行为对优化道路交通管理、配合交管部门规划道路等具有深远的意义。对于涉牌违法行为的识别,可采用电子警察建立涉牌车辆的数据库进行识别。

12.2 理论基础

12.2.1 算法模型的选择与解释

污损号牌识别的实现过程主要分为目标检测算法和OCR算法两部分。在同时兼顾速度和准确率的情况下,目标检测算法使用端到端的YOLOv8算法,完成对全遮挡号牌和未悬挂号牌两类号牌的识别;使用根据号牌的污损程度实现分类的文本识别算法,则主要完成正常号牌和部分遮挡号牌的识别。

1. 目标检测算法

将采用相机拍摄的图像作为训练算法的数据集,图像中包含各种复杂环境下的不同卡口的车辆。使用目标检测算法不仅能完成对图像中号牌的定位,也可以完成目标的分类。在速度和准确率的双重考虑下,选用端到端YOLO系列中的YOLOv8算法为识别污损遮挡号牌和未悬挂号牌的目标检测算法。

2. OCR算法

考虑到样本中号牌的种类不同会造成长度也不相同的情况,以及遮挡和污损也会造成文本长度不同的情况,OCR算法需要能完成不定长序列的号牌字符识别。在识别过程中,算法会针对每一个识别到的字符给出相应的置信度,并以此作为依据判断号牌上污损的程度,所以除了要求识别出号牌上的文本之外,还需要识别出每个字符。

OCR算法是一个泛化的概念,实际上OCR算法具体可以分为多种不同的框架,在识别的过程中分为对输入图像的预处理、对图像上目标文本进行检测、对检测到的文本进行识别、输出识别结果等步骤,如图12-1所示。

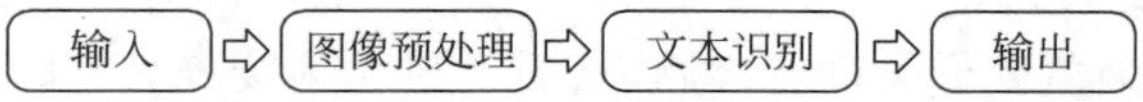

$$输入 \Rightarrow 图像预处理 \Rightarrow 文本识别 \Rightarrow 输出$$

图 12-1　OCR算法实现步骤图

车牌识别OCR算法主要分为基于RNN的OCR算法与基于CNN的OCR算法。基于RNN的算法主要有CNN＋LSTM＋CTC(CRNN＋CTC)和CNN＋Seq2Seq＋Attention两个框架;基于CNN的算法主要为CNN＋CTC(LPRNet＋CTC)框架。虽然RNN能够较好地捕获序列特征,但由于RNN本身的递归特性,解码器运行效率并不高。LPRNet以CNN为骨干网络,用$1×13$卷积核代替RNN神经网络有效地提高了车牌识别效率,因此选择LPRNet模型实现OCR算法。

12.2.2 污损遮挡号牌定位算法

YOLO(You Only Look Once),是Joseph Redmon和Ali Farhadi等人于2015年提出的基于单个神经网络的目标检测系统。YOLOv8是Ultralytics公司最新推出的YOLO系列目标检测算法,可以用于图像分类、物体检测和实例分割等任务。与之前的YOLO系列算法相比,具有更高的准确率、更小的参数规模与更快的速度。YOLOv8模型与以往YOLO模型的对比如图12-2所示。

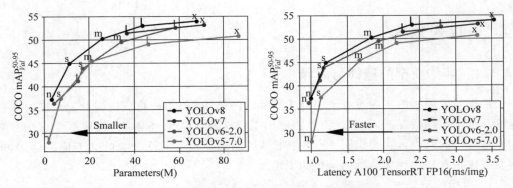

图 12-2　YOLOv8 模型与以往 YOLO 模型的对比

加载 YOLOv8 模型,并对其网络结构进行分析,如代码 12-1 所示。

【代码 12-1】　加载 YOLOv8 模型并分析结构。

```python
# 加载 yolo 模型
yolo = YOLO('runs/pose/train2/weights/best.pt', task = 'pose')
# 导出为 onnx 格式
yolo.export(format = 'onnx')
# 查看网络结构
netron.start('runs/pose/train2/weights/best.onnx')
```

YOLOv8 部分结构图如图 12-3 所示。

YOLOv8 模型结构非常复杂,在这里仅截取显示网络输出部分的结构图,并显示模型的输入输出属性等。

YOLOv8 提供了关键点检测模型,这是一种高效而准确的方法。可以通过关键点检测模型,对车牌的 4 个角进行关键点检测,然后通过仿射变换,对车牌图像进行校正。通过对车牌进行透视修正,消除图像中的透视畸变,从而使车牌区域呈现出标准的矩形形状。对后续的字符识别非常重要,因为它可以提供一个相对标准的图像输入,从而使识别算法更加稳健和准确。

对图像进行仿射变换,关键代码如代码 12-2 所示。

【代码 12-2】　对图像进行仿射变换。

```python
# 将关键点转换为 numpy 格式
rect = np.array(points, dtype = "float32")
# 获取 4 个关键点
(tl, tr, br, bl) = rect

# 计算变换后的图像宽度
widthA = np.sqrt(((br[0] - bl[0]) ** 2) + ((br[1] - bl[1]) ** 2))
widthB = np.sqrt(((tr[0] - tl[0]) ** 2) + ((tr[1] - tl[1]) ** 2))
maxWidth = max(int(widthA), int(widthB))

# 计算变换后的图像高度
heightA = np.sqrt(((tr[0] - br[0]) ** 2) + ((tr[1] - br[1]) ** 2))
```

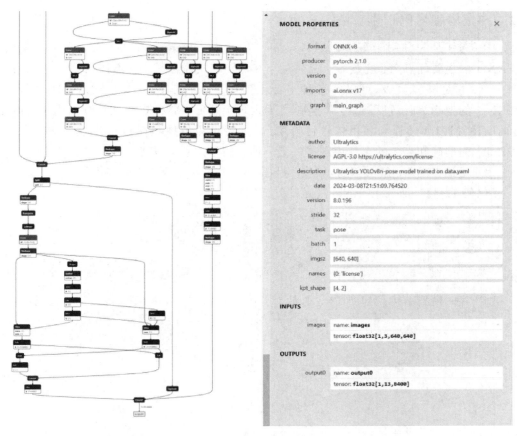

图 12-3　YOLOv8 模型网络结构

```
heightB = np.sqrt((((tl[0] - bl[0]) ** 2) + ((tl[1] - bl[1]) ** 2))
maxHeight = max(int(heightA), int(heightB))

# 转换矩阵
dst = np.array([
    [0, 0],
    [maxWidth - 1, 0],
    [maxWidth - 1, maxHeight - 1],
    [0, maxHeight - 1]], dtype = "float32")

# 获取仿射变换矩阵
M = cv2.getPerspectiveTransform(rect, dst)
# 对图像进行仿射变换
warped = cv2.warpPerspective(image, M, (maxWidth, maxHeight))
```

图像仿射变换结果如图 12-4 所示。

图 12-4　对车牌图像进行仿射变换

12.2.3 号牌号码识别算法

LPRNet 是一种用于车牌识别（License Plate Recognition，LPR）的深度学习模型。LPRNet 的主要优点为：它是一个高质量车牌识别的实时框架；它不使用循环神经网络（RNN）；它足够轻量级，可以在各种平台上运行，包括嵌入式设备。本节详细介绍了 LPRNet 的架构、训练过程和实验结果，主要发现包括 LPRNet 在处理具有挑战性的情况方面的稳健性，如透视和相机依赖性畸变、恶劣的光照条件和视角变化等。总的来说，LPRNet 为准确和高效的车牌识别提供了一种有前景的解决方案。

为了更加直观地了解 LPRNet 模型，可以分析 LPRNet 的网络结构，如代码 12-3 所示。

【代码 12-3】 加载 LPRNet 模型并分析结构。

```
# 获取 LPRNet 模型
lpr_model = build_lprnet(8, False, 69)
# 分析模型
analyze_network(lpr_model, (1, 3, 24, 94))
```

LPRNet 模型结构图如图 12-5 所示。

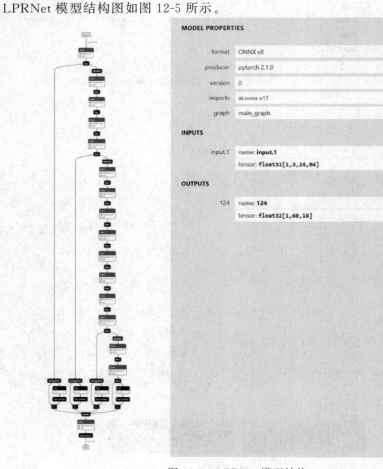

图 12-5 LPRNet 模型结构

12.3 功能设计

12.3.1 构建车辆号牌数据集

监督学习模型的训练需要每个样本都含有标记。YOLOv8 算法属于全监督学习的一种,除了要标记图像的类别外,还需要对目标的位置信息进行回归分析。YOLOv8 算法需要将含有标记号牌的位置和类别信息的标签转换为 txt 文本格式。除了转换格式外,对数据集进行采样使用 1000 张图片进行训练和评估,把数据集按照 8∶2 的比例分为训练集和验证集,其中训练集用于模型训练,验证集用于模型的性能测试。车辆号牌数据集图像如图 12-6 所示。

图 12-6 车辆号牌数据集图像

车辆号牌数据集构建具体的实现步骤如下:

(1)建立存放数据的文件夹,包括图像文件夹与标签文件夹。YOLOv8 数据集组织格式如下:

```
dataset              ＃数据集根目录
---- images          ＃图像存放目录
-------- train       ＃训练集图像存放目录
-------- val         ＃验证集图像存放目录
---- labels          ＃标签存放目录
-------- train       ＃训练集标签存放目录
-------- val         ＃验证集标签存放目录
```

其中,图像与标签的文件名相同,但文件后缀名不同。常用的图像格式有 jpg、jpeg、png 等,标签格式则为 txt 格式。对于常规的目标检测任务,标签的格式为

```
类别 中心点 x 坐标 中心点 y 坐标 宽 高
```

对于关键点检测任务,标签格式为

```
类别 关键点 1x 坐标 关键点 1y 坐标 关键点 2x 坐标 关键点 2y 坐标 ……
```

完成 YOLOv8 数据集处理后,还要对 OCR 数据集进行处理。通过标签中提供的关键点,使用仿射变换,将 YOLOv8 数据集中的车辆号牌图像进行裁剪和校正,以车牌号

的正确文本标签作为文件名,并划分为训练集与验证集。操作完成后得到的数据如图 12-7 所示。

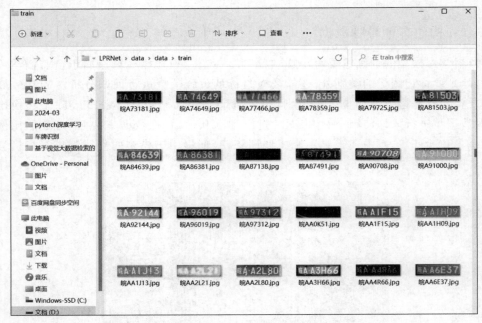

图 12-7　OCR 数据集样例

OCR 数据集格式如下:

```
dataset
---- train
---- val
```

由于 OCR 数据集以文件名为标签,因此无须再单独建立文件夹存放标签。

(2)创建修改数据集配置文件。

在完成数据集的创建后,要修改数据集的配置文件才可以被程序读取。新建一个 data. yaml 文件用来配置数据集,data. yaml 文件内容如下:

【代码 12-4】　data. yaml 文件。

```
# 数据集根目录的绝对路径
path: D:/Projects/Python/book/污损遮挡号牌识别与违法行为检测/data/dataset
# dataset root dir
# 训练集图像路径(相对于数据集根目录)
train: images/train
# 验证集图像路径(相对于数据集根目录)
val: images/val
# 测试集图像路径(可选)
test:

# 关键点信息
```

```
kpt_shape: [4, 2]            #关键点形状 表示有 4 个点,每个点由 xy 两个数组成
flip_idx: [0, 1, 2, 3]       #关键点索引

#类别信息
names:
#检测的类别为车牌
0: license
```

12.3.2　权重文件的适配与编辑

首先,下载 YOLOv8n.pt 预训练权重,将其存放至与程序相同的目录下。YOLOv8n.pt 文件为 YOLOv8n 模型在 COCO 数据集上的预训练权重。通过使用预训练权重,模型能够获得更快的收敛速度和更好的预测效果。

然后,对 YOLOv8 模型的配置文件按照数据集的情况进行修改。YOLOv8 模型配置文件修改如下:

【代码 12-5】 对 YOLOv8 配置模型的修改。

```
#类别数量
nc: 1 # number of classes
#关键点形状
kpt_shape: [4, 2]
#对不同的模型使用不同的因子控制模型大小
scales:
  #[depth, width, max_channels]
  n: [0.33, 0.25, 1024]
  s: [0.33, 0.50, 1024]
  m: [0.67, 0.75, 768]
  l: [1.00, 1.00, 512]
  x: [1.00, 1.25, 512]

# YOLOv8.0n backbone
backbone:
  #[from, repeats, module, args]
  - [-1, 1, Conv, [64, 3, 2]]                 #0 - P1/2
  - [-1, 1, Conv, [128, 3, 2]]                #1 - P2/4
  - [-1, 3, C2f, [128, True]]
  - [-1, 1, Conv, [256, 3, 2]]                #3 - P3/8
  - [-1, 6, C2f, [256, True]]
  - [-1, 1, Conv, [512, 3, 2]]                #5 - P4/16
  - [-1, 6, C2f, [512, True]]
  - [-1, 1, Conv, [1024, 3, 2]]               #7 - P5/32
  - [-1, 3, C2f, [1024, True]]
  - [-1, 1, SPPF, [1024, 5]]                  #9

# YOLOv8.0n head
head:
  - [-1, 1, nn.Upsample, [None, 2, 'nearest']]
  - [[-1, 6], 1, Concat, [1]]                 #cat backbone P4
```

```
        - [-1, 3, C2f, [512]]                          # 12

        - [-1, 1, nn.Upsample, [None, 2, 'nearest']]
        - [[-1, 4], 1, Concat, [1]]                    # cat backbone P3
        - [-1, 3, C2f, [256]]                          # 15 (P3/8 - small)

        - [-1, 1, Conv, [256, 3, 2]]
        - [[-1, 12], 1, Concat, [1]]                   # cat head P4
        - [-1, 3, C2f, [512]]                          # 18 (P4/16 - medium)

        - [-1, 1, Conv, [512, 3, 2]]
        - [[-1, 9], 1, Concat, [1]]                    # cat head P5
        - [-1, 3, C2f, [1024]]                         # 21 (P5/32 - large)

        - [[15, 18, 21], 1, Pose, [nc, kpt_shape]]     # Pose(P3, P4, P5)
```

通过使用 YOLO.load()函数,模型能够自动匹配相同的权重,并将其加载至模型中,进行进一步的训练。

对于 LPRNet,同样通过 GitHub 下载其预训练权重。但由于类别数量存在些许差异,模型无法自动加载预训练权重,需要通过程序寻找名字与形状相同的权重,并将其加载至待训练的模型中。关键代码如代码 12-6 所示。

【代码 12-6】 加载 LPRNet 预训练权重。

```
# 加载预训练权重
weights_dict = torch.load(args.pretrained_model)

# 遍历模型的参数,并检查每个参数是否在权重字典中存在
for name, param in lprnet.named_parameters():
if name in weights_dict and weights_dict[name].shape == param.shape:
# 如果参数在权重字典中存在,则加载相应的权重
param.data.copy_(weights_dict[name])
print("load pretrained model successful!")
```

12.3.3　模型参数的配置与调整

YOLOv8 代码对模型的训练过程实现了完整的封装,仅需几行代码即可完成 YOLOv8 模型的训练、评估与预测。YOLOv8 模型训练代码如代码 12-7 所示。

【代码 12-7】 YOLOv8 训练代码。

```
from ultralytics import YOLO

# 代码要在 main 函数下运行 否则会报错
if __name__ == '__main__':
    # 定义 YOLO 模型并加载预训练权重
    yolo = YOLO('yolov8n - pose.yaml', task = 'pose').load('yolov8n.pt')

    # 训练 yolo 模型
    yolo.train(
```

```
        data = 'data.yaml',
        epochs = 50,
        batch = 3
    )
```

训练 YOLO 模型，仅需调用 yolo. train()函数，train 函数中已经预定义好了绝大多数的训练参数。因此，仅需根据实验条件和任务需求，指定 data、epochs、batch 等，随后等待模型训练完成，即可得到训练结果。

在完成 YOLOv8 模型的训练后，还要对 LPRNet 进行训练。LPRNet 的参数配置较为简单，其参数配置是通过 argparse 库进行组织的。argparse 库是一个用于解析命令行参数和选项的工具，它允许在编写命令行工具时轻松地定义和解析命令行接口。通过 argparse，可以定义程序接收的参数、选项以及它们的类型，还可以指定默认值和帮助文本。一旦定义了命令行接口，argparse 可以解析命令行输入，并将参数和选项转换为易于处理的数据结构，使得在代码中轻松地访问这些值。使用 argparse 添加参数训练代码如代码 12-8 所示。

【代码 12-8】 LPRNet 参数配置。

```
parser = argparse.ArgumentParser(description = 'parameters to train net')
parser.add_argument('--max_epoch', default = 50, help = 'epoch to train the network')
parser.add_argument('--img_size', default = [94, 24], help = 'the image size')
parser.add_argument('--train_img_dirs', default = r"data\data\train", help = 'the train
images path')
parser.add_argument('--test_img_dirs', default = r"data\data\val", help = 'the test images path')
parser.add_argument('--dropout_rate', default = 0.5, help = 'dropout rate.')
parser.add_argument('--learning_rate', default = 0.001, help = 'base value of learning rate.')
parser.add_argument('--lpr_max_len', default = 8, help = 'license plate number max length.')
parser.add_argument('--train_batch_size', default = 64, help = 'training batch size.')
parser.add_argument('--test_batch_size', default = 64, help = 'testing batch size.')
parser.add_argument('--phase_train', default = True, type = bool, help = 'train or test
phase flag.')
parser.add_argument('--num_workers', default = 0, type = int, help = 'Number of workers used
in dataloading')
parser.add_argument('--cuda', default = True, type = bool, help = 'Use cuda to train model')
parser.add_argument('--resume_epoch', default = 0, type = int, help = 'resume iter for
retraining')
parser.add_argument('--save_interval', default = 100, type = int, help = 'interval for save
model state dict')
parser.add_argument('--test_interval', default = 100, type = int, help = 'interval for
evaluate')
parser.add_argument('--momentum', default = 0.9, type = float, help = 'momentum')
parser.add_argument('--weight_decay', default = 2e - 5, type = float, help = 'Weight decay
for SGD')
parser.add_argument('--lr_schedule', default = list(range(40, 200, 20)), help = 'schedule
for learning rate.')
parser.add_argument('--save_folder', default = './runs/', help = 'Location to save
checkpoint models')
parser.add_argument('--pretrained_model', default = './weights/pretrain.pth', help =
'pretrained base model')
```

当需要获取参数时,可以通过"."的方式,以属性形式访问参数。

至此便完成了所有的模型参数的配置与调整,运行模型即可开始训练。

12.3.4 阈值分析与结果解读

YOLOv8 模型的训练结果与评估结果保存在同目录中程序生成的 runs 目录中。runs 目录中不仅包含 YOLOv8 模型的训练权重,还提供了数据集标签的统计、各种指标的评估结果等。模型训练日志如图 12-8 所示。

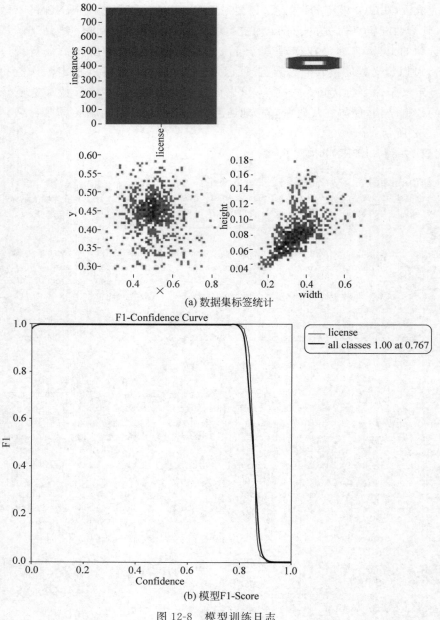

(a) 数据集标签统计

(b) 模型F1-Score

图 12-8 模型训练日志

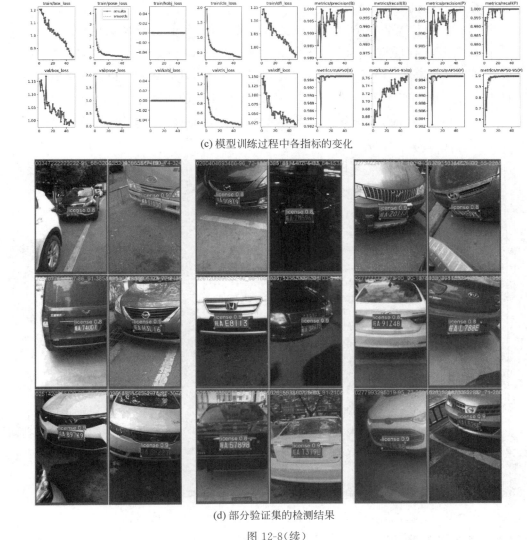

(c) 模型训练过程中各指标的变化

(d) 部分验证集的检测结果

图 12-8(续)

通过分析图 12-8(a),可以得到数据集标签的统计信息。数据集中共有 800 个检测框,检测框大多呈扁平状,多数图像的检测框分布于图像的中部。检测框的宽度为 0.2~0.6(线性归一化后),高度多为 0.04~0.10(线性归一化后)。

通过分析图 12-8(b)可以发现,当置信度阈值变高时,F1-Score 会随之减小,最终变为 0。这是因为 F1 分数是精确度(Precision)和召回率(Recall)的调和平均值。其中,精确度表示检测结果中真正正例的比例;召回率表示真正的正例中被正确检测出的比例。提高置信度阈值会导致更高的精确度,因为只有置信度高于阈值的检测结果会被视为真正的正例。然而,这也会导致漏检,即一些真正的正例可能会因为置信度不足而未被检测到,从而降低召回率。因此,大家在使用 YOLO 模型进行目标检测时,要根据任务的需求调节阈值,以达到更好的效果。

　　通过图 12-8(c)可以分析 YOLOv8 模型的训练过程。其中,验证集的损失已经收敛。Precision、Recall、mAP50 等指标也趋于收敛,说明 YOLOv8 模型经过 50 轮的训练,就已经能够达到不错的效果。但训练集的损失还在持续下降,mAP50～95 指标也没有收敛,说明模型还有上升空间,可以通过进一步的训练,达到更佳的效果。

　　图 12-8(d)展示了部分验证集的检测结果,模型不仅能够通过矩形框的形式将车牌检测出来,而且还能很好地将车牌的 4 个角定位出来。

　　随后运行 LPRNet 的测试程序,可以得到 LPRNet 的预测结果,部分预测结果如下:

```
target: 皖 A2Y582 ＃＃＃T＃＃＃ predict: 皖 A2Y582
target: 皖 AS8W15 ＃＃＃T＃＃＃ predict: 皖 AS8W15
target: 皖 AEF063 ＃＃＃T＃＃＃ predict: 皖 AEF063
target: 皖 AYW711 ＃＃＃T＃＃＃ predict: 皖 AYW711
target: 皖 AY8441 ＃＃＃T＃＃＃ predict: 皖 AY8441
target: 皖 A30R83 ＃＃＃T＃＃＃ predict: 皖 A30R83
target: 皖 AV5A08 ＃＃＃T＃＃＃ predict: 皖 AV5A08
target: 皖 AG477L ＃＃＃F＃＃＃ predict: 皖 AG47L
target: 皖 DFY008 ＃＃＃T＃＃＃ predict: 皖 DFY008
target: 皖 AC8J29 ＃＃＃T＃＃＃ predict: 皖 AC8J29
[Info] Test Accuracy: 0.855 [171:19:10:200]
```

　　可以看到,LPRNet 的测试准确率可以达到 0.855,大部分车牌都能够识别正确。

12.4　功能实现

　　本节通过融合目标检测 YOLO 算法和 OCR 文本识别两种方法实现对污损遮挡号牌违法行为的识别,前端设备采集卡口图像信息,将处理后的图像送入 YOLO 算法中进行识别,得到车牌关键点检测结果,然后将识别到的其他类卡口图像和位置信息送入 OCR 模型中进行分析,通过分析号牌上的文本信息得到正常号牌和部分遮挡号牌的分类融合模型,整体实现流程如图 12-9 所示。

　　为了更好地集成处理流程,本案例开发了一个 GUI 界面,集成选择图像、车牌检测、车牌校正、车牌识别等关键步骤,并显示处理过程中产生的中间结果。GUI 集成应用的界面设计如图 12-10 所示。

　　应用界面包括控制面板和显示面板两个区域,可先选择图像并在右侧显示,再单击"车牌识别"按钮,对车牌进行关键点检测。随后可以单击"车牌校正"按钮,通过关键点对车牌进行仿射变换校正。最后单击"车牌识别"按钮,识别车牌号并判断是否为污损号牌,识别样例如图 12-11 所示。

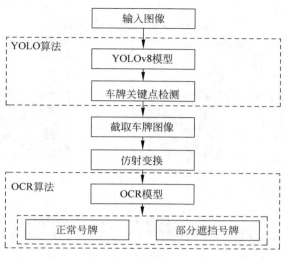

图 12-9　融合模型整体实现流程

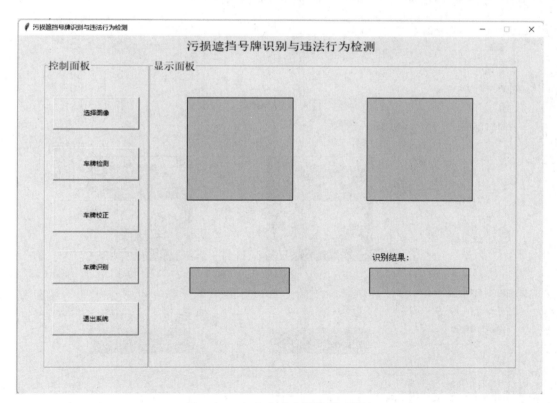

图 12-10　GUI 集成应用的界面设计

　　通过车牌检测,能够较好地将车牌定位出来,随后通过关键点,对图像进行仿射变换校正,再对校正后的图像进行 OCR 识别,最后根据 OCR 的识别结果判断车牌是否为污损遮挡号牌。

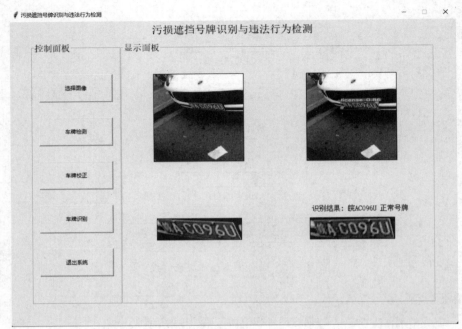

(a) 样例1

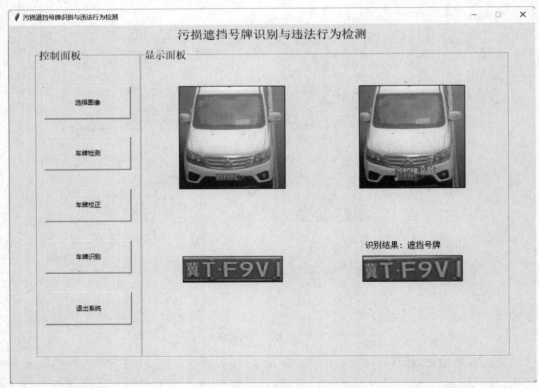

(b) 样例2

图 12-11　污损遮挡号牌识别样例

12.5 本章小结

本章提出了一种将 OCR 算法和目标检测算法两项技术相结合的方法,实现对污损遮挡号牌的识别与分类。本章使用的网络结构为 PyTorch 框架下端到端的 YOLOv8 算法,为了减少污损、掉漆或者光照等因素造成对部分遮挡号牌的错误识别。本章引入 OCR 算法对部分遮挡号牌进行进一步识别,最终将 OCR 算法与 YOLOv8 算法相结合,通过识别车辆号牌上的字符达到分类的目的。

参 考 文 献

[1] 徐加乐. YOLOv5 目标检测网络的轻量化研究与应用[D]. 哈尔滨：黑龙江大学，2023.

[2] 邵延华，张铎，楚红雨，等. 基于深度学习的 YOLO 目标检测综述[J]. 电子与信息学报，2022，44(10)：3697-3708.

[3] 李登山. 不规则视频数据集下的深度时序特征建模研究[D]. 合肥：中国科学技术大学，2022.

[4] 何代毅. 基于 Pytorch 的遥感影像建筑物的分割研究[D]. 福州：福建师范大学，2021.

[5] 赵春霞. 基于 ResNet18 的图像分类在农作物病虫害诊断中的应用[J]. 农业与技术，2021，41(19)：10-13.

[6] 王攀杰，郭绍忠，侯明，等. 激活函数的对比测试与分析[J]. 信息工程大学学报，2021，22(5)：551-557.

[7] 宗春梅，张月琴，石丁. PyTorch 下基于 CNN 的手写数字识别及应用研究[J]. 计算机与数字工程，2021，49(6)：1107-1112.

[8] 柳青红. 典型恶劣天气条件下高铁周界入侵目标检测[D]. 北京：北京交通大学，2021.

[9] 姬壮伟. 基于 PyTorch 的神经网络优化算法研究[J]. 山西大同大学学报（自然科学版），2020，36(6)：51-53＋58.

[10] 何代毅，施文灶，林志斌，等. 基于改进 Mask-RCNN 的遥感影像建筑物提取[J]. 计算机系统应用，2020，29(9)：156-163.

[11] 张俊. 基于车联网数据的驾驶行为识别与风险评估方法研究[D]. 合肥：中国科学技术大学，2020.

[12] 韩庆生. TensorFlow 与 Pytorch 环境的搭建[J]. 计算机产品与流通，2020(5)：124.

[13] 李章维，胡安顺，王晓飞. 基于视觉的目标检测方法综述[J]. 计算机工程与应用，2020，56(8)：1-9.

[14] 陈冠宇. 基于深度学习的小目标检测方法研究[D]. 北京：中国地质大学，2020.

[15] 黄玉萍，梁炜萱，肖祖环. 基于 TensorFlow 和 PyTorch 的深度学习框架对比分析[J]. 现代信息科技，2020，4(4)：80-82＋87.

[16] 张泽苗，霍欢，赵逢禹. 深层卷积神经网络的目标检测算法综述[J]. 小型微型计算机系统，2019，40(9)：1825-1831.

[17] 陈磊阳. 基于改进 VGGNet 的不透水面信息提取应用研究[D]. 开封：河南大学，2019.

[18] 鞠默然，罗海波，王仲博，等. 改进的 YOLOv3 算法及其在小目标检测中的应用[J]. 光学学报，2019，39(7)：253-260.

[19] 寇大磊，权冀川，张仲伟. 基于深度学习的目标检测框架进展研究[J]. 计算机工程与应用，2019，55(11)：25-34.

[20] 施辉，陈先桥，杨英. 改进 YOLOv3 的安全帽佩戴检测方法[J]. 计算机工程与应用，2019，55(11)：213-220.

[21] 唐聪. 基于深度学习的目标检测与跟踪技术研究[D]. 长沙：国防科技大学，2018.

[22] 李梦洁，董峦. 基于 PyTorch 的机器翻译算法的实现[J]. 计算机技术与发展，2018，28(10)：160-163＋167.

[23] 高宗，李少波，陈济楠，等. 基于 YOLO 网络的行人检测方法[J]. 计算机工程，2018，44(5)：215-219＋226.

[24] 王宇宁，庞智恒，袁德明. 基于 YOLO 算法的车辆实时检测[J]. 武汉理工大学学报，2016，38(10)：41-46.